葡萄酒工艺技术与文化

南立军 徐成东 编著

南京大学出版社

图书在版编目(CIP)数据

葡萄酒工艺技术与文化 / 南立军，徐成东编著. —
南京：南京大学出版社，2024.4
ISBN 978 - 7 - 305 - 28073 - 3

Ⅰ. ①葡… Ⅱ. ①南… ②徐… Ⅲ. ①葡萄酒—酿酒—研究②葡萄酒—酒文化—文化研究 Ⅳ. ①TS262.6 ②TS971.22

中国国家版本馆 CIP 数据核字(2024)第 091386 号

出版发行 南京大学出版社
社　　址 南京市汉口路 22 号　　邮　　编 210093

书　　名 **葡萄酒工艺技术与文化**
PUTAOJIU GONGYI JISHU YU WENHUA
编　　著 南立军　徐成东
责任编辑 甄海龙

照　　排 南京开卷文化传媒有限公司
印　　刷 江苏凤凰通达印刷有限公司
开　　本 787 mm×1092 mm　1/16　印张 14.25　字数 320 千
版　　次 2024 年 4 月第 1 版　印次　2024 年 4 月第 1 次印刷
ISBN　978 - 7 - 305 - 28073 - 3
定　　价 58.00 元

网　　址:http://www.njupco.com
官方微博:http://weibo.com/njupco
官方微信:njupress
销售咨询热线:025 - 83594756

编写委员会

编　著

南立军　楚雄师范学院教授

徐成东　楚雄师范学院二级教授

副主编

陈国刚　石河子大学教授

刘　娅　石河子大学教授

李雅善　楚雄师范学院副教授

黄　静　楚雄师范学院讲师

陈　静　北部湾大学高级工程师

前　言

本书精炼、汇总了作者们近20年的科学研究和调查成果，主要分为酿酒技术和文化两部分。

酿酒技术部分主要汇集了有关果酒加工的部分知识，包括架式与葡萄酒香气、葡萄品种、酿酒工艺改良、鲜食葡萄与其酿酒工艺等，内容涉及菌种、降酸、果梗、橡木屑、产区、葡萄品种等方面，旨在为果酒品质提升提供理论依据和科学实践。

文化部分主要汇集了酒窖空间设计和葡萄酒电商运营两个内容。酒窖设计主要是为了实现文化体验功能，从设计酒窖空间需要考虑的因素和酒窖基本功能进行分析，并结合文化体验空间案例和酒窖空间案例，向读者展示文化因素在酒窖空间设计中的重要作用，最后从空间形态、色彩搭配、文化符号、灯光设计四个方面阐述基于文化体验功能的酒窖空间设计的方法和思路。该部分内容既是对当前酒窖设计理念的总结，也是对当前酒窖设计的新思考。电商是当代新兴的产品运行模式，降低了产品的运营成本，能够更加便捷、快速地将产品送到消费者手中，推动了市场营销的发展和革新。对葡萄酒的电商运营模式的研究是利用SWOT方法分析葡萄酒在电商领域的发展情况，并结合典型葡萄酒企业的电商运营案例，分析其成功的经验与方法，以及研究目前行业具有创新性的直播电商的运营模式，综合分析提出适合葡萄酒电商发展的运营模式，对于相关企业在电商领域的发展具有借鉴意义。

该书以作者过去的十多年中，对新疆、陕西、云南、海南等产区特色水果的一些研究为基础汇编而成，希望为感兴趣的读者提供借鉴。该书适合于对葡萄酒感兴趣的科研人员、企业技术人员、普通爱好者，也可以作为科研院所的参考书，也希望为果酒酿造管理技术的改善提供理论支持和实践指导。另外，这部分成果可以作为各位专家、学者交流的内容，恳请各位专家提出宝贵意见和建议。为了使读者更清晰地理解作者的科研思路和编排思路，系统地理解本书的相关内容，本书部分内容尽量按照研究内容的完整性和系统性分模块概述。

研究和编排过程中，引用了大量来自国内外的文献，对于该部分涉及的作者，我们表示衷心的感谢！

感谢所有为本书提出宝贵修改意见和建议的各位专家！

感谢赵玲同学为本书部分图做的修改和完善！感谢本书中相关的作者提供的图片！

由于作者们水平有限，该书又是第一稿，因此书中不足之处在所难免，敬请读者提出宝贵意见，我们将进一步完善。

作　者

2023.10

目　　录

第一章　架　　式

一、发展现状

葡萄属于葡萄科葡萄属多年生藤本落叶植物，在全世界水果中的栽培面积和产量均居于前列。目前，我国的葡萄与葡萄酒产业的发展已经稳居世界前五，成了葡萄与葡萄酒产业发展的主战场。我国的葡萄产区大约三分之一位于干旱和半干旱地区，灌溉条件限制了这些地区葡萄产业的发展，水分胁迫阻碍了葡萄正常的生理活动，降低了葡萄产量，影响了葡萄和葡萄酒品质，是制约葡萄生产发展的重要因素[1-2]。

葡萄酒的质量主要取决于原料的品种特性、气候条件、浆果成熟度及其他成分的比例[3-5]。在干旱半干旱地区，对特定的葡萄品种而言，温度和光照条件是影响葡萄含糖量、含酸量的主要因素，有效积温影响浆果中糖的积累进程，平均气温和光照影响酸的降解[5-6]。

我国的优质酿酒葡萄产区多采用传统的架型，如多主蔓扇形、独立龙干形和“V”型或“U”型。这些架型给我国优质酿酒葡萄的栽培管理带来了很多难以克服的困难，严重制约了葡萄和葡萄酒产业的可持续发展。因此，有必要对我国北方优质酿酒葡萄产区的葡萄架式进行改良，以扬长补短，改善葡萄植株及其果实的生存环境，实现葡萄“优质、稳产、长寿、美观”可持续发展的目标。

针对葡萄生产中埋土防寒时冬季需要下架，春季需要上架，修剪管理繁琐，机械化操作程度和水肥利用效率低等问题，经过多年的科学实验和实践总结，李华等[7]为我国葡萄埋土防寒区培育出了一种新型葡萄架式——爬地龙（专利号 ZL2010 1 0013581）。这一架式很大程度上解决了埋土防寒区内存在的很多问题，如修剪复杂、成熟不一致、上下架和埋土困难、通风透光差等，提高了葡萄生产的机械化程度，冬季埋土不必下架，春季不必上架，葡萄修剪管理“傻瓜化”，水肥利用率得到提高，葡萄与葡萄酒品质高，为实现栽培葡萄“优质、稳产、长寿、美观”的目标向前迈进了关键性的一步。中国酿酒葡萄的种植面积也随之扩展到了 90 万亩[8]。大量的实践已经证明，在相同条件下，与传统的架式相比，爬地龙架式可改善果实的受光条件，调节微环境及生殖生长与营养生长的平衡，促进果实的成熟，进而影响葡萄酒的品质特征[8-9]，但以往的研究只是基于实践研究，并没有进一步从理论上用科学实验进行证明。爬地龙架式根据有无主蔓分为无主蔓爬地龙和有主蔓爬地龙；根据龙干的数量分为单龙干爬地龙和双龙干爬地龙，简称单爬地龙和双爬地龙。所以，爬地龙的架式可以分为四种：无主蔓单爬地龙、无主蔓双爬地龙、有主蔓单爬地龙和有主蔓双爬地龙，其中无主蔓单爬地龙为最简单的一种爬地龙架式。传统的架式多采用独立龙干形(ILSP，图 1－1)。本实验以酿酒葡萄新品种爱格丽为试材，以传统的 ILSP 为对照，初步研究了最简单的无主蔓单爬地龙架式(SCCT，图 1－2)对葡萄酒香气特性的影响，这对 SCCT 在埋土防寒区的示范和推广有一定的指导意义。

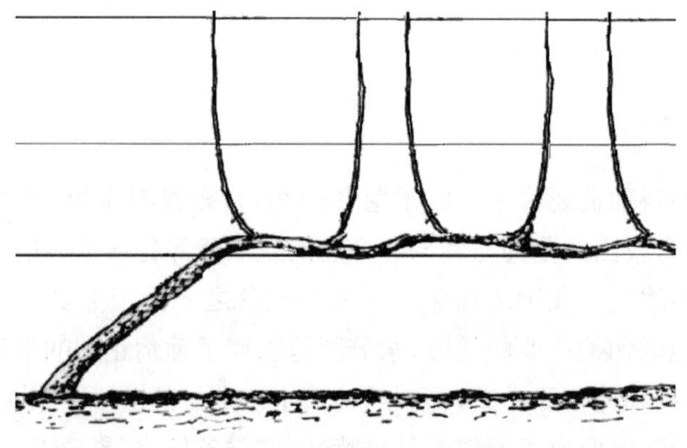

图 1－1　ILSP 修剪示意图

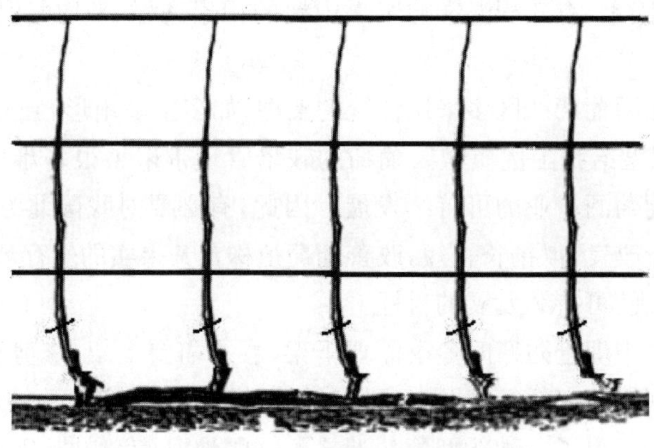

图 1－2　SCCT 修剪示意图

许多实验证明，当温带地区葡萄园直立臂式叶幕高度与行宽比为 0.8～1.0 时，才有利于光能利用[10]。增加架面高度可以弥补单臂篱架有效架面相对较小的弊端，充分利用光能。经过长期的实验研究，李华等[7]发明了“葡萄爬地龙架式（ZL2010 1 0013581)”，提高了葡萄生产的机械化程度，冬季埋土不必下架，春季不必上架，葡萄修剪管理“傻瓜化”，水肥利用率得到提高，葡萄与葡萄酒品质高，满足了我国优质葡萄栽培所需的自然、生态和人文需求，能够实现葡萄“优质、稳产、长寿、美观”的可持续生产的目标。

二、架式与葡萄酒香气

香气是葡萄酒最主要的特征，它决定葡萄酒的风格和品质，是评判葡萄酒品质的一个重要指标[11]。代表葡萄酒香气的醇、酯、酚、缩醛、脂肪酸、萜烯、内酯、单萜醇氧化物等芳香物质具挥发性，十分丰富，能够产生一定气味。它们的香气浓度可达每升几纳克至几毫克[12-13]。葡萄酒芳香成分的各组分浓度、特性和沸点相差都很大。据研究[14]，葡萄酒香气由 800 多种香气物质构成。这些物质的气味差异很大，可以通过分离、协同、累加及抑制等使香气复杂浓郁。葡萄酒的香气因种群或品种等不同而差异显著[15-18]。不同地区同一品种的香气会有所变化，但是该品种特有的香气都能表现出来。因此，葡萄酒芳香物质的种类、含量、感觉阈值及它们之间的相互作用会影响葡萄酒的质量，决定葡萄酒的风味和典型性[19]。

葡萄酒的风味和典型性除受以上几个因素的影响外，葡萄品种、气候、光照、地理条件、采收时间、加工工艺和栽培架式的影响也不能小觑。在相同的酿酒工艺条件下，葡萄的栽培管理等因素对葡萄酒香气及口感会产生不同的影响。栽培架式对葡萄酒香气的影响，首先取决于对葡萄果实品质的影响。栽培架式通过修饰果实生长的微环境条件，调节营养生长与生殖生长的平衡，进而影响葡萄果实成分及其含量。因此，栽培架式对葡萄果实和葡萄酒香气的影响是一个间接而复杂的过程。

在我国，酿酒葡萄的栽培架型主要以篱架和棚架为主。两者的差别主要体现在果穗的光照和温度等微环境上。与篱架果穗相比，多隐蔽的棚架导致果穗温度明显下降[20]，进而降低了果实的代谢活力。但在一定范围内有利于积累糖分和分解酸[21]。当葡萄充分成熟后，棚架葡萄与篱架葡萄的含糖量趋于一致，而棚架葡萄的含酸量明显高于篱架葡萄的含酸量[22]。因此，与光照不足或叶幕隐蔽的果穗相比，光照充足的果穗 TSS、花色苷和酚类化合物的含量均较高，滴定酸、苹果酸、pH 和果粒重较低[23-24]，进而影响葡萄酒的香气[25]。

赵新节等[26]对玫瑰香葡萄酒中挥发性香气物质的研究发现，栽培架式影响了葡萄酒挥发性物质的种类和含量。棚架葡萄所酿葡萄酒中的醇类化合物种类较少，含量均在嗅觉阈值以下，不影响葡萄酒香气。酯类化合物种类较多，其中，乳酸乙酯、辛酸乙酯、丁酸乙酯和己酸乙酯含量超过了阈值。除了乳酸乙酯外，其余的酯类化合物在棚架葡萄酒中含量均高。虽然它们能使棚架葡萄酒的香气变复杂，但篱架葡萄酒中极高的乳酸乙酯会使香气更浓。

研究还发现，两种架型所酿葡萄酒中含有相同的萜类化合物，但篱架葡萄酒中除里哪醇含量显著高于棚架葡萄酒外，其余萜类化合物含量均明显低于篱架葡萄酒。尽管如此，篱架葡萄酒也会因高含量的里哪醇而具有更浓的品种香气。所以，隐蔽影响葡萄酒的香气，或许是因为隐蔽显著降低了乳酸乙酯和里哪醇的含量[25]。就醛类化合物而言，篱架葡萄酒中的糠醛和苯乙醛含量低于棚架葡萄酒，乙缩醛大大高于棚架葡萄酒[26]。当然,葡萄酒的最终香气受多种香气物质共同影响,其香气质量取决于这些香气物质之间的平衡,这些香气物质之间相互协调、平衡,使葡萄酒具有优雅的典型风格[26]。Serot et al.[27]研究了葡萄栽培管理措施对纳帕山谷地区赤霞珠单品种酒香气的影响,发现葡萄园建立和栽培管理过程影响采用不同栽培技术而相同酿酒工艺的葡萄酒的感官特征。其中的很多机理尚需进一步探讨。因此,栽培架式对葡萄酒香气及其他风味的间接影响对葡萄酒酿造更具有实践意义。

尽管爬地龙架式的推广应用已经取得了突破性进展,但相关的理论基础和对技术措施的作用机制的研究十分缺乏,尤其架式对葡萄植株和果实的生理生长和生殖生长的相关生理基础影响的研究尚未见报道。CCT 分为无主蔓单爬地龙、无主蔓双爬地龙、有主蔓单爬地龙、有主蔓双爬地龙四种模式。爱格丽是李华教授在 20 年前采用欧亚种内轮回选择法,以欧亚种及其中间杂种为亲本,经多代杂交和选择而获得的新品系。该品种于 1998 年 2 月通过陕西省农作物品种审定委员会审定。目前,关于该品种的香气的研究还未见报道。为此我们以新品种爱格丽葡萄为试材,以当地传统的独立龙干形(ILSP)为对照,初步研究了单爬地龙架式(SCCT)对爱格丽干白葡萄酒香气成分的影响,以明确架式尤其是 SCCT 在调节爱格丽葡萄酒中香气成分的作用。

香气在一定程度上能够反映葡萄酒的风格和特征,其含量在每升几纳克至几百毫克之间[28]。研究发现,香气物质的浓度与架式有关[29]。同一个葡萄园里的同一种葡萄酒除了拥有相同的香气特征外,还应该分享着由不同架式决定的典型的香气特征[29]。香气物质的浓度也与果实成熟度密切相关[30]。随着糖度的增加(从 18 到 23 Brix),琼瑶浆结合态挥发萜和游离态挥发萜类化合物的含量明显增加。不同葡萄品种香气物质浓度达到最高时的含糖量也不相同,雷司令为 17%,白玫瑰和阿里哥特为 22%~23%,琼瑶浆为 23%[31]。因此,不同的葡萄品种采收期不同,直接影响葡萄酒的香气质量。同一葡萄品种不同架式和采收期同样影响着该品种葡萄酒的香气质量。为了改善葡萄酒的质量,评估不同架式对葡萄酒香气的影响就尤为必要。气相色谱/质谱法(GC/MS)因其简便、快捷而成为分析葡萄酒香气的主要方法。因此,本研究以当地传统的独立龙干形(ILSP,图 1-1)为对照,初步探讨单爬地龙架式(SCCT,图 1-2)对爱格丽葡萄酒香气的影响,旨在为爬地龙架式的科学实践提供科学的理论依据。通过本实验研究,为预测在干旱、半干旱地区酿酒葡萄的优质高效栽培管理提供科学理论依据和技术参数,有利于推动我国酿酒葡萄的"优质、稳产、长寿、美观"的可持续生产的目标。

三、材料与方法

1. 园地立地条件、架式修剪及品种概况

本实验在西北农林科技大学合阳葡萄实验示范站(合阳酒庄)完成。合阳酒庄位于东经 109°、北纬 34°、海拔 780 m 处。合阳属于半干旱大陆性季风气候,夏季炎热干燥,

冬季干冷。年日照时数 2 528.3 h，年降雨量 500～540 mm，年平均温度 11.5 ℃，年无霜期 208 天。本实验共设 2 个实验区，均被安排在完全随机的地块上。每个实验区 120 株葡萄树。每个架式的葡萄树在相应实验区种植 60 株，共 2 个重复，每个重复 30 株。葡萄树按南北行向种植，株行距 3.0 m×1.0 m。土壤为沙壤土。采用的架式包括 SCCT 和 ILSP。

SCCT 和 ILSP 葡萄树的修剪同前文所述。田间管理按照常规管理进行。

2. 葡萄及葡萄酒样品

葡萄浆果采自三年生的葡萄树。分别于 7 月 31 日、8 月 10 日和 8 月 24 日采收两种架式的葡萄。由于合阳降雨通常集中在 8 月至 9 月，为了排除降雨对葡萄酒香气的影响，7 月 31 日(当年雨季来临的前一天)第一次采收葡萄，这个时候恰恰是两种架式的可溶性固形物的增加即将趋于一致的时期；为了研究第一次降雨后架式对葡萄酒香气的影响，选择在 8 月 10 日第二次采收葡萄；另外，根据每两天测定的不再明显增加的可溶性固形物选定 8 月 24 日为第三次采收日期，目的是研究可溶性固形物不再积累的情况下架式对葡萄酒香气的影响。

各酒样均采用“小容器酿造葡萄酒”方法[31]的酿酒工艺。每种架式每个采收期分别做两次重复，每个重复 20 kg 葡萄。发酵容器为 20 L 玻璃罐。采收后立即进行除梗破碎，压榨取汁，同时加入 0.5 mL/L 亚硫酸(6%)，4 h 后加入 200 mg/L 的果胶酶，常温下浸渍 8 h，之后分离酒泥并添加葡萄酒酵母启动发酵，酒精发酵温度控制在 18～20 ℃。酒精发酵完成后(残糖<2 g/L)，葡萄酒转入 2 L 至 10 L 新玻璃罐中保持满罐以排除罐中的空气，按 25 mL/L 添加亚硫酸(6%)，搅匀。同时取样测定常规理化指标(如表 1-1)。其结果均符合国家葡萄酒产品标准(GB 15037—2006)。所有酒样均合格。4～6 ℃避光贮藏，6 个月后取样测定香气种类和含量。

表 1-1 3 个采收期 2 种架式爱格丽干白葡萄酒的常规理化指标

采样时间	架式	酒度 /(V/V，%)	残糖 /(g/L)	挥发酸 /(mg/L^{A})	游离 SO_2 /(mg/L)	总 SO_2 /(mg/L)	总酸 /(g/L)	pH
7 月 31 日	SCCT	10.75±0.13a	1.03±0.07a	0.29±0.09a	16.32±0.52b	29.5±0.66b	6.00±0.29c	3.29±0.01a
	ILSP	10.55±0.21a	1.22±0.04a	0.34±0.03a	15.32±0.35a	30.32±0.19c	6.51±0.46c	3.22±0.01a
8 月 10 日	SCCT	10.86±0.30a	1.08±0.01a	0.34±0.01a	15.89±0.29ab	28.96±0.57a	4.29±0.29a	3.54±0.02c
	ILSP	11.02±0.16a	1.23±0.03a	0.38±0.02a	15.66±0.34a	28.33±0.43ab	4.71±0.31a	3.44±0.03ab

续 表

采样时间	架式	酒度/(V/V,%)	残糖/(g/L)	挥发酸/(mg/L^A)	游离 SO_2/(mg/L)	总 SO_2/(mg/L)	总酸/(g/L)	pH
8月24日	SCCT	10.88±0.29a	1.06±0.05a	0.33±0.03a	16.52±0.34c	29.91±0.52b	4.70±0.35a	3.52±0.03c
	ILSP	11.00±0.33a	1.11±0.03a	0.31±0.03a	16.66±0.42c	28.42±0.64a	4.64±0.38b	3.37±0.01ab

同一列中不同的字母表明明显的差异($P<0.05$)。表中的数据为三个值的平均值±标准差(SD)。

3. 葡萄酒基本指标分析

葡萄酒常规指标包括酒度、残糖、挥发酸、游离二氧化硫、总二氧化硫、总酸和 pH,由 GB/T 15037—2006 决定。所有的参数重复三次。

4. 仪器与试剂

GC-MS 仪器:TRACE DSQ, Thermo-Finnigan, USA。

色谱柱:DB-Wax 毛细管柱(30 m×0.32 mm×0.25 μm, J&W, Folsom, USA)。

固相微萃取装置:HS-SPME, Supelco, USA。

固相萃取头:CAR/DVB/PDMS, Supelco, USA。

内标 2-辛醇(色谱纯):Sigma, USA。

5. 固相微萃取(HS-SPME)条件

香气成分由连接着一个特殊配置的 GC-MS 仪分析:一个进样器与有一个分流装置的毛细管柱连接。芳香族化合物由固相微萃取技术提取。16 mL 样品与 16 μL 的内标物装入有磁力搅拌子的顶空瓶中混合震荡提取 30 min,混合物由 0.4 μm 的滤膜过滤,立即将萃取头在 GC 进样口解吸 3 min 用于 GC-MS 分析。所有的样品重复三次,并且结果列在表 1-2 中。

6. 色谱及质谱条件

升温程序:40 ℃保持 3 min,然后以 5 ℃/min 升至 130 ℃,再以 8 ℃/min 升至 230 ℃,保持 10 min。载气(He)流速:1 mL/min。进样量 1 μL,不分流手动进样。

电子源电离轰击,离子源温度 230 ℃,电子能量 70 eV,连接杆温度 230 ℃,灯丝流量为 0.20 mA,检测器电压为 350 V,扫描范围 33～450 Amu,扫描频率 1 Hz。进样口温度 250 ℃。

7. 定性定量分析

采用 GC-MS 仪器随机所带 NIST2.0 和 Willey 谱库检索法定性,用与标准物质保留时间对比和与文献某类物质保留指数对比的方法确认。香气含量采用全定量法。

8. 气味活性值(OAV)

为了评估葡萄酒香气化合物的特征,引入气味活性值(OAV)。气味活性值(OAV)= x/OTH,其中 x 是每个挥发性化合物的浓度平均值,OTH 是它的嗅觉阈值[32-35]。

9. 统计分析

单向方差分析(ANOVA)用来确定相同样本 3 次重复的每个化学或挥发性因子的差异显著性。所有统计分析处理使用 Excel 2003 和 SPSS 16.0。

四、结果

架式对不同采收期爱格丽(Ecolly)干白葡萄酒香气的影响非常明显(表 1-2)。实验中,爱格丽干白葡萄酒中共定量测出 35 种香气化合物,总含量从 75.60 mg/L 到 271.15 mg/L。按照相似的化学特征,这些挥发物被分为三大类,即酯类(乙酸酯类、乙醇酯类和其他酯类)、高级醇类、有机酸类。其中酯类 21 种,高级醇类 8 种,有机酸类 6 种。21 种酯类中包括乙酸酯 4 种、乙醇酯 13 种和其他酯 4 种,是香气成分中种类最多的一类。就检测到的香气种类总数而言,在 7 月 31 日酿造的葡萄酒中,SCCT 和 ILSP 酒样中均检测到 26 种香气成分;8 月 10 日和 8 月 24 日酿造的 SCCT 葡萄酒均提供了 24 种香气;而 8 月 10 日与 8 月 24 日的 ILSP 酒样的香气种类分别为 27 种和 28 种。

1. 高级醇

在确认的 8 个主要的高级醇中(表 1-2),SCCT 酒样中的高级醇浓度从 25.76 mg/L 到 46.43 mg/L,占了总香气成分的 27.26%到 35.02%,而 ILSP 酒样中的高级醇浓度从 21.9 mg/L 至 53.53 mg/L,占了总香气成分的 16.49%至 28.96%。前两个实验中的 SCCT 葡萄酒中的高级醇浓度比 ILSP 葡萄酒中的高级醇浓度高。四个高级醇,如异戊醇、苯乙醇、(E)-3,7,11-三甲基-1,6,10-月桂烯-3-醇和 3,7,11-三甲基-2,6,10-月桂烯-1-醇,在这六个葡萄酒中占据了最高值。除了 7 月 31 日的 SCCT 葡萄酒和 8 月 24 日的 ILSP 葡萄酒中没有发现正戊醇,及 7 月 31 日的 SCCT 葡萄酒中没有发现正己醇外,其他的架式和采收时间酿造的葡萄酒中均检测到了高级醇,表明架式对高级醇种类无明显影响。

醇是由果实中的氨基酸、碳水化合物和脂类降解[36],然后通过 Ehrlich 和 Ribereau-Gayon 代谢途径形成。这些醇与相应的酯类一起为葡萄酒的果香特征做出了积极的贡献[37]。从表 1-2 可以看出,SCCT 对六个样品的 3,7,11-三甲基-2,6,10-月桂烯-1-醇和(E)-3,7,11-三甲基-1,6,10-月桂烯-3-醇的影响分别远远大于 ILSP 对它们的影响。在前两个采收期,SCCT 对异丁醇、异戊醇、苯乙醇的影响比 ILSP 大,而在第三个采收期,ILSP 对三个高级醇的影响大于 SCCT,异戊醇的最高浓度证实了 Rebière et al.[38]的结论。此外,修剪方法对三个采收期的十八醇、沉香醇的影响并不突出。

表 1－2　三个采收期两种架式爱格丽葡萄酒的挥发性物质

香气化合物	香气浓度(mg/L)					
	$SCCT_{7.31}$	$ILSP_{7.31}$	$SCCT_{8.10}$	$ILSP_{8.10}$	$SCCT_{8.24}$	$ILSP_{8.24}$
乙酸酯						
乙酸乙酯	18.5±0.01a	19.5±0.16a	18.91±2.05a	10.9±1.63a	10.96±0.3a	6.14±0.13a
乙酸异丁酯	0.97±0.06a	0.39±0.01a	ND	ND	ND	0.44±0.03a
3－甲基-乙酸丁酯	22.0±1.55a	9.50±0.05a	2.13±2.06a	1.34±0.83a	1.29±0.16a	27.80±0.09a
乙酸苯乙酯	12.8±0.07a	38.0±0.09b	2.66±0.65a	3.23±0.57a	8.51±0.03a	8.22±0.03a
小计	54.37	67.51	23.7	15.5	20.76	42.62
小计/%	31.99	44.93	20.83	20.5	21.97	13.13
乙醇酯						
2－甲基丙酸乙酯	0.39±0.02a	0.41±0.04a	ND	0.36±0.03ab	ND	0.84±0.02b
丁酸乙酯	0.69±0.03a	0.53±0.02a	0.48±0.04a	0.46±0.03a	0.57±0.02a	0.84±0.01a
庚酸乙酯	0.53±0.31a	ND	ND	ND	ND	0.92±0.18b
辛酸乙酯	28.4±0.12a	17.3±0.08a	11.46±0.98a	11.5±0.98a	14.2±0.12a	84.60±0.06b
癸酸乙酯	6.60±0.3a	9.73±0.24a	6.27±0.84a	6.38±0.88a	7.42±0.44a	36.47±0.03a
琥珀酸二乙酯	2.08±0.01a	1.06±0.14a	ND	0.25±0.09a	ND	0.45±0.02a
月桂酸乙酯	0.96±0.04bc	1.45±0.05a	0.52±0.02abc	0.43±0.01ab	1.06±0.02c	0.82±0.03bc
3－羟基-三癸酸乙酯	1.12±0.04a	0.55±0.03a	0.618±0.07a	0.47±0.04a	0.37±0.04a	1.01±0.08a
棕榈酸乙酯	ND	1.22±0.02a	ND	ND	0.32±0.10a	ND
3－羟基-月桂酸乙酯	ND	0.89±0.04a	ND	0.47±0.08a	0.37±0.07a	1.01±0.07a
氢琥珀酸乙酯	1.39±0.04a	0.94±0.02a	4.94±0.09a	0.38±0.01a	0.32±0.03a	0.77±0.03a

续 表

香气化合物	香气浓度(mg/L)					
	$SCCT_{7.31}$	$ILSP_{7.31}$	$SCCT_{8.10}$	$ILSP_{8.10}$	$SCCT_{8.24}$	$ILSP_{8.24}$
亚油酸乙酯	0.90±0.04a	ND	ND	0.63±0.03a	0.40±0.06a	0.64±0.04a
9-o-壬酸乙酯	ND	ND	2.00±0.18a	0.74±0.04a	1.14±0.26a	ND
小计	43.1	34.13	21.35	22.12	26.2	128.37
小计/%	25.36	22.71	18.76	29.26	27.74	39.56
其他酯						
甲酸香茅酯	0.60±0.04a	ND	ND	0.49±0.04a	0.52±0.04a	ND
水杨酸甲酯	0.73±0.04a	0.69±0.04a	2.28±0.04b	2.49±0.06b	0.58±0.16a	0.86±0.18a
苯甲酸苄酯	ND	0.45±0.05a	0.93±0.04a	0.49±0.06a	ND	0.68±0.04a
棕榈酸异丁酯	0.70±0.05a	0.51±0.04a	0.65±0.04a	0.43±0.04a	ND	ND
小计	2.02	1.66	3.87	3.91	1.1	1.53
小计/%	1.19	1.1	3.4	5.17	1.16	0.47
高级醇						
异丁醇	1.77±0.05a	0.43±0.04a	0.90±0.12a	0.65±0.03a	0.40±0.1a	0.55±0.08a
3-甲基-1-丁醇(异戊醇)	22.00±0.9a	13.7±0.51a	8.36±1.33a	5.72±1.02a	5.02±0.78a	18.77±0.49a
沉香醇/芳樟醇	ND	0.58±0.04a	0.82±0.05a	0.75±0.05a	0.60±0.06a	ND
2,3-丁二醇	1.67±0.04a	3.52±0.11a	2.35±0.02a	ND	ND	0.83±0.15a
苯乙醇	15.11±0.7a	13.3±0.48a	14.63±0.22a	11.1±1.08a	13.00±0.6a	30.29±0.2b
(E)-3,7,11-三甲基-1,6,10-月桂烯-3-醇	2.96±0.08a	2.32±0.07a	2.62±0.09a	1.36±0.25a	2.01±0.2a	1.02±0.12a
3,7,11-三甲基-2,6,10-月桂烯-1-醇	2.92±0.16a	2.62±0.53a	8.33±0.28a	1.84±0.34a	4.36±0.52a	1.48±0.25a

续　表

香气化合物	香气浓度(mg/L)					
	$SCCT_{7.31}$	$ILSP_{7.31}$	$SCCT_{8.10}$	$ILSP_{8.10}$	$SCCT_{8.24}$	$ILSP_{8.24}$
十八醇	ND	0.67±0.04a	1.85±0.03a	0.39±0.05a	0.37±0.11a	0.59±0.02b
小计	46.43	37.19	39.85	21.9	25.76	53.53
小计/%	27.32	24.75	35.02	28.96	27.26	16.49
有机酸						
辛酸	4.26±0.19a	2.10±0.18a	1.87±0.14a	1.59±0.2a	2.16±0.29a	10.40±0.13a
癸酸	11.10±0.67a	4.31±0.46a	10.46±0.68a	5.72±0.26a	10.98±0.5a	20.00±0.56a
癸烯酸	3.55±0.74a	2.55±0.26a	4.35±0.23a	1.62±0.2a	3.62±0.27a	10.72±0.27a
月桂酸	2.19±0.16a	ND	2.30±0.18a	0.75±0.08a	1.95±0.11a	1.02±0.06a
肉豆蔻酸	0.69±0.61a	0.71±0.13a	1.34±0.21a	0.78±0.23a	0.38±0.12a	1.14±0.11a
棕榈酸	2.16±1.46a	1.56±0.85a	4.71±0.53a	1.72±0.48a	1.58±0.49a	1.61±0.44a
小计	24.01	11.23	25.02	12.18	20.66	45.1
小计/%	14.13	7.47	21.99	16.11	21.87	13.89
总计	169.94	151.72	113.78	75.6	94.48	271.15

注:ND即没有检测到。同一列中不同的字母表明明显的差异($P<0.05$)。7.31、8.10和8.24分别指7月31日、8月10日和8月24日。

按照 Bayonove et al.[39]，醇类、脂肪酸和酯类都是发酵的产物。最近的研究已经证实，一些高级醇，如丁醇、异丁醇、戊醇、异戊醇、己醇、苯甲醇、苯乙醇和己烯醇对葡萄酒香气都有贡献[40]。而李华等[41]研究发现，2-甲基-1-丙醇、2-甲基-1-丁醇、1-己醇、异戊醇、3-甲硫基-1-丙醇赋予了葡萄酒特定的风味特征；苯乙醇、4-羟基苯乙醇是酵母代谢产物，而苯乙醇在葡萄酒中含量很高，赋予葡萄酒浓郁独特的玫瑰香味特征。恰巧，在我们的葡萄酒中还发现了异丁醇、异戊醇和苯乙醇这三种重要的高级醇。它们各自的含量在各个样品酒中的分配一致，架式调节着它们在爱格丽干白葡萄酒中的分配，SCCT 更有利于高级醇的形成。

2. 有机酸

六个主要的有机酸被同时检测到，并且架式对不同采摘时间有机酸含量的影响也是明显的。第一次和第二次采收是 SCCT 酒样中有机酸积累的最优时间，而第三次采收是 ILSP 酒样中有机酸积累的最佳时间。

SCCT 样品酒中的有机酸浓度为 20.66 mg/L 到 25.02 mg/L，占总香气成分的 14.13% 到 21.99%，而 ILSP 样品酒中的有机酸浓度为 11.23 mg/L 至 45.10 mg/L，占总香气成分的 7.47%至 13.89%。除了在 7 月 31 日酿造的 ILSP 样本酒中没有发现月桂酸外，其他每个样品酒中都发现了癸酸、癸烯酸、辛酸、棕榈酸、月桂酸、肉豆蔻酸。肉豆蔻酸只能被看成葡萄酒中的一个痕量成分。

有研究认为，葡萄酒中的丁酸、己酸、辛酸和癸酸来源于有机酸代谢的偶碳化合物[32]。通常表现为不愉快的气味，由于它们能够抑制对应芳香酯的水解，所以少量的这些酸对葡萄酒的香气平衡起着重要作用[42]。此外，也有人在葡萄酒中发现了异丁酸、异戊酸、癸烯酸和月桂酸。本实验酒样中检测出了 6 种偶数碳原子有机酸，即辛酸、癸酸、癸烯酸、月桂酸、肉豆蔻酸和棕榈酸。辛酸和癸酸在低浓度时具有奶酪和奶油的风味，而在高浓度时呈现腐败和刺激味。Shinohara[43] 研究发现，4～10 mg/L 的 C_6—C_{10} 有机酸能够给葡萄酒带来适度和愉悦的香气，而高于 20 mg/L 就会产生不良气味。本研究中，有机酸的浓度范围为 11.168 7 mg/L 至 12.675 0 mg/L 之间，远远低于20 mg/L，所以对葡萄酒不会产生负面作用。其中前两次酿造的葡萄酒中，SCCT 酒样中的 C_6—C_{10} 有机酸含量高于 ILSP，最后一次酿造的 SCCT 葡萄酒中的 C_6—C_{10} 有机酸含量低于 ILSP。

据报道，有机酸的积累取决于葡萄果实的成分和发酵条件[44]。葡萄果实和葡萄酒的成分受到修剪架式的影响[45]。因此，有机酸浓度的积累强烈受到架式的影响。除了 ILSP 葡萄酒中的月桂酸出现在 7 月 31 日外，癸酸、癸烯酸、辛酸、棕榈酸、月桂酸、肉豆蔻酸在其他样品酒中均被发现，它们对葡萄酒香气的复杂也有重要影响[43]。

较早的采收配合配套的架式能够控制辛酸的浓度。实验中，SCCT 的作用是突出的。从表 1-2 中可以看出，SCCT 酒样中的癸酸浓度在整个实验期间是稳定的，而 ILSP 酒样中的癸酸浓度随着采收时间推迟而上升。

葡萄酒中有机酸的适当含量对较高含量的芳香酯类是必需的。Shinohara[43]发现，C_6—C_{10}有机酸的最佳浓度在4 mg/L到10 mg/L之间，但不超过20 mg/L，这一浓度范围内的C_6—C_{10}有机酸能够使葡萄酒产生温和宜人的香气。因此，本研究中辛酸和癸酸的实验数据对葡萄酒的整体香气质量有积极的影响。此外，Bardi et al.[46]的研究表明，C_8—C_{14}的长链有机酸表现出很强的抗菌活性，并且不饱和脂肪酸能增强其效果。两个结论证明了辛酸和癸酸在抗菌方面也起着重作用，并且癸烯酸能增强其作用。

实验中，SCCT可以控制较早采收的酒样中的辛酸含量。从表1-2中可以看出，SCCT酒样中癸酸的浓度在三个采收期都稳定，而在ILSP酒样中癸酸的浓度随着季节增加。由于C_8—C_{14}有机酸的抗菌作用，如果提早采收，SCCT酒样中癸烯酸的抗菌效果超过了ILSP，而在整个实验中，SCCT酒样中月桂酸的功能超过了ILSP。肉豆蔻酸，虽然浓度值最小，但是在所有样品酒中都不能被忽视。据报道，棕榈酸作为弱极性化合物，尽管含量很少，对于干白葡萄酒的味感平衡却具有调节作用[47]。但是进一步的研究较少。

葡萄酒的质量，特别是香气浓度，源于作为香气前体的浆果化合物[48]，这在加工或存储过程中被释放，从而提高葡萄酒香气的复杂性[49]。由于大果粒和高负载量，浆果和葡萄酒成分(TSS、滴定酸和pH)没有强烈地受到架式的影响[50]。然而，实验中葡萄酒成分的不同特征是通过最佳的果穗和果实分枝数平衡产量获得的。所以，还应该考虑由架式决定的物质运输的最小路径[50]。更重要的是，产生足够的葡萄酒化合物的香气特征需要最优条件。表中没有检测到的香气化合物表明了不正确的采收时间及其匹配架式。

3. 酯类

主要包括乙酸酯、乙醇酯和其他酯。香气成分中共检测到酯类21种，占的比例最大。其中，第一次采收的两种架式的乙酸酯均分别多于乙醇酯，但是SCCT酒样中的乙酸酯含量和比例比ILSP的少，而乙醇酯多于ILSP。实验还发现，后两批酒样中的乙酸酯含量和比例均少于乙醇酯(除了8月10日的SCCT酒样中的乙酸酯含量和比例比ILSP的大)。同时，在第二次酿造的葡萄酒中，两种架式酒样中的乙酸酯的含量和比例均相差不大，而乙醇酯的含量差异不大，比例相差却有10.5%。在第三次酿造的酒样中，除了乙酸酯的比例外，ILSP酒样中的乙酸酯和乙醇酯含量和比例均比SCCT酒样中的大。

(1) 乙酸酯

除了乙酸异丁酯外，每个葡萄酒样品中均分离出了乙酸酯。通过比较不同采收时间的SCCT和ILSP葡萄酒样品中的乙酸酯含量，7月31日的ILSP葡萄酒中乙酸酯含量的平均值更高。SCCT葡萄酒样品中乙酸酯的小计浓度从20.76 mg/L到54.37 mg/L，占总香气的20.83%到31.99%。然而，在ILSP葡萄酒样品中，乙酸酯的小计浓度从 15.5 mg/L 至 67.51 mg/L，占总香气化合物的 3.13%至 44.93%。

本实验中，7 月 31 日酿造的葡萄酒中的乙酸酯浓度比 8 月 10 日和 8 月 24 日的高，这与 Marić and Firšt-Bača[51]的结论一致。尽管少量，就香气化合物的含量和比例而言，样酒中的乙酸酯类代表了最大的一类。乙酸乙酯和乙酸苯乙酯[52]、乙酸异丁酯[53]和3-甲基乙酸丁酯[54]被认为是“水果”香气的主要成分。3-甲基乙酸丁酯的浓度与顶级葡萄酒的质量有关[55]。按照表 1-2，ILSP 比 SCCT 更易于积累乙酸酯。

(2) 乙醇酯

每个样品的乙醇酯浓度和比例列在表 1-2 中。所有的葡萄酒中，13 个乙醇酯代表了最大类的香气化合物。7 月 31 日的 SCCT 酒样中发现了 13 种乙醇酯，ILSP 酒样中只发现了 6 种。8 月 10 日和 8 月 24 日 SCCT 酒样中均发现了 5 种，而在 ILSP 酒样中均发现了 8 种。SCCT 和 ILSP 酒样中的乙醇酯的小计浓度范围分别在 21.35 mg/L 至 43.1 mg/L 和 22.12 mg/L 至 128.37 mg/L 之间，并且分别占总挥发性化合物的 18.76% 至 27.74%和 22.71%至 39.56%。这些酯类主要包括辛酸乙酯、癸酸乙酯、琥珀酸乙酯、3-羟基-三癸酸乙酯、月桂酸乙酯、丁酸乙酯。然而，其他芳香化合物如 2-甲基-丙酸乙酯、庚酸乙酯、琥珀酸二乙酯、棕榈酸乙酯、3-羟基-月桂酸乙酯、亚油酸乙酯和9-o-壬酸乙酯为痕量。

实验中同一种架式的葡萄酿造的葡萄酒中乙醇酯的积累与采收时间息息相关。所有酒样中都发现了辛酸乙酯、癸酸乙酯、3-羟基-三癸酸乙酯、丁酸乙酯、月桂酸乙酯和琥珀酸氢乙酯，是葡萄酒的基本成分。2-甲基丙酸乙酯、琥珀酸二乙酯、棕榈酸乙酯和亚油酸乙酯在四个样品中被检测到。庚酸乙酯最少，只在两个样品中被检测到。很明显，采收越早，SCCT 积累的乙醇酯越多。然而，采收时间的延迟有利于 ILSP 积累香气。2-甲基丙酸乙酯和琥珀酸乙酯只在 SCCT 的早期酒样中积累，而在 ILSP 的所有时期酒样中都有积累。有趣的是，庚酸乙酯只在 7 月 31 日的 SCCT 葡萄酒和 8 月 24 日的 ILSP 葡萄酒中被检测到，棕榈酸乙酯只在 8 月 24 日的 SCCT 葡萄酒和 7 月 31 日的 ILSP 葡萄酒中被检测到。

酯由酒精和羧酸官能团反应形成，同时释放出水分子。乙醇酯由一个羧基(中链脂肪酸)和醇基(乙醇)组成。而乙酸酯由一个羧基(乙酸)和醇基组成，这个醇基可以是乙醇，也主要来源于氨基酸代谢的复杂乙醇[56]。因此，乙醇酯和乙酸酯是由相同的路径但不同的前体组成。尽管浓度低，乙醇酯与乙酸酯功能相同[37,56]。从表1-2中可以看出，7 月 31 日，SCCT 比 ILSP 积累的乙醇酯更多，而 ILSP 积累乙醇酯的最好时间在 8 月。

(3) 其他酯类

尽管此类酯很少，它们的作用却不能被忽略。与乙酸酯一样，此类酯也包括四种化合物，即甲酸香茅酯、水杨酸甲酯、苯甲酸苄酯和棕榈酸异丁酯，架式之间没有明显的浓度差。就 SCCT 葡萄酒而言，8 月 24 日的酒样中总共检测到了 2 种化合物，7 月 31 日和 8 月 10 日的样品中检测出 3 种化合物。然而，8 月 10 日的 ILSP 葡萄酒中总共检测出4种化合物。但是，SCCT和ILSP葡萄酒中没有检测出这些化合物的明显差异。SCCT酒样中的其他酯类的香气浓度在1.10 mg/L到3.87 mg/L之间，而ILSP酒样中的其他酯类的香气浓度在1.53 mg/L至3.91 mg/L之间。SCCT酒样中其浓度范围从1.16%到3.4%，而ILSP的酒样中其浓度范围从0.47%到5.17%。在大多数情况下，SCCT增加了比例，而ILSP增加了浓度。

在这些酯中，苯甲酸苄酯和水杨酸甲酯分别被确定为香气稳定剂和增强剂[57]以及葡萄果实香气苷配基的结合部分[58]。本实验中，8月10日适合苯甲酸苄酯和水杨酸甲酯的积累，并且ILSP对水杨酸甲酯的积累作用更强，而SCCT更适合苯甲酸苄酯的积累。因此，尽管浓度最低，这些成分比总组分浓度更重要[59]，它们与乙醇酯和乙酸酯共享了相似特征[37]。因此，这些酯类不能被忽略[60]。

酯类化合物是葡萄酒风味的一个重要方面[51]。本实验中的六个样品中的酯类（乙酸酯、乙醇酯和其他酯类）最丰富，其浓度总和在1.10 mg/L至128.37 mg/L之间，占了被检测到的总挥发性化合物的1.10%到44.93%。它们在SCCT和ILSP葡萄酒中显示了明显差异。乙酸酯贡献了年轻葡萄酒的质量因素，因为它们给了消费者愉悦的风味[61]。7月31日更适用于SCCT葡萄酒中乙醇酯的积累和ILSP葡萄酒中其他酯类的积累，而8月，特别是8月下旬，ILSP对乙醇酯和其他酯类的积累起着重要作用。乙酸酯的积累恰恰相反。

4. 气味活性值（OAVs）

为了评估化合物对葡萄酒整体香气的影响，我们引进了OAVs。十六个挥发性香气化合物的气味活动值（OAVs）及其气味阈值（OTH）均分别被列在表1-3中。这些化合物的平均值在0.001 2～16 919.1，它们是典型的Ecolly干白葡萄酒可以接受的。

最高的OAVs（>30）包括辛酸乙酯、癸酸乙酯和丁酸乙酯，其次是癸酸、辛酸和乙酸苯乙酯。7月31日的月桂酸乙酯、乙酸乙酯以及少量的苯乙醇和月桂酸达到了感官浓度阈值（OVAs>1）。如果采收早，SCCT葡萄酒的OAVs比ILSP葡萄酒高。7月31日的OAVs表明，与ILSP相比，SCCT更容易修改一些成分，如月桂酸（三个采收期）、丁酸乙酯、癸酸、辛酸、苯乙醇和辛酸乙酯的香气特征。而其他特征的香气成分，如癸酸乙酯、乙酸乙酯、月桂酸乙酯和乙酸苯乙酯更容易被ILSP修改。只有8月24日和7月31日的SCCT和ILSP样品中分别显示了癸酸乙酯的香气特征。

并不是葡萄酒样品中被检测到的所有化合物对葡萄酒的整体香气特征都有相同的影响[60]。有关气味活性值（OAVs）的研究注意到了白葡萄酒中明显不同的含量[17]。这些变化可以归结于葡萄果实的微小差异和采用的发酵和陈酿条件产生的不可避免的差异。

OAVs>1的挥发性化合物对葡萄酒的香气做出了积极的贡献[62]。然而，OAVs<

1的化合物也会因相似化合物的累加效应而对葡萄酒的香气有贡献[63]，并且类似OAVs的化合物可以通过与其他化合物的协同作用增强已有的贡献[64]。因此，实验中的每个化合物都不能被忽略，因为它们对葡萄酒香气有直接或间接的贡献。

如果提前采收，SCCT葡萄酒中的辛酸乙酯、丁酸乙酯、癸酸和辛酸的OAVs比ILSP葡萄酒中的高。结果表明，SCCT可以修饰由提早采摘浆果酿造的葡萄酒的最终香气特性，这与Diago et al.[65]关于Tempranillo葡萄酒的结果一致。推迟采摘时间，ILSP葡萄酒中的辛酸乙酯、丁酸乙酯、癸酸和辛酸的OAVs与Diago et al.[65]的结果一致。在整个实验期间，只有ILSP控制了葡萄酒中的癸酸乙酯的OAVs。

修剪架式对葡萄酒香气起着重要作用[29]。其中，少量的高级醇被认为积极贡献了葡萄酒的整体质量，而酯类是年轻葡萄酒花香的主要贡献者[66]。就化合物浓度而言，同一特定组分的单一的和强烈的香气比总体浓度更重要[59]。因此，葡萄酒中的每一个香气化合物都不能被忽视。此外，Pretorius[67]认为，许多化合物的特定比率贡献了葡萄酒的感官风味。

酯类大部分在葡萄酒发酵和陈酿过程中产生。乙醇和脂肪酸能够合成乙醇酯(Ethanol esters)，而乙酸和高级醇能够酯化成乙酸酯(Acetate esters)[56]。它们使葡萄酒的香气更复杂浓厚，降低葡萄酒的品种香气特性，使各种气味趋于平衡、融合、协调。如丁酸乙酯、棕榈酸乙酯和辛酸乙酯具有典型的果香味，乙酸苯乙酯具有愉悦的花香[11]。就这一点来说，ILSP更有利于葡萄酒的香气向更浓厚的方向转化，使葡萄酒的各种气味趋于平衡、融合、协调。理论上，葡萄酒中每合成一个酯类都需要一个有机酸和一个醇的参与。所以，在7月31日的ILSP葡萄酒中没有发现月桂酸乙酯，表明本样品中没有月桂酸产生。丁酸乙酯、已酸乙酯、辛酸乙酯、癸酸乙酯、乙酸异戊酯和2-乙酸苯乙酯是年轻葡萄酒的典型特征香气[68]。在本研究中，乙酸异丁酯和琥珀酸二乙酯在每个酒样中分布不明显且含量不高，但是也为葡萄酒的香气特征做出了贡献[32]。

(1) 乙酸酯

采收越早，乙酸酯积累越多，并且两种架式之间的乙酸酯含量差异越大。随着采收的推迟，两者的差异不断缩小(32.40%和45.60%、5.20%和7.00%、11.80%和15.80%)。乙酸酯的产量强烈受到了乙酸含量的影响[36]。果实在阳光下的暴露会降低葡萄酒中的乙酸和酒精浓度[69]。由于SCCT的果实始终暴露在阳光下，所生成的乙酸酯也少。因此，架式调节着乙酸酯在葡萄酒中的积累。由表1-2可以看出，乙酸酯的合成与总酸的浓度成正比。随着采收的延迟，总酸的浓度开始下降，乙酸酯的合成量也下降；乙酸酯的合成降低了乙酸在总酸中的浓度，进而降低了总酸浓度。实验中SCCT葡萄酒中的总酸含量低于ILSP葡萄酒中的总酸含量，所以合成的乙酸酯含量也呈相应的变化趋势。因此，架式和采收时间通过调节总酸在葡萄和葡萄酒中的积累，影响乙酸酯的合成。

表 1-3 爱格丽葡萄酒香气化合物的气味阈值(OTH)和气味活性值(OAVs)

香气成分	OTH (mg/L)	OAV					
		$SCCT_{7.31}$	$ILSP_{7.31}$	$SCCT_{8.10}$	$ILSP_{8.10}$	$SCCT_{8.24}$	$ILSP_{8.24}$
乙酸乙酯	12.26[Ⅰ]	1.51±0.01a	1.59±0.16a	1.54±2.05a	0.890±1.63a	0.893±0.3a	0.501±0.13a
乙酸异丁酯	1.6[Ⅱ]	0.603±0.06a	0.241±0.01a	ND	ND	ND	0.274±0.03a
乙酸苯乙酯	1.8[Ⅲ]	7.135±0.07a	21.15±0.09b	1.475±0.65a	1.796±0.57a	4.730±0.03a	4.565±0.03a
丁酸乙酯	0.02[Ⅰ]	34.29±0.03a	26.54±0.02a	23.82±0.04a	22.92±0.03a	28.41±0.02a	41.77±0.01a
辛酸乙酯	0.005[Ⅰ]	5 691.6±0.12a	3 471.9±0.08a	2 291.6±0.98a	2 310.8±0.98a	2 842.5±0.12a	16 919.1±0.06b
癸酸乙酯	0.2[Ⅰ]	32.98±0.3a	48.63±0.24a	31.34±0.84a	31.88±0.88a	37.10±0.44a	182.3±0.03a
琥珀酸二乙酯	1.9[Ⅳ]	0.010 3±0.01a	0.005 2±0.14a	ND	0.001 2±0.09a	ND	0.002 2±0.02a
月桂酸乙酯	1.5[Ⅱ]	1.914±0.04bc	2.900±0.05a	1.044±0.02abc	0.864±0.01ab	2.118±0.02c	1.630±0.03bc
棕榈酸乙酯	1.5[Ⅱ]	ND	1.221±0.02a	ND	ND	0.324±0.10a	ND
棕榈酸异丁酯	1.5[Ⅴ]	0.464±0.05a	0.340±0.04a	0.433±0.04a	0.288±0.04a	ND	ND
异丁醇	40[Ⅱ]	0.044±0.05a	0.011±0.04a	0.023±0.12a	0.016±0.03a	0.010±0.1a	0.014±0.08a
2,3-丁二醇	120[Ⅱ]	0.014±0.04a	0.029±0.11a	0.020±0.02a	ND	ND	0.007±0.15a
苯乙醇	14.0[Ⅰ]	1.079±0.7a	0.953±0.48a	1.045±0.22a	0.799±1.08a	0.928±0.6a	2.164±0.2b
辛酸	0.5[Ⅰ]	8.513±0.19a	4.210±0.18a	3.729±0.14a	3.170±0.2a	4.311±0.29a	20.80±0.13a
癸酸	1.0[Ⅱ]	11.17±0.67a	4.306±0.46a	10.45±0.68a	5.721±0.26a	10.98±0.5a	20.22±0.56a
月桂酸	1.5[Ⅱ]	1.989±0.16a	ND	2.090±0.18a	0.679±0.08a	1.773±0.11a	0.925±0.06a

注:ND 即没有检测到。同一列中不同的字母表明明显的差异($P<0.05$)。7.31,8.10 和 8.24 分别指 7 月 31 日、8 月 10 日和 8 月 24 日。[Ⅰ](Gil et al. 2006),[Ⅱ](Howard et al. 2005),[Ⅲ](Peinado et al. 2004),[Ⅳ](Ferreira et al. 2000),[Ⅴ](Moyano et al. 2002)。

（2）乙醇酯

与乙酸酯相似，乙醇酯的合成也受到架式和采收时间的影响。乙醇酯的合成与底物乙醇的浓度呈正比。乙醇促成了乙醇酯的合成。两种架式的乙醇酯的合成均与采收时间有关。SCCT 酒样中的乙醇酯含量随着采收的延迟呈下降趋势；ILSP 酒样中的乙醇酯含量先下降后上升，总体呈上升趋势。采收越早，SCCT 酒样就能比 ILSP 酒样获得越高的乙醇酯含量；晚采，ILSP 酒样可以获得较高的乙醇酯。由于采收早，SCCT 的葡萄叶片接受的光照充足，葡萄的潜在酒度积累快，获得的葡萄酒酒度较高，所以合成的乙醇酯含量也较高。推迟采收，ILSP 的葡萄叶片获得的光照因光线的倾斜开始增强，所以，推迟采收可以提高 ILSP 葡萄的潜在酒度和葡萄酒的酒度，合成的乙醇酯含量也得到提高。因此，要获得较高的乙酸酯，必须将架式和适宜采收时间合理搭配。

总之，架式影响着葡萄生长的微环境，进而决定了香气种类的差异[70]。与 ILSP 相比，8 月 10 日 SCCT 叶幕有利于充分利用光照，能够更好地提供葡萄与葡萄酒中香气物质或者其前体积累的微环境。而结果部位越接近地面，果实受微环境的影响越明显[20]。SCCT 结果部位低于 ILSP，所以微环境对 SCCT 果实的影响比 ILSP 明显，导致了当天 SCCT 葡萄酒中香气的含量高于 ILSP 葡萄酒中香气的含量，但是 SCCT 葡萄酒的香气种类少于 ILSP。8 月 24 日酿造的葡萄酒中的香气种类数极其相似，再一次表明，架式明显影响着葡萄酒香气物质及其前体种类的积累。但是 SCCT 葡萄酒的香气总量远远低于 ILSP 葡萄酒的香气总量。在采收期推迟的前提下，结果部位越低，果实越容易受到微环境的影响。随着结果部位的提高，果实受微环境的影响变小[70]。所以，对于同一个品种而言，葡萄酒香气种类和含量除了受到采收时间的影响外，还受到架式的影响，架式决定了结果部位的高度，它们影响了葡萄生长的微环境[20]。

五、小结

实验结果清楚地表明，在渭北埠塬地区，由架式影响的爱格丽葡萄酒的香气特征与采收时期关系密切。不同采摘时间和架式的总挥发性化合物及其总的香气值分别被确定和量化。提前采收的 SCCT 葡萄酿造的葡萄酒中的乙醇酯（辛酸乙酯）和其他酯类，以及高级醇（异戊醇）和有机酸（癸酸）的浓度较高，而 ILSP 葡萄酒显示了相反的结果。虽然乙酸酯没有显示出随着采收的推迟而变化的明确趋势，但是它们在 SCCT 葡萄酒中的浓度比在 ILSP 葡萄酒中的高。OAVs 进一步的分析证明，在 8 月 10 日之前，SCCT 对葡萄酒香气化合物的影响比 ILSP 突出。因此，提前采收（7 月 31 日）时，SCCT 可以促进香气化合物的较早积累，SCCT 能够积累更多的高级醇、有机酸和乙醇酯含量；如果推迟采收（8 月 24 日），ILSP 也是一项不错的选择，能够提供更好的气味和风味物质。架式与采收时间结合，可丰富葡萄酒的香气物质，改善葡萄酒的香气特征。

参考文献

[1] 张景书. 干旱的定义及其逻辑分析[J]. 干旱地区农业研究,1993,3:97-100.

[2] 梁宗锁. 植物生理学[M]. 北京:科学出版社,2007:18-20.

[3] 李记明，李华. 酿酒葡萄成熟特性的研究[J]. 果树科学,1995,12(1):21-24.

[4] 李记明，李华. 不同地区酿酒葡萄成熟度与葡萄酒质量的研究[J]. 西北农业学报,1996,5(4):71-74.

[5] 李记明，李华.干旱地区酿酒葡萄成熟特性的研究[J]. 甘肃农业大学学报,1997,35(1):71-74.

[6] 宋于洋，王炳举，董新平. 新疆石河子酿酒葡萄生态适应性的分析[J]. 中外葡萄与葡萄酒,1999,3:1-4.

[7] Li H, Wang H, Fang Y L. A new method of SCCT mode [P]. *China Patent*. 201010013581, 2010.

[8] 李华，颜雨，宋华红，杨晓华，孟军，王华. 甘肃省气候区划及酿酒葡萄品种区划指标[J]. 科技导报,2010,7:68-72.

[9] Düring H, Dry PR, Botting DG, Loveys B. Effects of partial root-zone drying on grapevine vigour, yield, composition of fruit and use of water[A]. *In Proceedings of the Ninth Australian Wine Industry Technical Conference*, Adelaide, South Australia,1996,1995:128-131.

[10] 李华. 葡萄栽培学[M]. 北京：中国农业出版社,2008:23-27.

[11] 李华. 葡萄酒品尝学[M]. 北京：科学出版社,2006:61-65.

[12] 李记明，贺普超，刘玲. 优良品种葡萄酒的香气成分研究[J]. 西北农业大学学报,1998,6:9-12.

[13] 李华. 现代葡萄酒工艺学[M]. 西安：陕西人民出版社,2000:32-34.

[14] 段长清. 中国葡萄属野生种酿酒特性的研究[D]. 西安：西北农业大学,1993.

[15] Chatonnet P, Dubourdieu D, Boidron J N, Lavigne V. Synthesis of volatile phenols by *Saccharomyces cerevisiae* in wines[J]. *Journal of the Science of Food and Agriculture*,1993,62(2):191-202.

[16] Gomez E, Martinez A, Laencina J. Localization of free and bound aromatic compounds among skin, juice and pulp fractions of some grape varieties[J]. *Vitis*,1993,33(1):1-4.

[17] Guth H. Identification of character impact odorants of different white wine varieties[J]. *Journal of Agricultural and Food Chemistry*,1993,45(8):3022-3026.

[18] Shaw P E, Moshonas M G, Hearn C J, Goodner K L. Volatile constituents in fresh and processed juices from grapefruit and new grapefruit hybrids[J]. *Journal of Agricultural and Food Chemistry*,1993,48(6):2425-2429.

[19] 李记明，宋长冰，贺普超. 葡萄与葡萄酒芳香物质研究进展[J]. 西北农业大学学报,1998,5:108-112.

[20] Spayd S E, Tarara J M, Mee D L, Ferguson J C. Separation of sunlight and temperature effects

on the composition of *Vitis vinifera* cv. Merlot berries[J]. *American Journal of Enology and Viticulture*, 2002, 53(3): 171 - 182.

[21] Jackson R S. Wine science: principle, practice, perception [M]. Academic Press, 2000: 216 - 217.

[22] Zhao X J, Sun Y X, Liu B. Changes of volatile compounds in 'Muscat Hambourg' for various trellis systems during maturity[J]. *Acta Horticulturae Sinica*, 2005, 32(1): 87 - 90.

[23] Dokoozlian N K, Kliewer W M. Influence of light on grape berry growth and composition varies during fruit development[J]. *Journal of the American Society for Horticultural Science*, 1996, 121(5): 869 - 874.

[24] Mabrouk H, Sinoquet H. Indices of light microclimate and canopy structure of grapevines determined by 3D digitising and image analysis, and their relationship to grape quality[J]. *Australian Journal of Grape and Wine Research*, 1998, 4(1): 2 - 13.

[25] Jackson D I, Lombard P B. Environmental and management practices affecting grape composition and wine quality-a review[J]. *American Journal of Enology and Viticulture*, 1993, 44(4): 409 - 430.

[26] 赵新节，孙玉霞，王咏梅，刘杨名，张云瑞. 栽培架式对玫瑰香葡萄酒香气物质的影响[J]. 酿酒科技, 2007, 7: 45 - 48.

[27] Serot T, Prost C, Visan L, Burcea M. Identification of the main odor-active compounds in musts from French and Romanian hybrids by three olfactometric methods[J]. *Journal of Agricultural and Food Chemistry*, 2001, 49(4): 1909 - 1914.

[28] Escudero A, Gogorza B, Melús M A, Ortín N, Cacho J, Ferreira V. Characterization of the aroma of a wine from Maccabeo. Key role played by compounds with low odor activity values[J]. *Journal of Agricultural and Food Chemistry*, 2004, 52(11): 3516 - 3524.

[29] Reynolds A G, Heuvel J E V. Influence of grapevine training systems on vine growth and fruit composition: a review [J]. *American Journal of Enology and Viticulture*, 2009, 60(3): 251 - 268.

[30] Ryan J M, Revilla E. Anthocyanin composition of Cabernet Sauvignon and Tempranillo grapes at different stages of ripening[J]. *Journal of Agricultural and Food Chemistry*, 2003, 51(11): 3372 - 3378.

[31] 李华. 小容器酿造葡萄酒[J]. 酿酒科技, 2002, 4: 70 - 74.

[32] Etaio I, Albisu M, Ojeda M, Gil P F, Salmeron J, Elortondo F P. Sensory quality control for food certification: A case study on wine. Panel training and qualification, method validation and monitoring[J]. *Food control*, 2010, 21(4): 542 - 548.

[33] Ferreira V, Ortín N, Escudero A, López R, Cacho J. Chemical characterization of the aroma of grenache rosé wines: aroma extract dilution analysis, quantitative determination, and sensory reconstitution studies[J]. *Journal of Agricultural and Food Chemistry*, 2002, 50: 4048 - 4054.

[34] López R, Aznar M, Cacho J, Ferreira V. Determination of minor and trace volatile compounds in wine by solid-phase extraction and gas chromatography with mass spectrometric detection[J]. *Journal of Chromatography A*, 2002, 966: 167 - 177.

[35] Peinado R A, Moreno J, Bueno J E, Moreno J A, Mauricio J C. Comparative study of aromatic compounds in two young white wines subjected to pre-fermentative cryomaceration[J]. *Food Chemistry*, 2004, 84: 85 - 590.

[36] Gil M Cabellos J M, Arroyo T, Prodanov M. Characterization of the volatile fraction of young wines from the denomination of origin "Vinos de Madrid" (Spain)[J]. *Analytica Chimica Acta*, 2006, 563: 145 - 153.

[37] Antonelli A, Castellari L, Zambonelli C, Carnacini A. Yeast influence on volatile composition of wines[J]. *Journal of Agricultural and Food Chemistry*, 1999, 47: 1139 - 1144.

[38] Swiegers J H, Bartowsky E J, Henschke P A, Pretorius I S. Yeast and bacterial modulation of wine aroma and flavour[J]. *Australian Journal of Grape and Wine Research*, 2005, 11: 139 - 173.

[39] Rebière L, Clark A C, Schmidtke L M, Prenzler P D, Scollary G R. A robust method for quantification of volatile compounds within and between vintages using headspace-solid-phase micro-extraction coupled with GC/MS-application on Semillon wines[J]. *Analytica Chimica Acta*, 2010, 660(1/2): 149 - 157.

[40] Cabanis JC, Cabanis MT, Cheynier V, Teissedre PL, Flanzy C. Oenologie: fondements scientifiques et technologiques[M]. Oenologie-Fondements Scientifiques et Technologiques TEC and DOC Lavoisier, Paris, F. 1998, 315: 336.

[41] Vilanova M, Martinez C. First study of determination of aromatic compounds of red wine from *Vitis vinifera* C V. Castanal grown in Galicia (NW Spain)[J]. European *Food Research and Technology*, 2007, 224(4): 431 - 436.

[42] 李华，李佳，王华，陶永胜. 昌黎原产地域赤霞珠干红葡萄酒香气成分研究[J]. 西北农林科技大学学报(自然科学版), 2007, 35(6): 94 - 98.

[43] Viana F, Gil J V, Genoves S, Vallés S., Manzanares P. Rational selection of non-*Saccharomyces* wine yeasts for mixed starters based on ester formation and enological traits[J]. *Food Microbiology*, 2008, 25(6): 778 - 785.

[44] Shinohara T. Gas chromatographic analysis of volatile fatty acids in wines[J]. *Agricultural and Biological Chemistry*, 1985, 49: 2211 - 2212.

[45] Schreier P, Jennings W G. Flavor composition of wines: a review[J]. *Critical Reviews in Food Science and Nutrition*, 1979, 12: 59 - 111.

[46] Main G L, Morris J R. Impact of pruning methods on yield components and juice and wine composition of Cynthiana grapes[J]. *American Journal of Enology and Viticulture*, 2008, 59: 179 - 187.

[47] Bardi L, Crivelli C, Marzona M. Esterase activity and release of ethyl esters of medium-chain fatty acids by *Saccharomyces cerevisiae* during anaerobic growth[J]. *Canadian Journal of Microbiology*, 1998, 44(12): 1171 - 1176.

[48] Liberatore M T, Pati S, Nobile M A D, Notte E L. Aroma quality improvement of Chardonnay white wine by fermentation and ageing in barrique on lees[J]. *Food Research International*, 2010, 43: 996 - 1002.

[49] Fragasso M, Antonacci D, Pati S, Tufariellol M, Baiano A, Forleo L R, Caputo A R, Notte E L. Influence of training system on volatile and sensory profiles of Primitivo grapes and wines[J]. *American Journal of Enology and Viticulture*, 2012, 63(4): 477 - 486.

[50] Winterhalter P, Sefton M A, Williams P J. Volatile C_{13} norisoprenoid compounds in Riesling wine are generated from multiple precursors[J]. *American Journal of Enology and Viticulture*, 1990, 41: 277 - 283.

[51] Reynolds A G, Wardle D A, Cliff M A, King M. Impact of training system and vine spacing on vine performance, berry composition, and wine sensory attributes of Riesling[J]. *American Journal of Enology and Viticulture*, 2004, 55(1): 96 - 103.

[52] Marić J, Firšt-Bača M. Sensory evaluation and some acetate esters of bottle aged Chardonnay wines[J]. *Plant Soil and Environment*, 2003, 49(7): 332 - 336.

[53] Lilly M, Bauer F F, Lambrechts M G, Swiegers J H, Cozzolino D, Pretorius I S. The effect of increased yeast alcohol acetyltransferase and esterase activity on the flavour profiles of wine and distillates[J]. *Yeast*, 2006, 23: 641 - 659.

[54] Swiegers J H, Kievit R L, Siebert T, Lattey K A, Bramley B R, Francis I L, King E S, Pretorius I S, The influence of yeast on the aroma of Sauvignon Blanc wine[J]. *Food Microbiology*, 2009, 26(2): 204 - 211.

[55] González-Rodríguez R M, Noguerol-Pato R, González-Barreiro C, Cancho-Grande B, Simal-Gándara J. Application of new fungicides under good agricultural practices and their effects on the volatile profile of white wines[J]. *Food Research International*, 2011, 44(1): 2011, 397 - 403.

[56] Wondra M, Berovič M. Analyses of aroma components of Chardonnay wine fermented by different yeast strains[J]. *Food Technology and Biotechnology*, 2001, 39(2): 141 - 148.

[57] Saerens S M G, Delvaux F, Verstrepen K J, Van Dijck P, Thevelein J M, Delvaux F R. Parameters affecting ethyl ester production by *Saccharomyces cerevisiae* during fermentation [J]. *Applied and Environmental Microbiology*, 2008, 74(2): 454 - 461.

[58] Ebeler S E, Sun G M, Datta M, Stremple P, Vickers A K. Solid-phase microextraction for the enantiomeric analysis of flavors in beverages[J]. *Journal of Aoac International*, 2001, 84(2): 479 - 485.

[59] Sarry J E, Günata Z. Plant and microbial glycoside hydrolases: Volatile release from glycosidic aroma precursors[J]. *Food Chemistry*, 2004, 87: 509 - 521.

[60] Nykänen L. Formation and occurrence of flavor compounds in wine and distilled alcoholic beverages[J]. *American Journal of Enology and Viticulture*, 1986, 37: 184 - 96.

[61] Jiang, B, Zhang Z W. Volatile compounds of young wines from Cabernet Sauvignon, Cabernet Gernischet and Chardonnay varieties grown in the Loess Plateau region of China[J]. *Molecules*, 2010, 15: 9184 - 9196.

[62] Ferreira V, López R, Cacho J F. Quantitative determination of the odorants of young red wines from different grape varieties[J]. *Journal of the Science of Food and Agriculture*, 2000, 80: 1659 - 1667.

[63] Louw L, Roux K, Tredoux A, Tomic O, Naes T, Nieuwoudt H H, Rensburg P V.

Characterization of selected South African young cultivar wines using FTMIR spectroscopy, gas chromatography, and multivariate data analysis [J]. *Journal of Agricultural and Food Chemistry*, 2009, 57: 2623 – 2632.

[64] Francis I L, Newton J L. Determining wine aroma from compositional data[J]. *Australian Journal of Grape and Wine Research*, 2005, 11: 114 – 126.

[65] López R, Ortín N, Pérez-Trujillo J P, Cacho J F, Ferreira V. Impact odorants of different young white from the Canary Islands [J]. *Journal of Agricultural and Food Chemistry*, 2003, 541: 3419 – 3425.

[66] Diago M P, Vilanova M, Blanco J A, Tardaguila J. Effects of mechanical thinning on fruit and wine composition and sensory attributes of Grenache and Tempranillo varieties (*Vitis vinifera* L.)[J]. *Australian Journal of Grape and Wine Research*, 2010, 16(2): 314 – 326.

[67] Morakul S, Mouret J R, Nicolle P, Aguera E, Sablayrolles J M, Athes V. A dynamic analysis of higher alcohol and ester release during winemaking fermentations[J]. *Food and Bioprocess Technology*, 2013, 6(3): 818 – 827.

[68] Pretorius I S, Bauer F F. Meeting the consumer challenge through genetically customized wine-yeast strains[J]. *Trends in Biotechnology*, 2002, 20(10): 426 – 432.

[69] Oliveira J M, Oliveira P, Baumes R L, Maia O. Changes in aromatic characteristics of *Loureiro* and *Alvarinho* wines during maturation[J]. *Journal of Food Composition and Analysis*, 2008, 21(8): 695 – 707.

[70] Zoecklein B W, Wolf T K, Duncan N W, Judge J M, Cook M K. Effects of fruit zone leaf removal on yield, fruit composition, and fruit rot incidence of Chardonnay and White Riesling (*Vitis vinifera* L.) grapes [J]. *American Journal of Enology and Viticulture*, 1992, 43 (2): 139 – 148.

[71] 满丽婷，赵文东，郭修武，王欣欣，高圣华，赵海亮. 不同架式晚红葡萄浆果膨大期光合特性研究[J]. 河南农业科学，2009，3：82 – 85.

第二章　葡萄品种

第一节　赤霞珠和美乐

为了比较石河子产区赤霞珠和美乐干红葡萄酒两种酒品质的区别，通过实验对赤霞珠干红葡萄酒和美乐干红葡萄酒品质进行比较研究，重点检测两种酒的单宁、色度、总酚、花色苷等理化指标，以及进行热稳定性检验和冷稳定性检验，并且对赤霞珠和美乐干红葡萄酒进行感官分析评价。实验得到，两种葡萄酒中还原糖含量分别为 5.4 g/L 和 5.5 g/L，花色苷含量分别为 219.38 mg/L 和 240.83 mg/L，单宁含量分别为 2.28 g/L 和 2.49 g/L，总 SO_2 的含量分别为 14.08 mg/L 和 15.36 mg/L，游离 SO_2 分别为 10.24 mg/L 和 12.80 mg/L，总酚的含量分别为 2.29 g/L 和 2.33 g/L。结果表明美乐干红葡萄酒各项指标含量都高于赤霞珠干红葡萄酒。所以两个葡萄品种在石河子产区所酿造出的干红葡萄酒在品质上存在差别，两种酒在石河子产区表现出了不同风格。

一、背景

葡萄酒是用葡萄果实或葡萄汁，经过发酵酿制成的酒精饮料[1]。石河子地处洪积扇地带，气候四季分明，年平均气温 7.0～8.0 ℃，无霜期 160～170 d，最冷月平均气温 −16.1 ℃，最热月平均气温 24.9 ℃，年降水量 110～200 mL，全年日照百分率为 63%[2]。石河子地区土壤主要分为砂砾土和沙壤土。土壤深厚，渗透性好，腐殖质含量高，为生产优质葡萄提供了良好的土壤条件。同一产区种植不同品种的葡萄，所酿造葡萄酒的风格也会有所不同。不同品种葡萄适合不同土壤条件，赤霞珠比较喜欢沙质土，而美乐葡萄在黏质土壤中也可以成熟。石河子平均海拔高度为 450.8 m，属于低海拔地区，这使得赤霞珠有较好成熟度，可以酿造出高品质葡萄酒。

赤霞珠在石河子产区的主要性状为：果粒着生中等紧密，果粒呈圆形，均重 1.82 g，紫黑色，果皮厚，含糖量 17%，含酸量 0.57%，出汁率 75%，种子与果肉容易分离，四月中旬萌芽，五月下旬开花，九月上旬成熟[3]。美乐在石河子产区的主要性状为：果粒着生中等紧密，果粒近圆形，均重 1.8 g，紫黑色，果皮薄，含糖量 18%，含酸量 0.7%，出汁率 74%，四月中旬萌芽，五月下旬开花，九月下旬成熟[3]。

美乐葡萄酒口感以圆润厚实为主，适合陈酿窖藏。美乐葡萄酒中果香明显，通常可以闻到黑色李子气息，通过成熟葡萄酿造的葡萄酒，可以在酒中闻到成熟李子果和李子干风味，成熟度不够的葡萄所酿造的葡萄酒，酒里会带青草气味。赤霞珠是西式餐饮的理想选择，口感平衡宜人，高雅清香。其葡萄酒颜色较深，适合陈酿，但也有成熟的黑醋栗和黑莓浆果气味，并具有橡木香味。

吴志明等[4]研究表明，葡萄酒颜色主要由葡萄中的花色苷决定，多酚和花色苷含量影响着葡萄酒的特色和风味。葡萄酒中的多酚、花色苷、糖、酸和香气成分是判断酿酒葡萄品质的关键因素。通过实验检测石河子产区赤霞珠和美乐干红葡萄酒中花色苷成分，区别出两种酒花色苷含量，可判断两种酒品质区别。吴帅等[5]研究表明，美乐葡萄酒中大部分多酚化合物含量较高；多酚化合物种类和含量变化导致不同品种葡萄酒香气不同。所以，不同葡萄品种中多酚化合物含量不同，导致不同的口感类型。通过测定石河子产区赤霞珠和美乐干红葡萄酒中总酚含量，可探讨两种酒风味差别。

杨军亭[6]研究表明，与高海拔坡地赤霞珠葡萄果实相比，低海拔平地赤霞珠果实有较好成熟度，有利于酿造高品质葡萄酒。石河子平均海拔高度为 450.8 m，属于低海拔地区，石河子赤霞珠有较好成熟度，可以酿造出高品质葡萄酒，可利用实验分析石河子产区赤霞珠干红葡萄酒品质。

本课题选用新疆石河子产区新疆西域明珠葡萄酒业有限公司酿造的赤霞珠和美乐干红葡萄酒为材料，检测两款酒的单宁、色度、总酚、花色苷等理化指标，以及进行热稳定性检验和冷稳定性检验，并且从赤霞珠和美乐干红葡萄酒的颜色、香气、状态、回味等方面进行感官分析评价[7]，探讨石河子产区赤霞珠葡萄酒和美乐葡萄酒品质的区别，为研究石河子产区赤霞珠和美乐干红葡萄酒品质提供重要理论价值。比较石河子产区赤霞珠和美乐葡萄酒品质区别，可以为当地葡萄酒公司、葡萄酒消费者提供一定的参考价值。

二、材料与方法

(一) 材料、仪器及试剂

1. 实验材料

新疆石河子产区赤霞珠和美乐干红葡萄酒，新疆西域明珠葡萄酒业有限公司提供。

2. 仪器

紫外分光光度计(UV－5500)：上海元析仪器有限公司；

酸度计(PB－10)：赛多利斯仪器有限公司；

电热恒温水浴锅(HWS26):上海一恒科学有限公司;

电热鼓风干燥箱(DHG-9070A):上海一恒科学有限公司;

电子舌(Smart Tongue):上海瑞芬有限公司美国 isenso 公司;

电子天平(Quintix224-1CN):赛多利斯仪器有限公司。

3. 试剂

硫酸铜晶体,酒石酸钾钠,2.5 g/L 葡萄糖标准溶液,次甲基蓝指示剂,1∶3 硫酸溶液,1%淀粉指示剂,福林-肖卡试剂,40 g/L 碳酸钠溶液,氯化钾,无水醋酸钠,靛红指示剂,0.05 mol/L 高锰酸钾溶液,磷酸氢二钠,柠檬酸。

(二) 方法

1. 内容

(1) 在室温下,测定赤霞珠和美乐干红葡萄酒中还原糖、单宁、色度、游离二氧化硫、总二氧化硫、花色苷、总酚含量,以及进行热稳定性检验和冷稳定性检验(每次测 3 个重复数据)。

(2) 对石河子产区赤霞珠和美乐干红葡萄酒进行感官评价分析。

(3) 实验操作规范一致,保证实验的准确性。

(4) 实验结束后,整理数据,绘制表格,绘制曲线,探讨石河子产区赤霞珠和美乐干红葡萄酒品质的区别。

2. 相关指标测定

(1) 还原糖测定:斐林试剂滴定法[8];

(2) 总 SO_2 和游离 SO_2 测定:碘量法[9];

(3) 总酚的测定:福林-酚比色法[10];

(4) 花色苷的测定:pH 示差法[11-12];

(5) 单宁测定:高锰酸钾滴定法[13];

(6) 色度测定:分光光度计法[14];

(7) 热稳定性检验[15];

(8) 冷稳定性检验[16];

(9) 利用电子舌进行葡萄酒风味分析[17-18]。

电子舌操作步骤:首先对电子舌进行预热(共有六个传感器),大概需要 25 min,用蒸馏水润洗传感器探头,滤纸吸附多余水分,保证探头清洁,预热完成后,对瓶装赤霞珠和美乐干红葡萄酒进行取样,每个样品量取 15 mL,倒入电子舌仪器专用烧杯内,静置 15 min,各样品重复测量 5 次。每个样品测定结束都需要清洗探头,重新清洗 6 个传感器,保证测定的准确性。

3. 数据处理与统计分析

使用 Microsoft Excel 2010 进行数据处理,使用统计软件 SPSS 17.0 for windows

中的单因素 ANOV 对石河子产区赤霞珠和美乐干红葡萄酒的还原糖、总 SO_2 和游离 SO_2、总酚、花色苷、单宁、色度指标进行差异分析，$P<0.05$ 表示差异显著，$P>0.05$ 表示差异不显著。

三、结果

（一）还原糖

葡萄酒中的甜味是葡萄汁发酵结束后留下的残糖产生的，葡萄酒越甜，说明葡萄酒中残糖量越高。葡萄酒残糖含量不同，决定了葡萄酒不同的类型，根据残糖的多少，葡萄酒主要分为四个类型：残糖量≤4.0 g/L 为干型、残糖量在 4.0 g/L～12.0 g/L 为半干型、残糖量在 12.0 g/L～45.0 g/L 为半甜型、残糖量≥45.0 g/L 为甜型[19]。随着发酵进行，葡萄汁中还原糖不断被消耗，含量不断减少，葡萄酒的酒精度升高。新疆石河子产区赤霞珠和美乐干红葡萄酒还原糖含量如图 2－1。

石河子产区赤霞珠干红葡萄酒中还原糖含量为 5.4 g/L，美乐干红葡萄酒中还原糖含量为 5.5 g/L，美乐干红葡萄酒还原糖含量略高。经过差异性分析，P 值等于 0.279，大于 0.05，所以两款酒还原糖含量差异不显著。

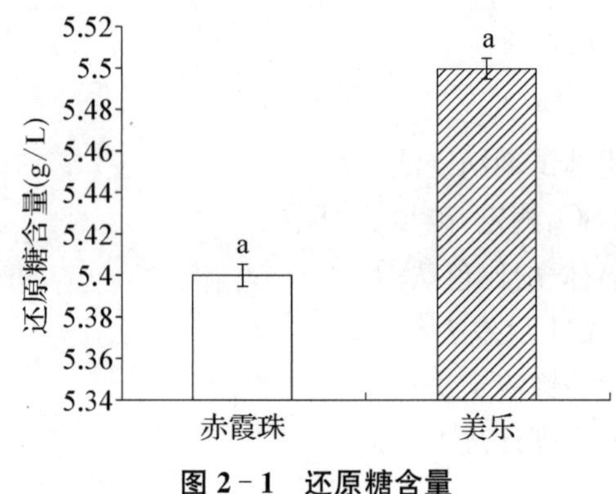

图 2－1　还原糖含量

石河子产区平均气温为 24.9 ℃，全年日照百分率为 63%[2]。充足的光照和热量为葡萄成熟提供了有利条件。石河子产区赤霞珠和美乐干红葡萄酒还原糖含量差异不显著，这两款酒是来自一个产区，由同一个酒业公司酿造，受到相同气候条件和酿造条件的影响，导致赤霞珠和美乐干红葡萄酒还原糖含量差异不显著。

（二）总 SO_2 和游离 SO_2

在葡萄酒发酵过程中，SO_2 具有选择、澄清、抗氧、增酸、溶解等作用。发酵结束后，SO_2 残留极少，葡萄酒不再受 SO_2 保护而易被氧化。如果用 SO_2 对葡萄酒发酵基质进行处理，可以抑制葡萄酒的氧化[19]。含量不同的 SO_2，对葡萄酒造成的影响不同，进而导致葡萄酒品质差异显著。石河子产区赤霞珠和美乐干红葡萄酒总 SO_2 和游离 SO_2 含量相差不大，可能是相同地理条件和相同酿造工艺使这两种葡萄酒分解、消耗 SO_2 的能力相似。

由图 2-2 可知，石河子产区赤霞珠干红葡萄酒中总 SO_2 含量为 14.08 mg/L，美乐干红葡萄酒中总 SO_2 含量为 15.36 mg/L，赤霞珠干红葡萄酒中游离 SO_2 含量为 10.24 mg/L，美乐干红葡萄酒游离 SO_2 含量为 12.80 mg/L。可以看出，美乐葡萄酒中总 SO_2 和游离 SO_2 含量都高于赤霞珠干红葡萄酒，但是，经过差异性分析，总 SO_2 的 P 值等于0.355，大于 0.05，游离 SO_2 的 P 值等于 0.047，小于 0.05，所以，总 SO_2 差异不显著，游离 SO_2 差异显著。

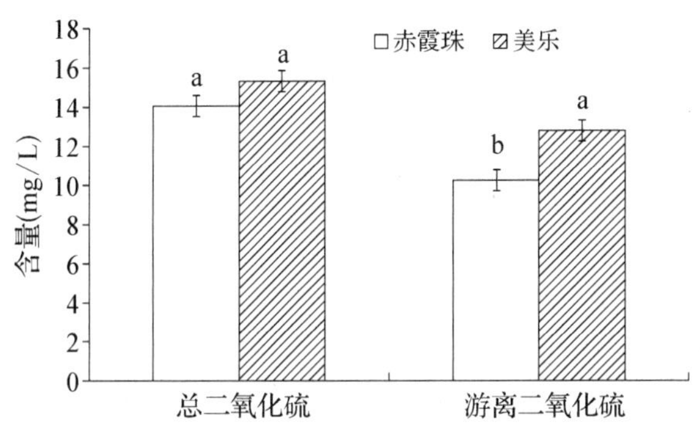

图 2-2 总 SO_2 和游离 SO_2 含量

葡萄酒中大部分 SO_2 是在酿造过程中人为添加的，只有少部分是由酵母菌硫代谢产生，酿造过程中 SO_2 添加量是根据发酵溶液体积按需添加的，同时 SO_2 也受到酒度、温度以及离子强度的影响[20]。本实验中，虽然气候条件和生产储藏条件相同，但是 SO_2 添加量、酒度以及离子强度不同，导致了石河子产区赤霞珠和美乐干红葡萄酒 SO_2 残留量不同。

（三）总酚

葡萄酒中酚类物质主要来源于葡萄原料和酿造工艺。干红葡萄酒的颜色和酚类物质有很大关系，在红葡萄酒发酵过程中，固体物质中单宁、色素等酚类物质溶解在葡萄酒中，每一种酚类物质对红葡萄酒颜色作用都存在很大差别[21]。陈酿过程中酚类物质会在干红葡萄酒中持续变化，不同酿造工艺和陈酿时间都会导致葡萄酒中酚类物质不同，从而导致葡萄酒风味多样性[19]。

图 2-3 是总酚含量吸光值线性回归，回归方程为 $y = 0.0136x - 0.016$，$R^2 = 0.999$。

由图 2-4 可知，石河子产区赤霞珠和美乐干红葡萄酒总酚含量分别为 2.29 g/L 和 2.33 g/L，美乐干红葡萄酒总酚含量稍高于赤霞珠干红葡萄酒，经过差异性分析，总酚 P 值等于 0.00，小于 0.05，可以得出二者含量差异显著。

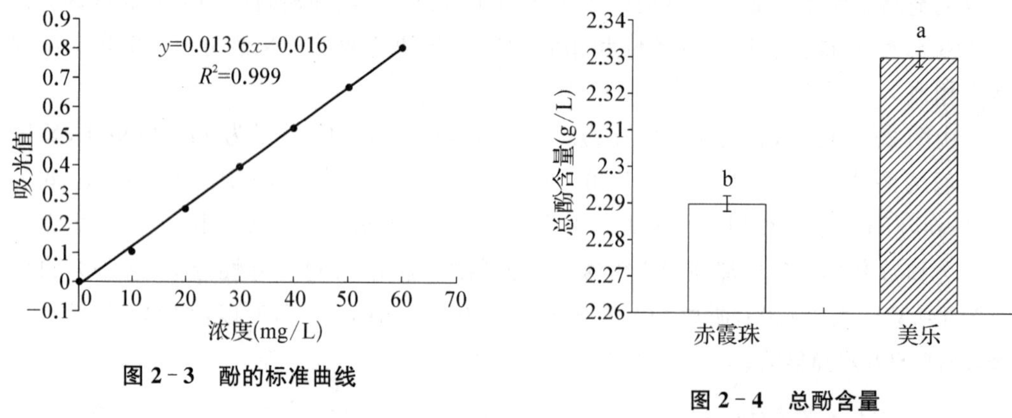

图 2-3　酚的标准曲线

图 2-4　总酚含量

总酚含量高低与抗氧化活性有关，所以不同酒中总酚含量差异较大[21]。葡萄酒中抗氧化物质主要来源于葡萄籽、果皮和橡木桶，虽然橡木桶相同，但是赤霞珠和美乐葡萄籽和果皮成熟度不同，导致赤霞珠和美乐干红葡萄酒中总酚含量的差异。

（四）花色苷

经过发酵浸渍作用，葡萄果皮中大部分花色苷被转移到葡萄酒中，使葡萄酒表现出紫红色或宝石红。在陈酿过程中，葡萄酒合成更稳定的色素，颜色由紫色变为宝石红或石榴红，这时其颜色主要形式是聚合花色苷[22]。葡萄酒中花色苷含量影响其颜色变化，正是不同葡萄酒中含有的不同含量的花色苷，才导致葡萄酒颜色的差异。

由图 2-5 可知，石河子产区赤霞珠和美乐干红葡萄酒中花色苷含量分别为 219.38 mg/L 和 240.83 mg/L，美乐干红葡萄酒花色苷含量略高于赤霞珠干红葡萄酒，花色苷 P 值等于 0.00，小于 0.05，因此，二者花色苷含量差异显著。

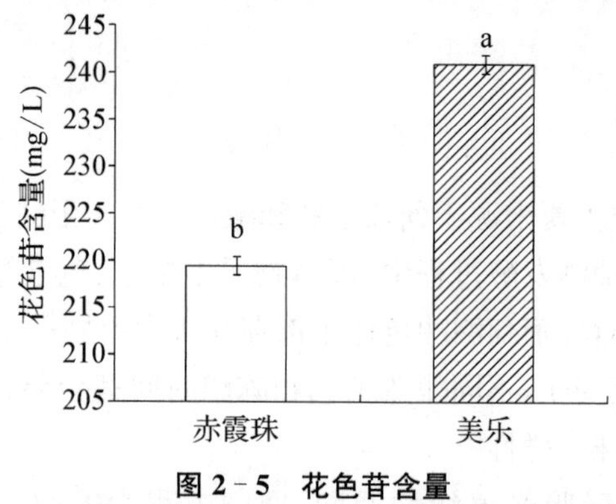

图 2-5　花色苷含量

花色苷含量主要由气候条件和栽培条件决定，光照和低温促进花色苷形成，同时也受到葡萄品种、酿造过程中的浸渍方式、发酵温度、pH、SO_2、发酵酵母和酿造容器的影响[22]。石河子产区赤霞珠和美乐干红葡萄酒虽然拥有相同气候条件、栽培条件、光照和酿造容器，但是葡萄品种、pH 不相同，所以花色苷有差异。

(五) 单宁

单宁主要存在于葡萄果皮和葡萄籽当中,属于一种天然酚类物质,葡萄酒中的涩味就是通过单宁物质体现出来的,它增强了酒体复杂度[23]。在陈酿过程中,橡木桶中含有天然单宁,所以橡木桶浸渍也可以提高单宁含量,但是,单宁含量过高也会影响葡萄酒质量,通过氧化作用和沉淀可以降低单宁含量。不同地区、葡萄品种和酿造工艺导致单宁含量不同,决定了葡萄酒的口感质量。

由图 2-6 可知,石河子产区赤霞珠和美乐干红葡萄酒单宁含量分别为 2.28 g/L 和 2.49 g/L,美乐干红葡萄酒单宁含量高于赤霞珠干红葡萄酒,单宁 P 值等于 0.036,小于 0.05,所以二者单宁含量差异显著。

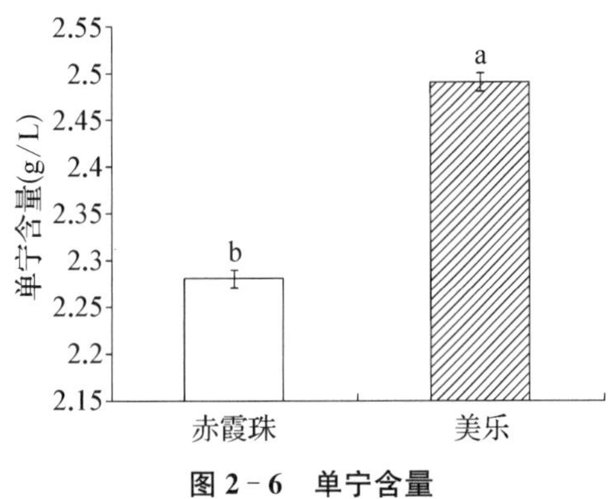

图 2-6　单宁含量

葡萄酒中单宁来源于葡萄果皮、葡萄籽和果梗,单宁含量与葡萄果皮的厚度有很大关系,同时,葡萄酒在进行橡木桶陈酿时,橡木桶里的单宁也会溶解到葡萄酒中,陈酿时间越长,葡萄酒中单宁含量越高[24]。因为品种不同,葡萄果皮、葡萄籽和果梗中的单宁含量不同,所以石河子产区赤霞珠和美乐干红葡萄酒单宁含量表现出明显的差异。

(六) 色度

色度是评价葡萄酒外观质量的一个重要标准,葡萄酒氧化程度和质量可以通过色度反映出来。葡萄酒中酚类物质含量决定了葡萄酒色度高低,酚类物质含量越高,葡萄酒色度含量越高,颜色就更深[19]。

由图 2-7 可知,石河子产区赤霞珠和美乐干红葡萄酒色度分别为 14.19 和 14.94,美乐干红葡萄酒色度高于赤霞珠干红葡萄酒,色度 P 值等于 0.00,小于 0.05,因此,二者色度差异显著。

葡萄酒色度的高低主要由葡萄酒中酚类物质如花色苷、单宁等决定,花色苷和单宁含量越高,葡萄酒色度值越大,葡萄酒颜色也越深[25]。品种不同,赤霞珠和美乐干红葡萄酒中酚类物质、花色苷和单宁含量都不一样,所以表现出色度的差异。

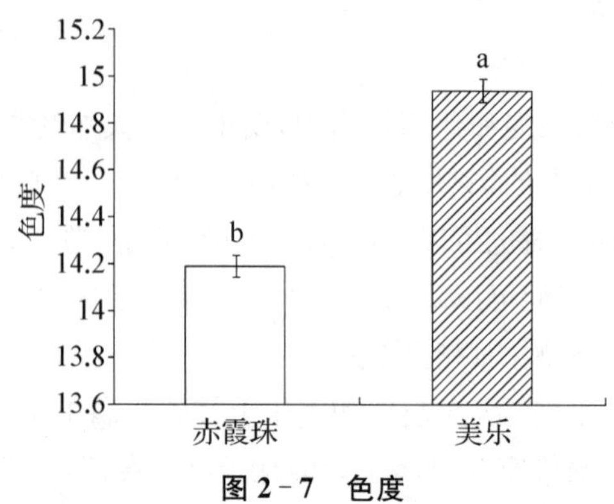

图 2-7 色度

(七) 热稳定性和冷稳定性检验

葡萄酒沉淀大部分是葡萄酒变质和不稳定导致，澄清是消费者选择葡萄酒第一步，如果出现沉淀或者浑浊，会影响消费者选择这款葡萄酒的意愿。所以，葡萄酒稳定性是质量的保证。新疆西域明珠葡萄酒业有限公司酿造的赤霞珠和美乐干红葡萄酒经过热稳定性检验，没有絮状或沉淀[15]生成；冷稳定性检验后酒样在光源下仍澄清透明，没有表现出失光、沉淀和冒烟现象[16]。因此，赤霞珠和美乐干红葡萄酒的热稳定性和冷稳定性检验都合格。

(八) 利用电子舌进行葡萄酒品种区分

图 2-8 所示，为电子舌对石河子产区赤霞珠和美乐干红葡萄酒的 DFA 分析结果，从图中可以看出，DFA 判别函数分析结果的 DI 值为 85.67%，同一品种葡萄酒分析结果分布相对集中，因此利用横坐标可以将同一产区不同品种葡萄酒区分开。

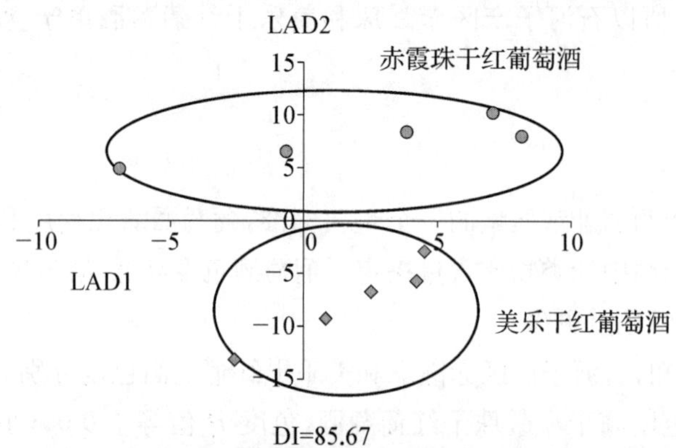

图 2-8 DFA 分析图(判别函数分析结果图)

图 2-9 为电子舌对石河子产区赤霞珠和美乐干红葡萄酒 PCA 分析结果图。从图中可知，主成分分析中第一成分贡献率达到了 44.60%，第二成分贡献率达到了

29.99%，主成分累计达到85.67%，其中PCA中主成分和DFA中贡献率相等。图中，赤霞珠干红葡萄酒集中在横坐标以上部分，美乐干红葡萄酒集中在横坐标以下部分，所以各款酒标记点不是相对集中的，但是依然可以清楚地将两款酒区分开。

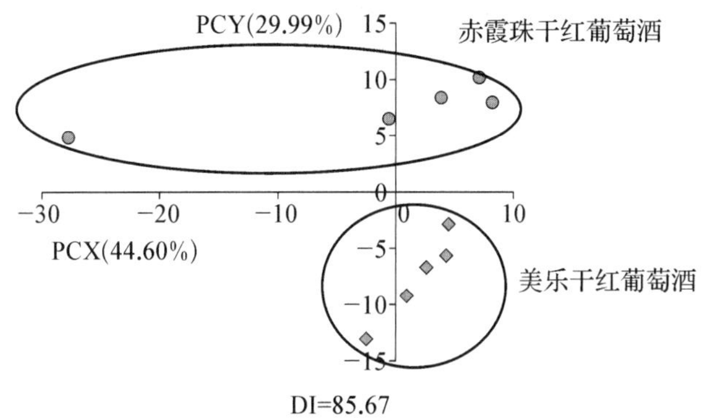

图2-9 PCA分析图(主成分结果图)

(九)赤霞珠和美乐干红葡萄酒感官品质比较

从图2-10感官评价分析可以看出石河子产区赤霞珠和美乐干红葡萄酒的异同点。赤霞珠干红葡萄酒澄清，单宁高，酒体适中，风味特征为果香，颜色表现为宝石红，典型的香气是黑醋栗，酸度低，质感干涩，没有异味，有酒泪，回味短暂，品质一般；而美乐干红葡萄酒表现为澄清，颜色为宝石红色，有酒泪，单宁低，酒体适中，风味特征为果香，典型香气是李子果，浓郁度为中等酸度，质感柔和，回味长久，品质优秀。两者都表现出澄清，宝石红色，有酒泪，没有异味，酒体中等，风味特征都是果香。

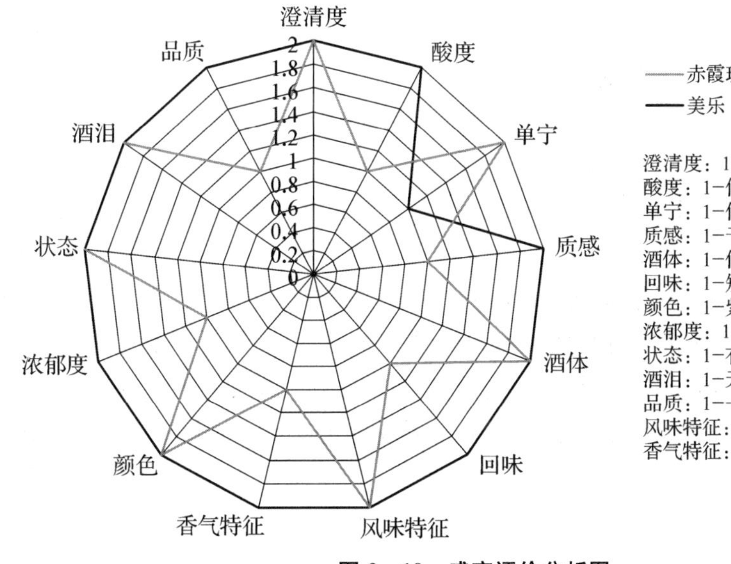

图2-10 感官评价分析图

还原糖含量与酿造过程中酶活性和发酵程度等有关，它们导致每款酒中还原糖含量不同；葡萄越成熟，糖分含量越高，这些糖分一部分转化为酒精，一部分作为残糖，引起葡萄酒甜味[21,25]。石河子产区赤霞珠干红葡萄酒还原糖含量为 5.4 g/L，美乐干红葡萄酒还原糖含量为 5.5 g/L。美乐干红葡萄酒还原糖含量略高于赤霞珠干红葡萄酒，所以美乐干红葡萄酒甜味更突出，但是经过差异性分析得出，二者还原糖差异不显著。

葡萄酒中花色苷主要起呈色作用，在酿造过程中，通过浸渍作用把葡萄皮中花色苷转移到葡萄酒中，从而使葡萄酒表现出紫红色或宝石红等，花色苷含量主要由气候条件和栽培条件决定，光照和低温促进花色苷形成[22]。本实验酿造的赤霞珠和美乐干红葡萄酒花色苷含量分别为 237.18 mg/L 和 249.76 mg/L，所选取的材料为同一个产地和同一个酒业公司，气候条件和酿造条件都相同，因此两种葡萄酒中花色苷含量差别大的原因是葡萄品种。经过差异性分析，花色苷差异显著。

单宁属于一种天然酚类物质，葡萄酒中单宁主要来自果皮、籽和果梗，单宁可以使葡萄酒在口中表现出干涩的质感，而且在干红葡萄酒中单宁的作用更突出[23]。新疆西域明珠葡萄酒业有限公司酿造的赤霞珠和美乐干红葡萄酒单宁含量分别为 2.28 g/L 和 2.49 g/L，美乐干红葡萄酒单宁含量明显高于前者，所以，其口感更复杂，经过差异性分析，单宁差异显著。

葡萄酒色度的高低主要由葡萄酒中酚类物质，如花色苷、单宁等决定，花色苷和单宁含量越高，葡萄酒色度值就越大，葡萄酒颜色也就越深[24]。评价一款葡萄酒外观质量主要因素就是色度。色度可以判断葡萄酒氧化程度和质量。石河子产区赤霞珠和美乐干红葡萄酒色度值分别为 14.19 和 14.94，后者色度值明显高于前者，因此赤霞珠干红葡萄酒颜色比美乐干红葡萄酒颜色浅，经过差异性分析，色度差异显著。

SO_2可以控制葡萄酒中各种发酵微生物活动，SO_2浓度足够高，可以促进浸渍作用，提高色素和酚类物质溶解量，还可以杀死各种微生物。SO_2有利于提高葡萄酒中有机酸含量，降低挥发酸含量，缓和葡萄酒味感质量，正确添加 SO_2，可以使葡萄酒酿造和储藏顺利进行，进而提高葡萄酒质量[19]。新疆西域明珠葡萄酒业有限公司酿造的赤霞珠和美乐干红葡萄酒总 SO_2含量分别为 14.08 mg/L 和 15.36 mg/L，游离 SO_2分别为 10.24 mg/L和 12.80 mg/L，美乐干红葡萄酒中总 SO_2和游离 SO_2含量都高于赤霞珠干红葡萄酒，但经过差异性分析得出，总 SO_2含量差异不显著，游离 SO_2含量差异显著。

葡萄酒中含有多种酚类物质，而且葡萄酒的保健功能与这些酚类物质的抗氧化能力有直接关系，总酚含量高低与酒样抗氧化活性有关，所以不同酒中总酚含量差异较大[21]。新疆西域明珠葡萄酒业有限公司酿造的赤霞珠和美乐干红葡萄酒总酚含量分别为 2.29 g/L 和 2.33 g/L，差异性分析得出，赤霞珠和美乐干红葡萄酒总酚差异显著。

四、小结

采用石河子产区新疆西域明珠葡萄酒业有限公司酿造的赤霞珠和美乐干红葡萄酒

为材料，经过测定，石河子产区赤霞珠和美乐干红葡萄酒还原糖含量分别为 5.4 g/L 和 5.5 g/L，花色苷含量分别为 219.38 mg/L 和 240.83 mg/L，单宁含量分别为 2.28 g/L 和 2.49 g/L，总 SO_2 含量分别为 14.08 mg/L 和 15.36 mg/L，游离 SO_2 分别为 10.24 mg/L 和 12.80 mg/L，总酚含量分别为 2.29 g/L 和 2.33 g/L。实验结果表明，美乐干红葡萄酒各项指标都高于赤霞珠干红葡萄酒，其中还原糖和总 SO_2 含量差异不显著，其他指标都差异显著。两款酒经过热稳定性和冷稳定性检验后，热稳定性检验样品与对照相比无变化，没有絮状沉淀，冷稳定性样品在光源下澄清透明，无失光、沉淀和冒烟现象，赤霞珠和美乐干红葡萄酒都表现出较好的稳定性。本研究通过探讨和比较石河子产区的赤霞珠和美乐葡萄酒品质，为以后研究该产区赤霞珠和美乐干红葡萄酒品质提供了重要理论价值。

参考文献

[1] 国际葡萄与葡萄酒组织(OIV)[J].中国标准化,2016,21:205 - 212.

[2] 魏勇,安冬亮.石河子地区霜冻天气的气候特征[J].石河子科技,2010,1:27 - 28.

[3] 李宽莹.适宜日光温室促早栽培的 14 个葡萄早熟优良品种[J].甘肃农业科技,2015, 4:74 - 77.

[4] 吴志明,陈亮,李双石.赤霞珠葡萄酒发酵过程中总酚和花色苷的含量变化[J].酿酒科技,2013,11:18 - 20.

[5] 吴帅,金玉红,郭萌萌,王忠一,鞠中杰.三种不同珠干红葡萄酒品质的对比性研究[J].中国酿造,2015,34(12):73 - 77.

[6] 杨军亭.地形对赤霞珠葡萄酒酚类物质含量及抗氧化活性的影响[J].甘肃科学学报,2012, 19(3):77 - 80.

[7] Wang SZ, Wang ZG, He Y. The Study on Evaluation System of Wine Based on Data Mining[J]. *Advances in Applied Mathematics*. 2015,4:376.

[8] 刘烨,潘秀霞,张家训.直接滴定法测定葡萄酒中还原糖的研究[J].食品安全质量检测学报,2017,6:2180 - 2184.

[9] 蔡璇,李达.葡萄酒中二氧化硫含量的快速测定[J].化学分析计量,2007,6:20 - 21.

[10] 邵建辉,马春花,梁旭清.云南及其他产区赤霞珠干红葡萄酒总酚和原花青素含量的测定与分析[J].酿酒科技,2011,4:29 - 32.

[11] 张世杰,袁春龙,杨健.不同年份及产区红葡萄酒花色苷组成分析[J].西北农林科技大学学报(自然科学版),2016,3:160 - 166.

[12] 李善菊,臧祥玉,师守国.葡萄酒中花色苷稳定性研究[J].运城学院学报,2017,3:44 - 46.

[13] 刘朝霞,刘青,李荀.葡萄酒中单宁含量调查与口感关系的分析[J].食品安全质量检测学报,2014,7:2226 - 2230.

[14] 张军翔,周淑珍,王琨.稳定工艺对红葡萄酒总酚与色度的影响[J].酿酒,2007,3:66 - 67.

[15] 李进,周鹏辉,李泽福.下胶剂对起泡葡萄酒热稳定性及质量的影响[J].中外葡萄与葡萄酒,2017,2:13 - 16.

[16] 李岩.改性壳聚糖对葡萄酒的稳定性作用[D].青岛:中国海洋大学,2013.

[17] 张昱,侯旭杰.电子鼻和电子舌技术在葡萄酒检测中的应用概述[J].酿酒科技,2016,19 (10):88 - 92.

[18] Buratti, Ballabio, Benedetti, Cosio. Prediction of Italian red wine sensorial descriptors from electronic nose, electronic tongue and spectrophotometric measurements by means of Genetic Algorithm regression models[J]. Food Chemistry,2005,100(1):211 - 218.

[19] 李华,王华,袁春龙,王树生.葡萄酒工艺学[M].北京:科学出版社,2007.

[20] 李华,王华,袁春龙,王树生.葡萄酒化学[M].北京:科学出版社,2005.

[21] 贾孟军,刘雅洁,吕月标,李海姝,刘玉梅.新疆地产葡萄酒和果酒总酚与其抗氧化活性的相关研究[J].酿酒科技,2015,(7):41 - 45,50.

[22] 苗丽平，赵新节，韩爱芹.红葡萄酒中花色苷的影响因素[J].酿酒科技，2016，2：40-46.
[23] 李蕊蕊，赵新节，孙玉霞.葡萄和葡萄酒中单宁的研究进展[J].食品与发酵工业，2016，4：260-265.
[24] 杨金燕，党红新，姜肖肖.影响葡萄酒色度检测的因素[J].中国科技博览，2012，13：96-96.
[25] 张宣生，曹明秀.影响葡萄酒感官品质的原料因素分析[J].中外葡萄与葡萄酒，2017，1：61-63.

第二节　赤霞珠、梅鹿辄和西拉

本研究分析了新疆哈密地区赤霞珠、梅鹿辄和西拉 3 个品种的干红葡萄酒酿造过程中 pH、总酸、单宁和花色苷含量的变化。结果表明，西拉和赤霞珠的 pH 都在酵母菌正常发酵的最佳范围内，梅鹿辄葡萄的 pH 则相对略高；梅鹿辄葡萄酒总酸含量为 6.469 g/L、赤霞珠和西拉都略高于 6.5 g/L；3 个品种葡萄酒检测到的单宁含量都非常低，相比而言，梅鹿辄葡萄酒中的单宁含量相对较高，为 55.69 mg/L，对于葡萄酒后期品质形成贡献较大；梅鹿辄葡萄酒花色苷含量为 79.427 mg/L，下降率 13%；西拉葡萄酒花色苷含量 79.097 mg/L，下降率 11%；赤霞珠葡萄酒花色苷含量最低，为 76.178 mg/L，下降率 24%。3 个品种葡萄酒的发酵各有其特点，充分利用其发酵优势，为干红葡萄酒的酿造和工艺优化提供了重要的理论依据。

一、背景

葡萄酒行业有句名言：三分靠酿造，七分靠原料。并不是说原料决定一切，但是可以肯定的是，原料在葡萄酒酿造中的地位非常重要。由此可知，原料品质的好坏对于葡萄酒的品质有着至关重要的作用。不同品种的葡萄果实存在着色、香和味等特性和成分间的差异；酿造工艺不同，如不同的 SO_2、果胶酶或酵母添加量能酿造出不同风格和特点的葡萄酒；在酿造过程中，葡萄果实是否破碎或破碎程度及酿造过程的控制也会影响葡萄酒风味、口感。

酿酒葡萄对生长环境要求比较高，如土壤、气候、温度、水和日照等。其中，气候最为重要，它对葡萄的生长、质量起主导作用[1]。哈密地处北纬 40°45′～45°09′，东经 91°11′～96°33′，是典型的大陆性气候，日照时间长，昼夜温差大，年平均气温 9.9 ℃，年降水量平均 33.2 mm，气候干燥度 28，日照时数 3 357 h，无霜期平均 184 d。自然条件有利于葡萄糖分和多酚物质的积累，非常适宜种植赤霞珠、梅鹿辄等酿酒葡萄[2]。得天独厚的气候条件和地理优势使哈密成为一个优质的酿酒葡萄产区[3]。

目前国内外对葡萄品种特性研究较多，但是针对哈密地区赤霞珠、梅鹿辄和西拉在酒精发酵过程中成分变化的基础研究较少，这 3 个品种是哈密地区新引进的优质酿酒葡萄品种，得天独厚的气候和地理条件，使该地区的酿酒葡萄糖分和多酚类物质得到充分的积累，葡萄颜色纯正、香气浓郁、品质优良。

本研究以新疆哈密地区提供的酿酒葡萄：赤霞珠、梅鹿辄和西拉为酿酒原料，对其发酵过程中的 pH、总酸、单宁以及花色苷变化进行比较研究。主要目的是探讨 3 种酿酒葡萄发酵过程中各理化指标变化对葡萄酒品质影响，从而为哈密地区合理引种酿酒葡萄品种提供科学的理论依据。

二、材料与方法

（一）材料

采用的酿酒葡萄品种为：赤霞珠、梅鹿辄和西拉，均采自新疆哈密地区，树龄为 3～5 年，生长状况良好。酵母 RC212：法国进口酵母，购买于新疆石河子张裕葡萄酒庄。

（二）仪器与设备

DK－8D 型电热恒温水浴锅：江苏省金坛市医疗仪器厂；DL203 型电子天平：上海精密科学仪器有限公司；XYJ－A 型电动离心机：江苏省金坛市恒丰仪器厂；RA－130 手持式折光仪：上海天垒仪器仪表有限公司；PHS－3D 型 pH 计：乐清市西埃姆西测量器具有限公司；磁力搅拌器：精凿科技（上海）有限公司；酒精计：沧县津玻玻璃仪器；722 光栅可见分光光度计：上海分析仪器厂。

（三）试验方法

1. 酿酒工艺

葡萄原料→分选→除梗、破碎→酒精发酵（20～29 ℃）→分离→苹果酸-乳酸发酵（18～20 ℃）→倒桶、陈酿→澄清。

分选：将大小均匀、无机械伤、颜色均匀一致的葡萄分选出来。

除梗、破碎：将葡萄果粒与果梗分离、称量，分别放置在经二氧化硫杀菌过的容器中，然后将葡萄果粒用手捏碎，加入 0.18 g/L 偏重亚硫酸钾。

酵母活化方法：葡萄汁与软化水 1∶1 混合，酵母与混合液按照质量比 1∶10 混合，40 ℃水浴搅拌 30 min。

酒精发酵：将破碎过的葡萄装入 10 L 玻璃发酵罐中，装量约为容器的 4/5，入罐 12 h以后，接入已经活化好的酿酒酵母（干酵母添加量 0.1 g/L）。用湿纱布将容器口盖严，早晚各搅拌一次，常温发酵，控制温度在 24～29 ℃，发酵周期 11 d。

分离：待酒精发酵结束，还原糖含量＜4 g/L 时，用杀过菌的纱布将葡萄皮渣分离，葡萄酒重新装进新罐中，满罐储存。

苹果酸-乳酸发酵：接种乳酸菌 8 mg/L，温度控制在 18～20 ℃，周期为 20 d。

倒桶、陈酿：除去自然沉淀的酒泥，葡萄酒重新装罐，添加 0.18 g/L 偏重亚硫酸钾，陈酿 2～8 个月。

2. 分析检测

酒精度的测定采用酒精计法；总酸的测定采用酸碱滴定法；可溶性固形物含量的测定采用手持式测糖仪；还原糖的测定采用直接滴定法；pH 测定采用 pH 计；单宁的测定采用福林—丹尼斯法；实验期间，每天测定 pH、总酸、单宁和花色苷，共计 12 天。

花色苷含量的测定：取 1 mL 的试样，分别用 pH 1.0 和 pH 4.5 的缓冲液稀释定容至 10 mL。达到平衡后，以蒸馏水调零点，分别在 510 nm 和 700 nm 处测定其吸光度。花色苷含量计算公式如下：

$$A=(A_{510\ \mathrm{mm}}-A_{700\ \mathrm{mm}})\mathrm{pH1.0}-(A_{510\ \mathrm{mm}}-A_{700\ \mathrm{mm}})_{\mathrm{pH4.5}}$$

$$W=A\times M_w\times DF\times V/(\varepsilon\times W_t)\times 100\%$$

式中，A 为吸光度差；$A_{510\ \mathrm{mm}}$，$A_{700\ \mathrm{mm}}$ 为波长 510 nm、700 nm 下的吸光度。

W 为总花色苷含量，%；ε 为矢车菊-3-葡萄糖苷的摩尔吸光系数，29 600；DF 为稀释因子；M_w 为矢车菊-3-葡萄糖苷的分子质量，449.2；V 为取样体积，mL；W_t 为样品质量，g。

三、结果

(一) 发酵结束时各项理化指标

经挑选的葡萄按照工艺进行除梗、破碎，接入活化的酵母菌，常温(24 ℃～29 ℃)酒精发酵 12 d，主发酵结束。3 种干红葡萄原酒发酵第 12 天分离皮渣后基本理化指标见表 2-1。

表 2-1 酒精发酵结束时 3 种干红葡萄原酒的理化指标

	赤霞珠	梅鹿辄	西拉
酒精度/%vol	12.5±1.3	11.2±1.2	11.8±1.1
可溶性固形物/%	6.0±0.3	7.4±0.4	8.2±1.3
还原糖/g·L^{-1}	3.106±0.2	3.581±0.1	3.632±1.2
pH	3.51±0.4	3.68±0.2	3.36±1.2
总酸/g·L^{-1}	6.683±0.1	6.469±0.4	6.58±2.1
单宁/mg·L^{-1}	53.73±2.1	55.69±3.2	49.9±2.2
花色苷/mg·L^{-1}	76.178±2.6	79.427±3.5	79.097±3.1

由表 2-1 可知，发酵第 12 天，3 种干红葡萄原酒中的还原糖含量均小于 4 g/L，酒精度在 11%～13%vol，并且其他各项指标满足国标 GB 15037—2006“葡萄酒”的要求。以这些数据为理论基础，分离葡萄皮渣，进行后续的苹果酸—乳酸发酵。

（二）不同品种发酵液 pH 的变化

葡萄酒在酿造过程中会发生一系列的物理、化学和生物化学变化，出现不稳定现象[8-9]，如铁、铜的氧化还原、蛋白质与单宁的沉淀等，这些现象都与 pH 的变化有关[10]。所以 pH 的变化直接或间接地影响着葡萄酒的品质。因此有效地控制 pH 对葡萄酒的稳定性有重要意义。葡萄酒发酵过程中，主要作用微生物为酿酒酵母。pH 的改变对酵母菌的生长以及代谢有极大的影响。为保证酵母菌进行正常发酵，最好控制 pH 在 3.0～3.6[10]，这样的条件下，杂菌受到抑制，酵母可以正常发酵。

3 个不同品种葡萄发酵液的 pH 变化见图 2－11。酒精发酵是在一个开放的有氧环境下进行，由于发酵过程中葡萄酒中多酚类物质与空气接触，从而被氧化，挥发酸（如醋酸）含量增加，从而引起 pH 下降。如图 2－11 所示，发酵过程中 3 个品种葡萄酒 pH 均呈下降趋势。原料梅鹿辄、赤霞珠和西拉葡萄的 pH 分别为 4.28，3.87 和 3.67。而整个发酵过程中，pH 大小为：梅鹿辄＞赤霞珠＞西拉，发酵结束时，梅鹿辄 pH 3.68、赤霞珠 pH 3.51、西拉 pH 3.36。3 种葡萄酒发酵的 pH 均在正常范围内，但是根据葡萄酒酿造最佳 pH 范围，西拉葡萄酒发酵最好，赤霞珠次之，梅鹿辄的 pH 相对偏高。

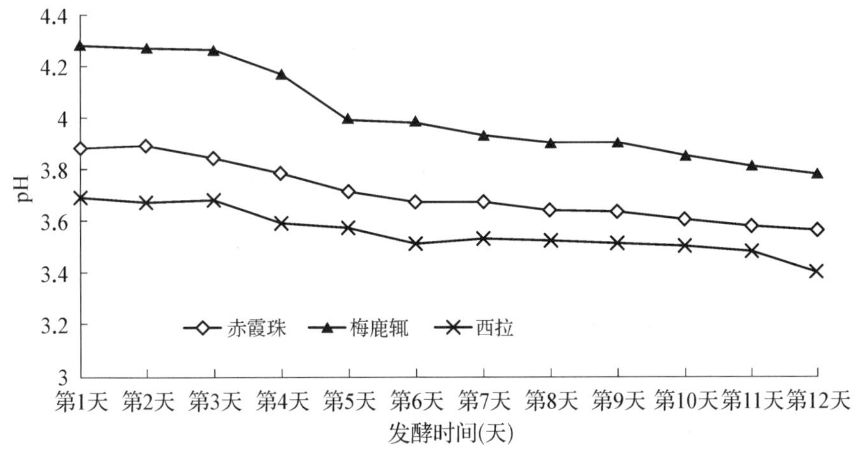

图 2－11　不同品种干红葡萄酒发酵过程中 pH 的变化

（三）不同品种发酵液总酸含量的变化

在葡萄酒酿造过程中，酸的含量直接影响着葡萄酒的质量、口感和风味[11]。含酸量过高，会使人感觉刺口、难受，有涩味；含酸量过低，葡萄酒口感平淡，陈酿时会导致微生物侵染，难以控制葡萄酒质量[12]；适度的酸度可以给人带来清新愉悦的感觉，同时有利于葡萄酒良好风味的形成[13]。

图 2－12 是 3 个品种葡萄酒酒精发酵期间总酸含量的变化。发酵过程存在一个酸转化的过程，除了发酵液本身具有的苹果酸和酒石酸，发酵会产生琥珀酸、乳酸和醋酸[12]。pH 的下降也有效地说明了发酵液中氢离子浓度在不断增加。酒精发酵前 8 d，

3个品种葡萄酒中的总酸含量均呈上升趋势:赤霞珠发酵液的总酸由4.251 g/L上升至8.194 g/L;梅鹿辄发酵液的总酸由4.308 g/L上升至7.731 g/L;西拉发酵液的总酸由4.521 g/L上升至7.938 g/L。醇和二氧化碳是酒精发酵的主要生化产物,随着发酵液中酸和醇的不断积累,在无催化的条件下进行酯化反应,从而使发酵液中总酸含量缓慢下降。酒精发酵第8天,总酸达到最大值后开始缓慢下降;发酵结束时,西拉总酸为6.580 g/L、梅鹿辄总酸为6.469 g/L、赤霞珠总酸为6.683 g/L。李华等[11]研究指出,优良葡萄酒含酸量应在5.5～6.5 g/L,最高不超过7.0 g/L。根据这个要求可以看出,西拉和赤霞珠的总酸含量都略高于6.5 g/L。

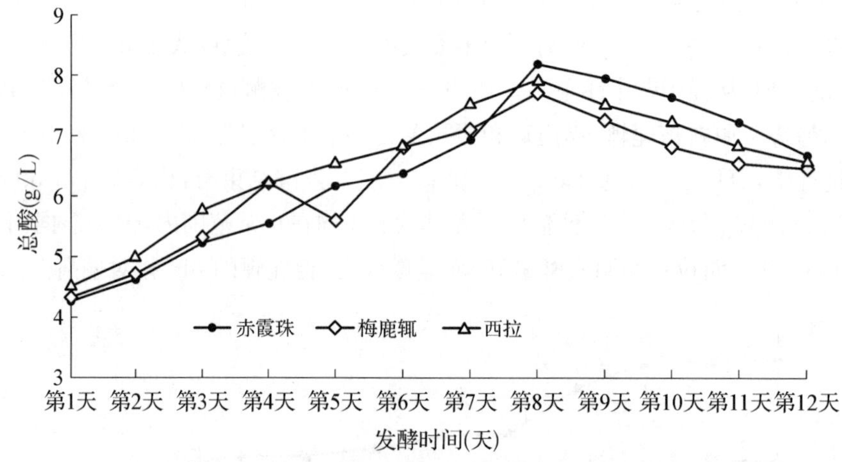

图2-12 不同品种葡萄酒发酵过程中总酸含量的变化

(四)不同品种发酵液单宁含量的变化

单宁是葡萄酒中一类重要的多酚物质,它可产生收敛性、稳定(辅助)色素、提高葡萄酒结构感和防止不良风味,对红葡萄酒质量有重要意义[14-16]。根据单宁分子结构可将单宁分为两大类:缩合单宁和水解单宁。缩合单宁主要来源于葡萄本身(皮、梗和籽);水解单宁源于橡木桶陈酿[11]。葡萄酒中单宁的存在固然重要,但是含量并不是越多越好,一瓶品质好的红葡萄酒,应该是酒精、酸和单宁相互协调和平衡的结果[5]。单宁含量过高,会影响葡萄酒的整体质量;单宁含量过低,则不利于酒液的澄清和后熟[11]。

单宁主要存在于葡萄的皮、梗和籽中,果皮中的单宁会随着葡萄破碎进入葡萄发酵液中。如图2-13所示,发酵第1天,发酵液中的单宁含量比较高;随着酿酒酵母的接入,发酵液开始发生复杂的生化反应,单宁开始与蛋白质或金属离子发生反应[18],酒精发酵1～4 d,单宁含量下降非常明显,赤霞珠由最初的73.39 mg/L下降到53.51 mg/L;梅鹿辄则从70.41 mg/L下降至53.62 mg/L;西拉也下降至53.51 mg/L。酒精发酵的4～7 d是发酵最活跃的时期,此时酵母菌活性很强,发酵液温度较高,单宁在葡萄酒中的溶解度增大[18]，果皮和籽中的单宁被充分浸提，3个品种发酵液中单宁的含量均有所回升，上升率15%～18%。发酵8～12 d，酒精发酵接近尾声，发酵液中能够被酵母转化的物质耗尽，单宁开始发挥辅助色素的作用与花色苷结合形成稳定的化合物[18]，3个品种葡萄酒中单宁含量呈下降趋势，最终趋于平缓。葡萄酒中缩合单宁组成十分复杂，不同酒样中缩合单宁种类及含量存在很大差异。发酵结束时，各品种单宁含量为西拉最低49.90 mg/L、赤霞珠53.73 mg/L、梅鹿辄最高55.69 mg/L。

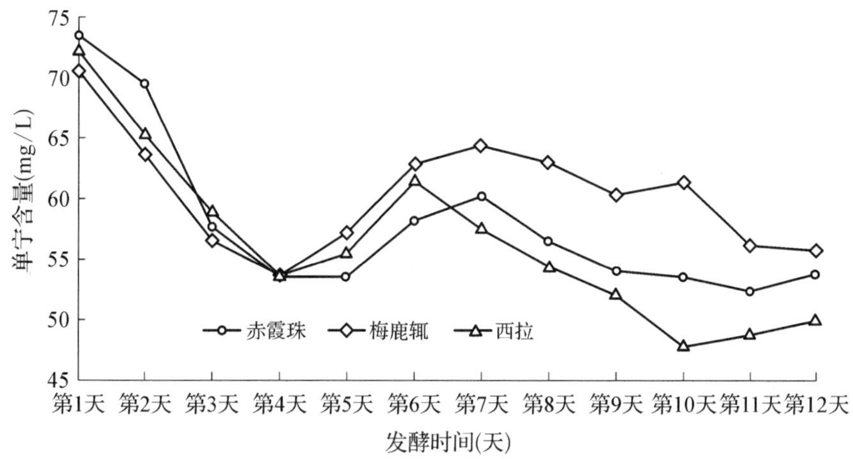

图2-13　不同品种葡萄酒发酵过程中单宁含量的变化

(五) 不同品种发酵液花色苷含量的变化

花色素苷是红葡萄酒中的主要呈色物质，对葡萄酒的感官质量有重要影响[19]。但是花色苷又极易受到其他因素的影响(温度、pH、光照、糖类、氧化物质和金属离子等)变得不稳定、发生降解或者直接与其他蛋白质发生聚合褐变[20-21]。葡萄酒中花色苷的种类容易受到酿造工艺方法的影响，但是究其根本还是受到酿酒葡萄原料与生态环境的影响。

图2-14是酒精发酵过程中花色苷含量随时间的变化。随着酒精发酵的进行，葡萄皮、籽中的花色苷不断被浸提进入发酵液中，发酵1～4 d花色苷含量急剧上升，第4天时，花色苷含量达到最大值，赤霞珠、梅鹿辄和西拉的花色苷含量分别为100.412、97.577和89.161 mg/L，随后开始逐渐降低，这与王华[22]的研究一致。发酵第4～7天，是发酵最活跃的时期，发酵液温度显著升高，花色苷与其他物质的聚合度降低，花色苷发生水解反应，含量开始下降[23]；发酵第8～12天，随着发酵液pH的下降，低pH促进了花色苷的浸提，单宁使花色苷更加稳定，所以至发酵结束，花色苷含量趋于稳定[24]。发酵结束时，梅鹿辄葡萄酒花色苷含量最高79.427 mg/L，下降率13%；西拉葡萄酒花色苷含量79.097 mg/L，下降率11%；赤霞珠葡萄酒花色苷含量最低76.178 mg/L，下降率24%，说明赤霞珠葡萄酒中的花色苷最不稳定，容易发生降解，而西拉葡萄酒中的

花色苷含量虽然低，但是比较稳定。

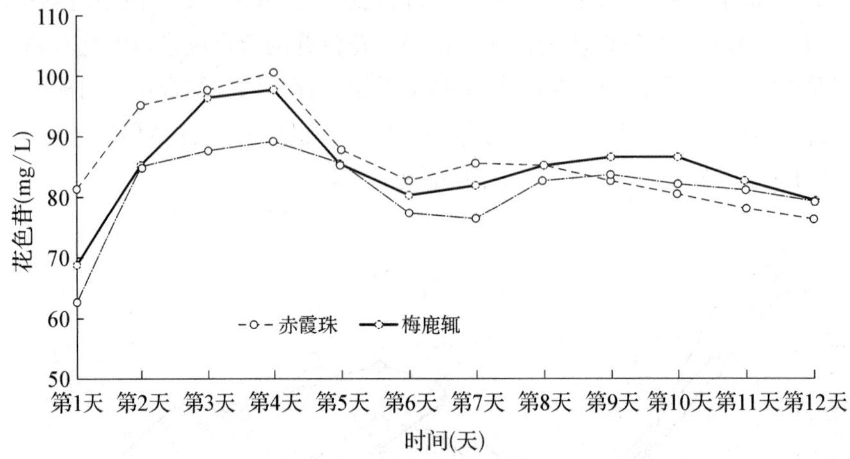

图 2-14　不同品种葡萄酒发酵过程中花色苷含量的变化

四、小结

pH、总酸、单宁和花色苷在干红葡萄酒酿造过程中对葡萄酒发酵影响显著，葡萄品种的差异会造成 pH、总酸、单宁和花色苷含量明显不同。以新疆哈密地区赤霞珠、梅鹿辄和西拉葡萄为原料酿造的干红葡萄酒的实验结果表明：

西拉和赤霞珠的 pH 都在酵母菌正常发酵的最佳范围内，梅鹿辄葡萄酒的 pH 则相对略高；优良葡萄酒含酸量应在 5.5～6.5 g/L，梅鹿辄葡萄酒总酸含量为 6.469 g/L、赤霞珠和西拉都略高 6.5 g/L；3 个品种葡萄酒检测到的单宁含量都非常低，相比而言，梅鹿辄葡萄酒中的单宁含量相对较高，为 55.69 mg/L，对于葡萄酒后期品质形成贡献较大；梅鹿辄葡萄酒花色苷含量最高，为 79.427 mg/L，发酵结束时下降率为 13%；西拉葡萄酒中花色苷含量为 79.097 mg/L，但是比较稳定，下降率为 11%；赤霞珠葡萄酒中花色苷含量最低，为 76.178 mg/L，下降率为 24%，比较不稳定。

参考文献

[1] 李华，汪慧，王华.新疆地区酿酒葡萄栽培气候区划研究[J].科技导报，2011，29(02)：70 - 73.

[2] 崔永峰.哈密葡萄生产现状与发展思路[J].中外葡萄与葡萄酒，2006，6：43 - 46.

[3] 刘荣刚，全巧玲，施云鹏，等.新疆哈密地区酿酒葡萄产业现状与发展方向[J].中外葡萄与葡萄酒，2014，2：64 - 66.

[4] 郝明明，远辉，丁春瑞.葡萄酒中还原糖的测量不确定度评定[J].酿酒科技，2013，4：99 - 102，106.

[5] 刘朝霞，刘青，李荀，等.葡萄酒中单宁含量调查与口感关系的分析[J].食品安全质量检测学报，2014，7：2226 - 2230.

[6] 翦祎，韩舜愈，张波，等.单一 pH 法、pH 示差法和差减法快速测定干红葡萄酒中总花色苷含量的比较[J].食品工业科技，2012，23：323 - 325，423.

[7] Budić-Leto I，Lovrić T，Kljusurić JG，Pezo I，Vrhovšek U. Anthocyanin composition of the red wine Babić affected by maceration treatment[J]. *European Food Research and Technology*. 2006，222：397 - 402.

[8] Lago-Vanzela ES，Procópio DP，Fontes EA，Ramos AM，Stringheta PC，Da-Silva R，Castillo-Muñoz N，Hermosín-Gutiérrez I. Aging of red wines made from hybrid grape cv. BRS Violeta：Effects of accelerated aging conditions on phenolic composition，color and antioxidant activity [J]. *Food Research International*. 2014，1，56：182 - 189.

[9] Wu Y，Wang Y，Zhang W，Han J，Liu Y，Hu Y，Ni L. Extraction and preliminary purification of anthocyanins from grape juice in aqueous two-phase system[J]. *Separation and Purification Technology*. 2014，18，124：170 - 178.

[10] 乔玲玲.不同理化因素对赤霞珠果实花色苷稳定性的影响[D].咸阳：西北农林科技大学，2013.

[11] 李华，王华，袁春龙，等.葡萄酒化学[M].北京：科学出版社，2005，114 - 116.

[12] 王秀君，王军，沈育杰.山葡萄酒发酵过程中糖、酸、乙醇的变化研究[J].食品科技，2007(07)：118 - 121.

[13] 彭忠魁.葡萄酿酒的酸度控制[J].中外葡萄与葡萄酒，2003，16：46 - 47.

[14] Herderich MJ，Smith PA. Analysis of grape and wine tannins：Methods，applications and challenges[J]. *Australian Journal of Grape and Wine Research*. 2005，11(2)：205 - 214.

[15] Seddon TJ，Downey MO. Comparison of analytical methods for the determination of condensed tannins in grape skin[J]. *Australian Journal of Grape and Wine Research*. 2008，14(1)：54 - 61.

[16] 张振文，宁鹏飞，张军贤，等.葡萄酒缩合单宁测定方法的比较研究[J].食品科学，2012，20：233 - 237.

[17] 丁燕，史红梅.酚类物质对葡萄酒品质的影响[J].酿酒科技，2011，4：55 - 59.

[18] 徐琳.单宁对红葡萄酒颜色和花色苷的影响[D].北京：中国农业大学，2007.

[19] 张瑛莉,董新平,刘延琳.3 个主要产区赤霞珠干红葡萄酒酚类物质及花色苷的分析[J].中外葡萄与葡萄酒,2010,11:12-15.

[20] Burns J, Mullen W, Landrault N, Teissedre PL, Lean ME, Crozier A. Variations in the profile and content of anthocyanins in wines made from Cabernet Sauvignon and hybrid grapes[J]. *Journal of agricultural and food chemistry*. 2002,50(14):4096-4102.

[21] 张瑛莉.新疆天山北麓赤霞珠干红葡萄酒酚类物质和香气物质分析研究[D].咸阳:西北农林科技大学,2011.

[22] 王华,丁刚,崔福军.葡萄酒中花色苷研究现状[J].中外葡萄与葡萄酒,2002,2:25-29.

[23] 刘婷婷.辅色素对葡萄酒花色苷辅色作用及颜色影响的研究[D].无锡:江南大学,2014.

[24] 陈颖秋,黄永俊,马小星,等.红葡萄酒花色苷的研究[J].云南农业,2011,9:33-35.

第三章　酿酒工艺改良

本章主要围绕内生菌、果梗、橡木屑等对葡萄酒品质的改良介绍产白藜芦醇内生菌的分离与鉴定、微生物降酸，以及果梗对葡萄酒比重、pH、花色苷和香气的影响，橡木屑和脱苦工艺对葡萄酒品质的影响，内容涉及发酵前、中和后，可以为葡萄酒生产企业进行技术改造提供借鉴和参考。

第一节　产白藜芦醇内生菌的分离与鉴定

从新疆优质葡萄品种赤霞珠中获得有效产生白藜芦醇的内生菌株，并确定该菌株的相关分类。分离得到内生菌 73 株，其中细菌 23 株，放线菌 14 株，真菌 24 株，酵母 12 株。内生菌的分布规律与季节和组织器官有很大关系，与季节的关系为春季(30.14%)=夏季(30.14%)<秋季(39.73%)，与组织器官的关系为果实(12.33%)<叶(20.55%)<径(32.88%)<根(34.25%)。利用氯化铁-铁氰化钾显色反应从分离的 36 株内生真菌中筛选了 7 株菌。经薄层色谱筛析、26S rDNA-ITS 序列分析、紫外波长扫描和高效液相色谱分析，C2J6 具有稳定的高产白藜芦醇遗传特性，最终被鉴定为黑曲霉(Aspergillus niger)。赤霞珠的各个组织中都存在一定数量和种类的内生菌，这在一定程度上反映了植物内生菌的生物多样性。葡萄中获得了产生白藜芦醇的真菌 C2J6，证明了该内生菌具有与宿主植物产生相同或类似生物活性物质的特殊能力。

一、背景

内生细菌、放线菌和真菌是植物微生态系统的重要组成部分，它们系统地分布在根、茎、叶、种子和果实的组织、器官或细胞间隙中[1-2]。在漫长的进化过程中，内生菌与其寄主植物形成了互惠互利的关系[3-4]。

内生菌不仅可以参与植物次生代谢产物的合成或转化，还可以形成大量具有生物活性功能的次生代谢产物，这些次生代谢产物在医学、健康和农业领域具有巨大的应用潜力[5-6]。目前发现了数百种丰富多样的内生真菌资源，从中筛选并发现了大量新结构和独特活性化合物[7-8]。一些内生菌产生了许多与寄主次生代谢产物具有相似生理活性的化合物，如萜类、生物碱、皂苷、甾醇、醌类、吲哚、胺类、多肽、多酚等，以及具有抗肿瘤、抗菌、杀虫、抗菌等生物活性的化合物，免疫抑制剂和抗氧化剂[9-12]。

研究已证实，拟盘多毛孢菌和 tepuiense 等内生菌可产生抗肿瘤生物活性物质酒精[13]；仲内生真菌能够生成黄酮类化合物[14]；植物弯曲内生菌能够产生苯并吡喃[15]；栾树内生菌获得螺喹唑啉生物碱等生物碱[16]；百部根内生细菌多粘类芽孢杆菌获得了胞外多糖[17]。此外，小孢子拟盘多毛孢内生真菌发酵液中含有两种新化合物抑肽素和同向抑肽素[18-19]，以及红树林内生真菌链格孢属，也产生了新的具有抗氧化活性的次级代谢产物，如 10-oxo-10H-phenaleno[1，2，3-de] chromene-2-carboxyacids Ⅰ和黄嘌呤酸Ⅱ等[20]。据报道，最近发现的新生物活性物质中有 51%来自内生菌，只有 38%来自土壤微生物[21]。从这一点来看，植物内生菌为天然产物提供了丰富的资源。

白藜芦醇是一种来自植物天然次生代谢产物的二苯乙烯多酚物质[22-23]，常在葡萄、花生、虎蓼、藜芦和桂子中发现，对人体有大量有益的医疗功能，如抗炎、抗过敏、抗肿瘤、调节血脂、抗病原微生物等。因此，该成分已被广泛应用于保健食品、医药和化妆品等领域[23-25]。白藜芦醇的制备方法主要有天然植物提取法和化学合成法。前一种方法原料来源有限，因为白藜芦醇产量受品种、季节、气候、生境等因素影响较大。然而，后者的合成工艺存在方法复杂（至少 9 步）、耗时长、收率低（15%）和安全性问题，这也是最终必须考虑的问题。

微生物发酵生产抗生素、维生素、激素等生物活性物质，具有栽培和控制快、产量高、成本低、不受季节限制等优点，已得到广泛应用。气候和地理条件的限制，还可以通过诱变育种手段改善品系特性。因此，该方法已成为获得天然生物活性物质白藜芦醇最有效的途径之一。

石河子位于天山北麓，准噶尔盆地南缘（85°～86°30′，43°30′～45°40′），是优质葡萄种植的“黄金地带”。赤霞珠一直是石河子的主要酿酒葡萄品种，赤霞珠干红葡萄酒中白藜芦醇含量均在 1 mg · L^{-1}以上。本研究的目的是在赤霞珠中寻找一种能产生白藜芦醇的内生真菌。

二、方法

（一）葡萄园取样

分别在 2011 年 4 月 25 日、7 月 8 日和 9 月 20 日的 8:00～10:00，晴朗无风的天气下，在石河子张裕酒庄第三区和第四区交界处采收 5 年生的赤霞珠。采集到的分离材料，如赤霞珠的根、茎、叶、果实（根、茎、叶仅于 4 月 25 日采集），在室温干燥后分别在 4 ℃ 下用无菌袋包装，立即运至实验室。在无菌操作台上用无菌水冲洗材料，清除其表面的灰尘、污垢和一些微生物。

(二) 样品的表面杀菌和内生菌的纯培养

先将样品表面用75%酒精浸泡3 min,然后用含10%有效氯的次氯酸钠处理20秒,再用滤纸干燥,最后用无菌水冲洗5次。根、茎的韧皮部按5~8 mm长切片,叶子按5~8 mm×5~8 mm制片,去皮果肉按5×5×5 mm的方块无菌切片,并杀菌,将其铺于培养基表面,轻轻按压,使培养物与样品更好地融合。将样品置于每个培养皿中间,保持4~5块一定距离,在合适的温度下培养。每个组织做三个平行实验。当菌落出现时,将其小心挑出并转移到新的无菌板上进行再培养。经过多次重复的过程,可以获得不同葡萄器官纯培养的内生菌。

(三) 相关培养基的配制

用于内生真菌分离和纯化的马铃薯葡萄糖琼脂(PDA)培养基制备过程如下:将通过四层纱布过滤的200 g新鲜土豆滤液煮30 min后,用软化水添加到1 000 mL,分别补充20 g的琼脂和20 g的葡萄糖。然后将混合物调至pH 7.0,121 ℃高压蒸汽灭菌20 min。发酵液中不添加琼脂。

参照Cao et al.[26]的方法,分离纯化培养内生放线菌的高斯1号培养基,同时按Zinniel et al.[27]的方法制作用于植物内生细菌分离和净化培养的营养肉汤-酵母提取物培养基。

(四) 产白藜芦醇内生菌初步筛选

将纯化后的内生真菌分别接种于250 mL含100 mL液体培养基的Erlenmeyer烧瓶中,在115 rpm下28 ℃孵育3天。然后将发酵液在4 000 rpm下离心10 min。进行显色反应初步筛选:根据白藜芦醇的性质,用氯化铁-铁氰化钾显色反应筛选产生白藜芦醇的内生真菌。发酵液显色反应的显色剂为:0.1% $FeCl_3$ ∶ 0.1% $K_3[Fe(CN)_6]$=1∶1(V/V)。将以上浓缩的每个样品的粗提液2 mL与相同体积的甲醇混合,再加入两滴显色剂,同时分别记录颜色变化。含有白藜芦醇的多酚用蓝色表示。

(五) 产白藜芦醇内生菌的复筛

1. 薄层色谱法

薄层色谱法定性分析白藜芦醇的步骤包括:

(1) 将离心后的上述菌株发酵液和5 $\mu g \cdot mL^{-1}$白藜芦醇标准液点入层析缸中相同的硅胶板(20×20 cm)中,在展开剂(甲苯∶乙酸乙酯∶醋酸=15∶3∶1,$V/V/V$)作用下垂直向上展开。在将显影剂投放到离薄层板顶部1厘米处后,立即将薄层板移开,用鼓风机吹干。

(2) 以上硅胶板经显色剂(0.1% $FeCl_3$: 0.1% $K_3[Fe(CN)_6]=1:1$ (V/V))均匀喷涂,干燥后,立即测量蓝点中心与原点、原点与溶剂之间的距离。

最后,计算 R_f 值(流量或保留因子)。

在相同的实验条件下,对于给定的组件,R_f 值是一个常数,R_f 值可由下式计算:

$$R_f=\frac{a}{b}$$

R_f 值本身无单位。其中 a 为样本点中心到原点的距离;b 为溶剂前端到原点的距离。

2. 发酵液中白藜芦醇的提取、分离纯化

参照 Zeng et al.[28] 的方法,将纯化后的 36 株内生真菌分别接种于 250 mL 含 100 mL 液体培养基的锥形瓶中,在 28 ℃115 rpm 下同时孵育 3 天。收集发酵上清液,60 ℃真空浓缩,4 000 rpm 离心 10 min,最后用 50 mL 乙酸乙酯提取 3 次。收集乙酸乙酯层的残余液,并用 3%(V/V) $NaHCO_3$溶液洗三次,在 50 ℃真空下浓缩之前,弃去 $NaHCO_3$溶液层的提取液,用无水硫酸镁脱水,并用滤纸过滤,然后由纯氮气吹干。

依次用 2.0 mL 甲醇溶解,0.45 μm 微孔膜过滤,得到白藜芦醇粗提物。

3. 粗产物中白藜芦醇的纯化

参照 Jiang[29] 和 Cai[30] 的方法,稍加修改。

步骤如下:

(1) 白藜芦醇粗提物经 AB-8 型大孔吸附树脂初步纯化分离。

(2) 将 0.5~1.0 $mg\cdot mL^{-1}$的样品用 70%乙醇(pH 7)以 1 $mL\cdot min^{-1}$的速率解吸。

(3) 初步分离的样品与硅胶层析分离后用氯仿:甲醇(15:1,V/V)洗脱液洗脱,最后残余液经 50 ℃真空浓缩后用氮气干燥,纯化成白藜芦醇,纯度为 90%以上。

4. 紫外线的波长扫描

准确称量纯化白藜芦醇样品 5 mg,用无菌水稀释至刻度,用少量甲醇将其完全溶解于 50 mL 干净的棕色容量瓶中,即 0.10 $mg\cdot mL^{-1}$ 白藜芦醇溶液。

然后准确取 5 mL 的白藜芦醇溶液,用甲醇在 25 mL 容量瓶中至稀释刻度,在光谱范围 200~500 nm 内用紫外/可见光谱扫描,以甲醇为 CK。由此可以从对应光谱的吸收峰得到最大吸收波长。提取液中的白藜芦醇在 306 nm 存在最大吸收波长。

5. 白藜芦醇的液相色谱定量分析

参考 Zeng 等[28] 和中国标准出版社提供[31] 的方法。

(1) 白藜芦醇标准溶液(0.5、1、2.5、5、10、15 和 20 $\mu g\cdot mL^{-1}$)的制备。

首先,用甲醇将精确称量的 5 mg 白藜芦醇标准品溶解到 50 $\mu g\cdot mL^{-1}$ 的标准母液中。然后从上述样品中精确提取 0.1、0.2、0.5、1.0、2.0、3.0、4.0 mL 标准原液,分别置于 10 mL 容量瓶中。然后摇匀,密封,最后用甲醇凝固后保存。

(2) 色谱条件:液相色谱(LC-2010 A HT 型,岛津)。

采用 Waters X Teera MS C18(4.6×250 mm,5 μm)色谱柱进行梯度洗脱:5%乙腈:95%蒸馏水先洗脱 5.0 min;60%乙腈:40%蒸馏水洗脱 28 min;用 85%乙腈:15%蒸馏水再洗脱 33 min;5%乙腈:95%蒸馏水最后洗脱 40 min。色谱柱温度为 35 ℃,流速为 0.2 mL·min^{-1},紫外波长为 306 nm。进样量为 10 μL。在此色谱条件下,白藜芦醇被洗脱,基本实现基线分离;保留时间为 22.696 min。

(3) 绘制标准曲线:上述白藜芦醇标准溶液分别按(2)分别检测,每浓度 3 次。

(4) 白藜芦醇含量测定:将纯化后的白藜芦醇从样品中分离出来,用甲醇溶解至 25 mL 后,0.22 μm 过滤膜过滤 1.0 mL 到自动样品瓶中。检测前,将 10 μL 最终滤液注入 LC。

通过保留时间确定样品中白藜芦醇的色谱峰,同时根据样品的峰面积通过外标法计算白藜芦醇的含量。

(六) 白藜芦醇产量的遗传稳定性

C2J6 在 PDA 培养基中摇晃(150 rpm, 28 ℃)培养 3 天。如上所述,采用 LC 检测 C2J6 产生的白藜芦醇含量,并通过测定 PDA 中连续传代 5 代菌株,确定其产生白藜芦醇的遗传稳定性。

(七) 产白藜芦醇内生真菌的鉴定

利用形态学和分子生物学方法对产白藜芦醇内生真菌进行鉴定。

形态学鉴定的实验按照 Kim 和 Baek[32] 描述的实验进行。按照 White 等[33] 的方法对内部转录间隔区 1(ITS1)、5.8S 核糖体 RNA 基因和内部转录间隔区 2(ITS2)进行测序,按照 Kurtzman 和 Robnett[34] 的方法对 LSU rRNA 基因 5′端的 D1/D2 结构域进行测序。按照制造商的说明书,采用 NucleoMag 96 Plant Kit (Macherey-Nagel, Oensingen, Switzerland)和 Kingfisher 磁性粒子处理器(Thermo Labsystems, Basingstoke, UK)从 YPD 中培养 48 h 的真菌细胞悬液中提取 DNA。以基因组 DNA 为模板和通用引物 ITS1 和 ITS4 扩增 ITS 区域,以基因组 DNA 上的引物 NL-1 和 NL-4 扩增 D1/D2 区域。

20 μL PCR 包含 1 μL DNA 模板(50 ng),每个三磷酸脱氧核苷酸 200 mm,2 μL 10 倍缓冲液(Taq DNA 聚合酶,Qiagen, CA, USA),每个引物 0.7 mm,1.0 U Taq DNA 聚合酶(Qiagen)。

ITS 区 PCR 程序如下:95 ℃,3 min;34 个循环;94 ℃,15 s;55 ℃,45 s;72 ℃,55 s,72 ℃,7 min。同时,D1/D2 域的程序为:95 ℃,10 min;30 次循环:94 ℃,30 s;55 ℃ 30 s;72 ℃,45 s;72 ℃,7 min。每个反应的 10 μL PCR 产物,在 TBE 缓冲液(包括2.0%琼脂糖凝胶)中电泳,用 SYBR SAFE (Invitrogen,Eugene,OR,USA)染色。凝胶图像最终通过 Gel Doc 1000 系统(Bio-Rad Laboratories, Hercules, CA, USA)获得。PCR 扩增产物按照制造商的说明使用 TOPO TA 克隆试剂盒克隆到 PCR4 TOPO 载体(试剂盒)中,并由中美泰和测序公司(北京)和 Illumina HiSeq-2000 测序仪(Illumina,美国)测序。

三、结果

(一) 内生菌的分离纯化培养

由表 3-1 可知，从石河子产区采集的葡萄中获得内生菌 73 株。而 Zeng et al.[28] 在陕西 8 月份采集的成熟酿酒葡萄“美乐”的果皮、穗梗和果柄中仅获得了 30 株内生菌，说明石河子产区的内生菌菌种数高于陕西。实验从葡萄树中分离到 4 种内生菌株，包括 24 株内生真菌、12 株内生酵母、14 株放线菌和 23 株内生细菌，它们之间的数量关系为：酵母(16.44%)、放线菌(19.18%)、细菌(31.51%)、真菌(32.87%)。此外，内生真菌在不同器官间的比例关系为：根(34.25%)、茎(32.88%)、叶(20.55%)和果实(12.33%)；不同季节内生真菌之间的比例关系为春季(30.14%)＝夏季(30.14%)＜秋季(39.73%)。因此，不同品种、不同组织、不同季节内生微生物的数量也不同，反映了丰富的内生微生物多样性。

表 3-1 不同季节葡萄藤不同组织内生菌分布情况

	根(数量)	茎(数量)	叶(数量)	果实(数量)	小计(数量)	比例(%)
春季						
细菌	—	7±0.11	—	—	7±0.04	9.59
酵母	2±0.02	1±0.01	1±0.01	—	4±0.01	5.48
真菌	3±0.01	1±0.02	4±0.03	—	8±0.02	10.96
放线菌	2±0.01	1±0.01	—	—	3±0.01	4.11
夏季						
细菌	3±0.03	4±0.02	2±0.01	2±0.01	11±0.05	15.07
酵母	2±0.01	1±0.01	—	—	3±0.01	4.11
真菌	2±0.01	1±0.02	—	2±0.01	5±0.02	6.85
放线菌	2±0.02	1±0.01	—	—	3±0.01	4.11
秋季						
细菌	—	2±0.02	2±0.01	1±0.01	5±0.01	6.85
酵母	2±0.02	—	—	3±0.01	5±0.01	6.85
真菌	2±0.01	3±0.01	5±0.03	1±0.02	11±0.04	15.07
放线菌	5±0.02	2±0.01	1±0.01	—	8±0.04	10.96
总数	25	24	15	9	73	100
比例(%)	34.25	32.88	20.55	12.33	100	

—没有菌株被分离出来。

与报道的其他植物相比，本研究获得的内生菌数量相对较少，这主要是由于：(1) 样品表面彻底消毒杀死了一些有益的内生菌；(2) 不同时期内生菌的生长受生态环境的明显调节；(3) 一些内生真菌不能用现有的方法分离甚至培养。因此，在实验中应严格控制材料表面的消毒时间和消毒剂的浓度，保持原有的生态环境，尽可能保持内生微生物的存活，以保证从分离的内生微生物中获得具有代表性的样品。

(二) 产白藜芦醇内生菌初步筛选

研究表明，白藜芦醇是一种携带二苯乙烯型结构的黄酮多酚类化合物，具有苯酚和二苯乙烯的特性，在三氯化铁和铁氰化钾溶液中呈蓝色。因此，有效的特征反应方法可用于白藜芦醇的初步定性分析[35-36]。

对 36 株内生真菌的发酵液分别进行了显色反应，观察从黄绿色、浅蓝、浅蓝到深蓝的色域。结果表明，共有 16 株菌株的发酵液显示出蓝色反应，其中 C2J6、C2Y6、C1G2、XD4、C2Y4、XJ406 和 XP2 - 03 等菌株促进了深蓝液体的生成。由此推断，7 株菌株具有生产多酚物质白藜芦醇的能力。

(三) 产白藜芦醇内生菌的复筛

1. 薄层色谱

采用薄层色谱法对 7 株表现蓝色反应的内生真菌进行白藜芦醇的定性检测。4 种菌株 C2J6、C2Y4、XP2 - 03 和 C2Y6 在实验中出现明显的蓝点。薄层色谱常用于有机化合物的分离和鉴定。因此，通过与已知结构的化合物进行比较，可以确定有机质的组成。在同样条件下，比如同样膨胀剂、吸附剂、薄层板的厚度和温度下，对于一个化合物，常数 R_f 值，可以作为定性分析的基础。

在本实验中，菌株 C2J6 的 R_f 为 0.322，与白藜芦醇的标准值完全相等，初步得出 C2J6 可以促进白藜芦醇合成。但其他菌株如 C2Y4、XP2 - 03、C1G2、XD4、C2Y6、XJ406 的 R_f 值与标准样品存在差异，排除了该菌株产白藜芦醇的可能性。因此，选择菌株 C2J6 作为产白藜芦醇的目标菌株，从春季采集的葡萄茎中分离得到。

2. 紫外线的波长扫描

在 200～500 nm 范围内扫描分离纯化的白藜芦醇样品，最大吸收波长为306.5 nm，与白藜芦醇标准品的最大吸收波长相同。结果表明，从发酵液中纯化得到的产物为白藜芦醇。

3. 液相色谱(LC)

LC 是常用的定性和定量分析方法。在色谱系统确定和操作条件下，每种物质都有一定的保留时间。因此，在相同色谱和保留时间条件下，未知物质与标准物质可以初步认定为相同的物质。

在本实验中，LC 色谱分离纯化后的 C2J6 发酵液中白藜芦醇的保留时间为

22.696 min(图 3－1),与标准品的保留时间相同,说明菌株 C2J6 确实产生了白藜芦醇,根据标准曲线,C2J6 产生的白藜芦醇为 1.48 mg·L^{-1}。

4. 用 C2J6 检测白藜芦醇的遗传稳定性

菌株 C2J6 连续培养 5 代后,平均产生的白藜芦醇产量达到了 1.48 mg·L^{-1}(表 3－2)。统计分析表明,该菌株的白藜芦醇产量稳定,且具有良好的遗传稳定性。菌株 C2J6 从葡萄果皮中产生的白藜芦醇多于 97 μg·L^{-1}[28]。前者与后者的差异与葡萄品种、生长位置、气候、种植技术和真菌侵染程度等诸多因素密切相关,这些因素导致了内生菌微生态和白藜芦醇产量的变化。

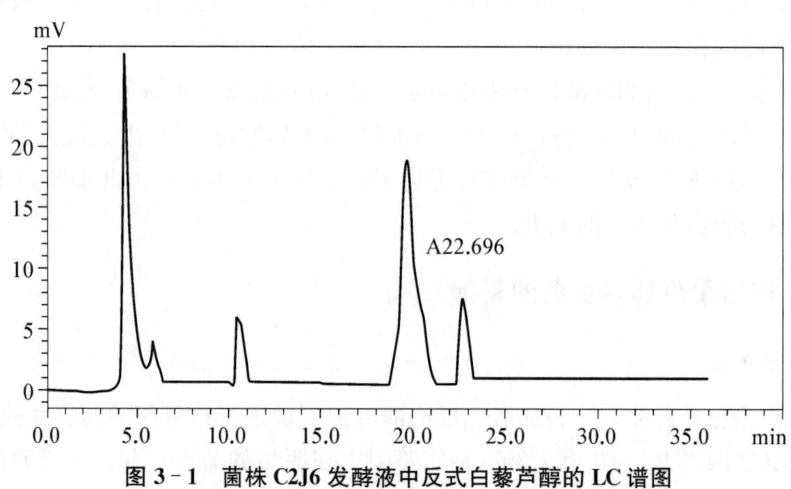

图 3－1　菌株 C2J6 发酵液中反式白藜芦醇的 LC 谱图

表 3－2　菌株 C2J6 产白藜芦醇的稳定性

	培养代数					
	1	2	3	4	5	平均值
白藜芦醇(mg·L^{-1})	1.52±0.01	1.47±0.01	1.45±0.02	1.48±0.01	1.50±0.01	1.48±0.01

(四) 菌株 C2J6 的鉴定

1. PDA 培养基上生长

C2J6 的圆形菌落在 PDA 培养基上迅速扩散(图 3－2),但生长受限;菌丝在扩散到 PDA 培养基边缘的过程中变化了,颜色由开始的白色逐渐变为最后的黑色,形状和密度由短而紧的绒毛逐渐变为厚的天鹅绒。从培养皿看,黑色沙粒状孢子密集分布在 PDA 培养基中央,其背面呈放射状分布,呈无色或中央微褐色。

2. 形态

在显微镜下观察到菌株 C2J6 的菌丝无色无隔,在顶端延伸出大量膨大的无根分枝和小梗,而直立的孢子囊和圆形的成熟孢子呈"分生孢子"串状,呈链状排列(图 3－2)。

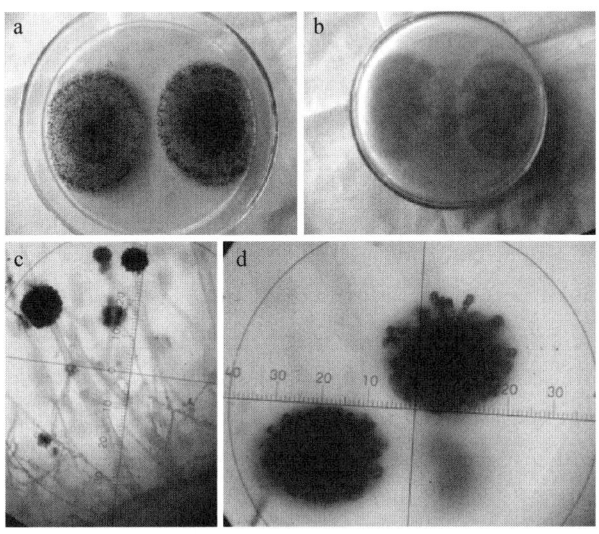

图 3-2 菌株 C2J6 在培养皿和显微镜下的形态

a,b 是 C2J6 在培养皿上的形态;c,d 是 C2J6 在显微镜下的形态

总而言之,通过菌落形态和显微形态,结合真菌鉴定手册和 26S rDNA 基因测序及系统发育分析(Altschul et al. 1990)[37],C2J6 初步鉴定为黑曲霉(Aspergillus niger)(图 3-3)。

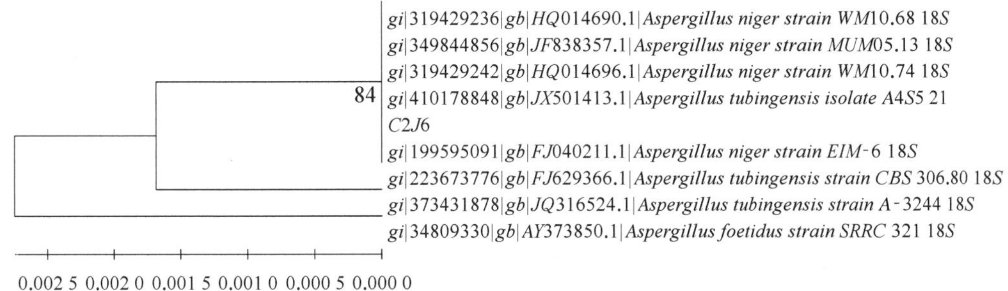

图 3-3 基于 26S rDNA 序列的菌株 C2J6 的系统发育树

四、小结

通过薄层色谱法、紫外扫描法和液相色谱法,先后筛选出了遗传特性稳定、产白藜芦醇量高的 C2J6,最终通过 DNA-ITS 序列分析鉴定为黑曲霉。菌株 C2J6 的平均产白藜芦醇量可达 1.48 mg · L^{-1},表明内生细菌具有与宿主植物产生相同或相似生物活性物质的自然能力。

参考文献

[1] Stone JK, Bacon CW, White JF An overview of endophytic microbes: endophytism defined[J]. *Microb Endophytes*, 2000, 3: 29 - 33.

[2] Azevedo JL, JrW Maccheroni, Pereira JO, de Araújo WL Endophytic microorganisms: a review on insect control and recent advances on tropical plants[J]. *Electron J Biotechnol*, 2000, 3(1): 15 - 16.

[3] Saikkonen K, Wäli P, Helander M, Faeth SH Evolution of endophyte-plant symbioses[J]. *Trends Plant Sci*, 2004, 9(6): 275 - 280.

[4] Aly AH, Debbab A, Proksch P Fungal endophytes: unique plant inhabitants with great promises[J]. *Appl Microbiol Biotechnol*, 2011, 90(6): 1829 - 1845.

[5] Strobel G, Daisy B. Bioprospecting for microbial endophytes and their natural products[J]. *Microbiol Mol Biol Rev*, 2003, 67(4): 491 - 502.

[6] Aly AH, Debbab A, Kjer J, Proksch P. Fungal endophytes from higher plants: a prolific source of phytochemicals and other bioactive natural products[J]. *Fungal Divers*, 2010, 41(1): 1 - 16.

[7] Strobel G, Daisy B, Castillo U, Harper J. Natural products from endophytic microorganisms [J]. *J Nat Prod*, 2004, 67(2): 257 - 268.

[8] Rodriguez RJ, White JF Jr, Arnold AE, Redman RS. Fungal endophytes: diversity and functional roles[J]. *New Phytol*, 2009, 182(2): 314 - 330.

[9] Strobel GA. Endophytes as sources of bioactive products[J]. *Microbes Infect*, 2003, 5(6): 535 - 544.

[10] Guo B, Wang Y, Sun X, Tang K. Bioactive natural products from endophytes: a review[J]. Appl Biochem Microbiol, 2008, 44(2): 136 - 142.

[11] Chandra S. Endophytic fungi: novel sources of anticancer lead molecules[J]. *Appl Microbiol Biotechnol*, 2012, 95(1): 47 - 59.

[12] Gutierrez RM, Gonzalez AM, Ramirez AMM. Compounds derived from endophytes: a review of phytochemistry and pharmacology[J]. *Curr Med Chem*, 2012, 19(18): 2992 - 3030.

[13] Heinig U, Jennewein S. Taxol: a complex diterpenoid natural product with an evolutionarily obscure origin[J]. *Afr J Biotechnol*, 2009, 8(8): 1370 - 1385.

[14] Yao Y, Wei X. Research progress of biological activity and active components of endophytic fungus from medicinal plants[J]. *Pharm Biotechnol*, 2011, 2: 22 - 27.

[15] Teles HL, Silva GH, Castro-Gamboa I, Bolzani VDS, Pereira JO, Costa-Neto CM, Araújo ÂR. Benzopyrans from Curvularia sp., an endophytic fungus associated with Ocotea corymbosa (Lauraceae)[J]. *Phytochemistry*, 2005, 66(19): 2363 - 2367.

[16] Huang WY, Cai YZ, Xing J, Corke H, Sun M. A potential antioxidant resource: endophytic fungi from medicinal plants[J]. *Econ Bot*, 2007, 61(1): 14 - 30.

[17] Liu J, Luo J, Ye H, Sun Y, Lu Z, Zeng X. Production, characterization and antioxidant activities in vitro of exopolysaccharides from endophytic bacterium Paenibacillus polymyxa EJS-3 [J]. *Carbohydr Polym*, 2009, 78(2): 275 - 281.

[18] Strobel G, Ford E, Worapong J, Harper JK, Arif AM, Grant DM, Ming Wah Chau R. Isopestacin, an isobenzofuranone from Pestalotiopsis microspora, possessing antifungal and antioxidant activities[J]. *Phytochemistry*, 2002, 60(2): 179 - 183.

[19] Harper JK, Arif AM, Ford EJ, Strobel GA, Porco JA Jr, Tomer DP, Grant DM. Pestacin: a 1,3-dihydro isobenzofuran from Pestalotiopsis microspora possessing antioxidant and antimycotic activities[J]. *Tetrahedron*, 2003, 59(14): 2471 - 2476.

[20] Kjer J, Wray V, Edrada-Ebel R, Ebel R, Pretsch A, Lin W, Proksch P. Xanalteric acids I and II and related phenolic compounds from an endophytic Alternaria sp. isolated from the mangrove plant Sonneratia alba[J]. *J Nat Prod*, 2009, 72(11): 2053 - 2057.

[21] Hyde KD, Soytong K. The fungal endophyte dilemma[J]. *Fungal Divers*, 2008, 33: 163 - 173.

[22] Burns J, Yokota T, Ashihara H, Lean ME, Crozier A. Plant foods and herbal sources of resveratrol[J]. *J Agric Food Chem*, 2002, 50(11): 3337 - 3340.

[23] Poltronieri P, Burbulis N, Fogher C (eds). From plant genomics to plant biotechnology[J]. *Woodhead*, *Cambridge*, 2003, 223 - 234.

[24] King RE, Bomser JA, Min DB. Bioactivity of resveratrol[J]. *Compr Rev Food Sci Food Saf*, 2006, 5(3): 65 - 70.

[25] Jianrui C, Zhenyue W, Feng H, Xiaohui Z, Haipeng Z. Study progresses: distribution of resveratrol in plants and associated bioactivity[J]. *World Sci Technol Mod Tradit Chin Med Mater Med*, 2007, 9(5): 91 - 96.

[26] Cao L, Qiu Z, You J, Tan H, Zhou S. Isolation and characterization of endophytic Streptomyces strains from surfacesterilized tomato (Lycopersicon esculentum) roots[J]. *Lett Appl Microbiol*, 2004, 39(5): 425 - 430.

[27] Zinniel DK, Lambrecht P, Harris NB, Feng Z, Kuczmarski D, Higley P, Vidaver AK. Isolation and characterization of endophytic colonizing bacteria from agronomic crops and prairie plants[J]. *Appl Environ Microbiol*, 2002, 68(5): 2198 - 2208.

[28] Zeng Q, Shi JL, Liu YL. Isolation and identification of a resveratrol-producing endophytic fungus from grape[J]. *Food Sci*, 2012, 33(13): 167 - 170.

[29] Jiang RQ. Study on separation and purification of resveratrol from peanut root.Changsha: Central South University of Forestry and Technology, 2008.

[30] Cai YL (2010) Studies on extracting of resveratrol and its biological activities[D]. Beijing: Beijing University of Chemical Technology, 2010.

[31] 中国人民共和国国家质量监督检验检疫局，中国国家标准化管理委员会. GB/T 15038—2006 葡萄酒、果酒通用分析方法[S].北京：中国标准出版社，2006.

[32] Kim JY, Baek SY. Molecular and morphological identification of fungal species isolated from bealmijang meju[J]. *J Microbiol Biotechnol*, 2011, 21(12): 1270 - 1279.

[33] White TJ, Bruns T, Lee SJWT, Taylor JW. Amplification and direct sequencing of fungal

ribosomal RNA genes for phylogenetics[J]. *PCR Protoc Guide Methods Appl*, 1990, 18: 315-322.

[34] Kurtzman CP, Robnett CJ. Identification and phylogeny of ascomycetous yeasts from analysis of nuclear large subunit (26S) ribosomal DNA partial sequences[J]. *Antonie van Leeuwenhoek*, 1998,73(4):331-371.

[35] Bavaresco L, Mattivi F, De Rosso M, Flamini R. Effects of elicitors, viticultural factors, and enological practices on resveratrol and stilbenes in grapevine and wine[J]. *Mini Rev Med Chem*, 2012,12(13): 1366-1381.

[36] Díaz B, Gomes A, Freitas M, Fernandes E, Nogueira DR, González J, Domínguez H. Valuable polyphenolic antioxidants from wine vinasses[J]. *Food Bioprocess Techol*, 2012, 5(7): 2708-2716.

[37] Altschul SF, Gish W, Miller W, Myers EW, Lipman DJ.Basic local alignment search tool[J]. *J Mol Biol*,1990,215(3):403-410.

第二节　微生物降酸

利用降酸酵母在可发酵过程中降低黑提葡萄酒的酸度，提高其口感质量；利用苹果酸-乳酸发酵可使黑提葡萄酒的酸度降低。采用不同浓度梯度（0，150，200 和 250 mg/L）的降酸酵母进行酿酒实验，发酵过程中每天检测还原糖、总酸、pH、单宁、色度和可溶性固形物含量的变化，发酵结束后分析降酸酵母的降酸效果以及对上述葡萄酒基本指标的影响。酒精发酵后，加入浓度梯度（0、5、10 和 15 mg/L）的乳酸菌，进行苹果酸乳酸发酵，每隔五天检测一次葡萄酒中总酸、色度和 pH 的变化，苹果酸-乳酸发酵结束后，分析上述指标的变化及乳酸菌的降酸效果。实验发现，使用降酸酵母的黑提葡萄酒，酒精发酵启动较快。使用 200 mg/L 降酸酵母的葡萄酒发酵结束后的酒酒精度最高，为 7.78%vol；花色苷含量最高，为 26.33 g/100 g；降酸效果最好，酸度降低1.03 g/L；色度保留完整，为 24.3；pH 稳定；单宁含量较高，为 0.058 g/100 mL；挥发酸含量较低，为 0.33 g/L。使用 10 mg/L 乳酸菌的黑提葡萄酒，降酸效果最好，降了 0.83 g/L；色度保留最完整，为 8.68；pH 变化最稳定。因此酿造黑提葡萄酒最佳降酸酵母用量为 200 mg/L，其降酸作用主要体现在发酵后期，在发酵过程中降低 1.03 g/L 的酸。最佳乳酸菌用量为 10 mg/L，能在苹果酸-乳酸发酵过程中降低0.83 g/L 的酸。

一、背景

黑提是黑提葡萄的简称。果实特点：果皮呈青黑色，外观色泽鲜艳，口感酸甜，可溶性固形物含量达 17%以上[1]。黑提葡萄在云南楚雄表现为皮厚、粒大、无籽、糖高、酸高的特点，多用作鲜食，只有少部分用于酿酒。大部分用作酿酒的黑提葡萄需经过原料改良即降酸才能入罐发酵，而本实验在酒精发酵过程中采用降酸酵母降酸和采用乳酸菌进行苹果酸-乳酸发酵降酸，进而酿造出口感上乘、风味极佳的黑提葡萄酒。

在葡萄酒酿造过程中，生态条件、酿酒葡萄的品种特性及栽培方式等差异可能导致原料酸度过高，酿出的葡萄酒品质不佳，所以降酸问题成了许多酿造工艺中的一大难题。目前葡萄酒降酸的主要方法有 4 种，即化学降酸法、物理降酸法、微生物降酸法[2]、与低酸葡萄汁混合法。以前葡萄酒生产工艺中普遍采用物理降酸法和化学降酸法，但通常只作用于酒石酸，对生理代谢较活跃的苹果酸来说，作用微乎其微，而且容易对酒质造成不良影响[3]；添加低酸葡萄汁则违背了单一葡萄品种酿造的目的。因此现代葡萄酒降酸研究主要趋向微生物降酸法。利用乳酸菌将苹果酸降解为乳酸是微生物降酸的一种途径。导致酸降低的主要微生物是明串珠菌、乳酸杆菌、葡萄球菌和酵母菌[4-5]。目前,国内外的大多数优质红酒经常使用苹果酸-乳酸发酵降低酸含量,甚至一些佐餐的红酒也不例外;另一种途径是利用酵母进行降酸,较典型的有利用粟酒裂殖酵母在苹果酸-酒精发酵(MAF)中将苹果酸分解为乙醇和 CO_2,从而降低酒的酸度,该方法能较好保持酒的清爽感与口感,实现在发酵的同时进行降酸[3]。

目前为止,发现的酿酒酵母共有 18 属 70 余种,但仅有少数酵母菌株能够降解苹果酸。目前新西兰已广泛采用酵母菌株 Lalvin－D432 和 Lalvin－71B 进行葡萄酒降酸,可分别降低可滴定酸 1.6 g/L 和 2.3 g/L[6]。降酸酵母通过苹果酸-酒精发酵(MAF)能将苹果酸分解为酒精和 CO_2,以此使酸度降低。本实验主要选用帝伯仕(Diboshi)降酸酵母进行研究。

二、材料与方法

(一) 材料与辅料

1. 材料

黑提(Rebier),来自楚雄元谋。

2. 辅料

帝伯仕(Diboshi)降酸酵母(型号:1－Au),帝伯仕(Diboshi)乳酸菌(型号:FML EXPERTISE S),均来自法国。安琪酵母(用于对照组)。

果胶酶,来自南宁庞博生物工程有限公司。

(二) 仪器与试剂

1. 仪器

表 3－3　主要仪器设备

仪器	型号规格	生产厂家
电子天平	Sop OUINITIX224－1CN	赛多利斯科学仪器(北京)有限公司
电热鼓风干燥箱	—	上海一恒科学仪器有限公司
紫外可见分光光度计	UV－5500	上海元析仪器有限公司
酸度计	PB－10	—
电热恒温水浴锅	HWS26	—
分析天平	TG328A	上海精科仪器厂
远红外电灶	DB－DTL20C	—
磁力搅拌器	1kA－RTC 基本型	邦西仪器科技(上海)有限公司
电子舌	—	上海瑞芬有限公司美国 isenso 公司

2. 试剂

浓硫酸、氢氧化钠、高锰酸钾、靛胭脂、葡萄糖、次甲基蓝、酚酞指示剂、斐林试剂、柠檬酸、磷酸氢二钠、pH 1.0 和 pH 4.5 缓冲液、盐酸、无水醋酸钠、pH 标准溶液。

(三) 方法

为了研究降酸酵母对楚雄地区黑提葡萄酒的降酸作用，使用四组不同浓度(0、150、200 和 250 mg/L)的帝伯仕降酸酵母启动酒精发酵(AF)，并分别命名为罐 1、罐 2、罐 3 和罐 4。酒精发酵过程中每天测定还原糖、总酸、pH、可溶性固形物、色度、单宁变化，酒精发酵结束后分析降酸酵母对黑提葡萄酒的降酸效果及对上述基本指标的影响，结合降酸效果及各项指标含量，选出最佳降酸酵母用量的一组，并利用本组继续进行苹果酸-乳酸发酵实验。

酒精发酵结束后，将四组不同浓度(0、5、10 和 15 mg/L)的帝伯仕乳酸菌分别添加进上述选出的黑提葡萄酒中，启动苹果酸乳酸发酵(MLF)，每隔五天测一次总酸、色度、pH，研究并分析乳酸菌对黑提葡萄酒的降酸效果及对 pH、色度的影响，选出最佳乳酸菌添加量。

1. 基本指标的测定方法

(1) 还原糖和总酸的测定[7]

(2) 酒度：密度瓶法[8]

(3) pH 的测定

(4) 挥发酸的测定[7]

(5) 色度的测定[9]

(6) 比重与温度的测定

(7) 单宁的含量的测定[10]

(8) 花色苷含量的测定[11]

(9) 可溶性固形物的测定[12]。

2. 工艺流程与关键控制点

原料→分选→除梗→破碎→入罐→称重→调硫(40 mg/L)→添加果胶酶(20 mg/L)→活化酵母→添加酵母→AF(20～22 ℃)→皮渣分离→转罐→添加乳酸菌→MLF→分离→冷稳→装瓶。

关键控制点：

温度控制：用恒温水浴锅冰浴，将温度控制在 20～22 ℃。为了防止发酵过快，降酸酵母作用效果不明显，将温度尽量控制得较低。

酵母添加量：帝伯仕降酸酵母添加梯度为 0、150、200 和 250 mg/L。目的是挑选出黑提葡萄酒酒精发酵的最佳降酸酵母使用量。

乳酸菌添加量：帝伯仕乳酸菌添加梯度为 0、5、10 和 15 mg/L。目的是挑选出黑提葡萄酒苹果酸-乳酸发酵的最佳乳酸菌使用量。

(四) 统计分析

本文章采用 SPSS 和 Excel 2003 进行数据分析和作图。

三、结果

(一) 原料基本指标值

原料各项基本指标如下：

表 3-4　原料基本指标值

还原糖 (g/L)	总酸 (g/L)	pH	花色苷 (g/100 g)	色度	单宁 (g/100 mL)	可溶性固形物 Solid (TSS)(%)
144.44 ±0.05	7.41 ±0.04	3.54 ±0.00	9.25 ±0.27	18.40 ±0.17	0.050 ±0.02	15.2 ±0.00

此批黑提葡萄原料糖度较低而总酸较高，用来研究微生物降酸效果实验显著性好，原料卫生状况良好，pH 正常，花色苷、色度、单宁和可溶性固形物含量均在中等水平。

(二) 酒精发酵期间温度和比重的变化

1. 罐 1

罐 1 发酵曲线如图 3-4 所示：

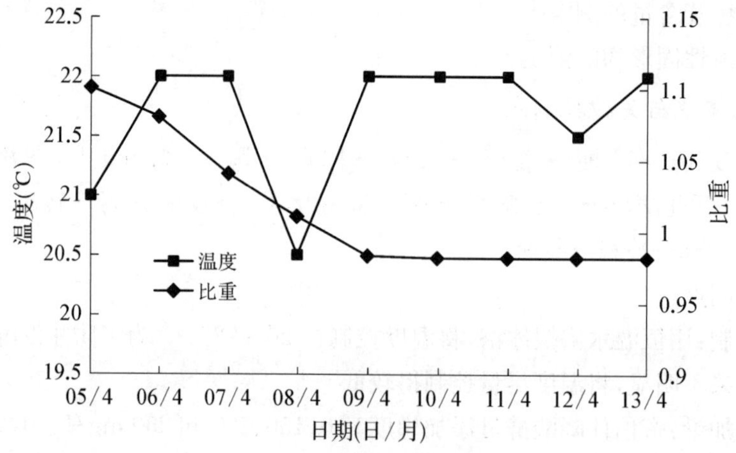

图 3-4　罐 1 发酵曲线

发酵情况：

05/4：原料入罐。

06/4：已有发酵迹象，但十分微弱，仅有少许小气泡产生，果香浓郁。发酵基质温度上升，比重降低情况不明显。

07/4：发酵旺盛，葡萄醪上浮，伴有大量气泡产生，果香浓郁。比重明显降低。

08/4：发酵旺盛，酒香出现，但果香占主导，底部出现白色酒石沉淀。比重继续下降。

09/4：发酵正常，酒香浓郁，果香减弱，底部白色酒石沉淀增多。比重依旧呈降低趋势。

10/4：发酵减弱，酒香浓郁，底部白色酒石以及其他沉淀增多。比重降低缓慢。

11/4：发酵越发减弱，酒香浓郁，搅拌后皮渣上浮十分缓慢。比重趋于平缓。

12/4：酒精发酵基本结束，气泡微弱，葡萄醪香气几近散失。比重不再下降。

13/4：皮渣分离。

如图 3－4 所示，酒精发酵启动后，发酵基质温度明显上升，原因是酒精发酵过程中产生大量 CO_2气体，同时释放出大量热量[13]。后在水浴锅的恒温控制下，温度逐渐趋于平衡，酒精发酵正常进行，比重下降速度先慢后快再变慢，反映出酒精发酵速度趋势。

2. 罐 2

罐 2 发酵曲线如图 3－5 所示：

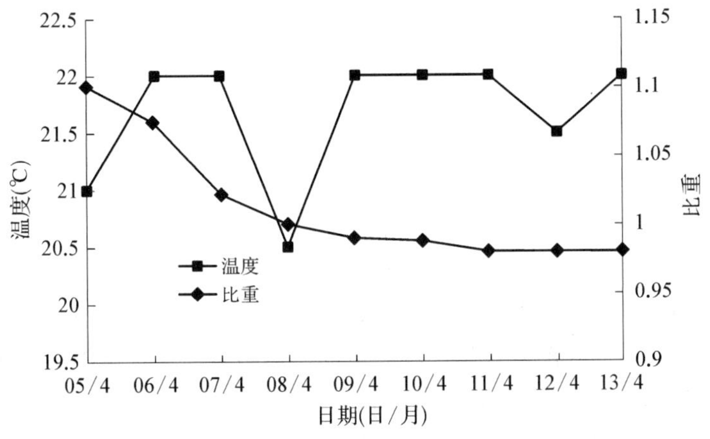

图 3－5　罐 2 发酵曲线

发酵情况：

05/4：原料入罐。

06/4：已开始发酵，葡萄醪上浮并伴有少量气泡产生，果香浓郁。

07/4：发酵趋于旺盛，已能略微闻到酒香，但果香占主导，底部出现白色酒石沉淀。

08/4：发酵旺盛，酒香浓郁，果香略微减弱，白色酒石沉淀增多。

09/4：发酵正常，酒香浓郁，果香减弱，底部白色酒石以及其他沉淀增多。

10/4：发酵减弱，酒香浓郁，底部白色酒石以及其他沉淀增多。

11/4：发酵持续减弱，酒香浓郁，搅拌后皮渣上浮十分缓慢。

12/4：酒精发酵基本结束，气泡微弱，葡萄醪香气几近散失。

13/4：皮渣分离。

如图 3－5 所示，4 月 5 日原料入罐后，从 4 月 6 日开始比重下降速度增快，并于 4 月 11 日后趋于平缓，比重是葡萄酒酒精发酵的主要监控指标，比重下降速度趋近于 0 时，意味着酒精发酵即将结束[14]。温度在人为控制下波动不大。

3. 罐 3

罐 3 发酵曲线如图 3－6 所示：

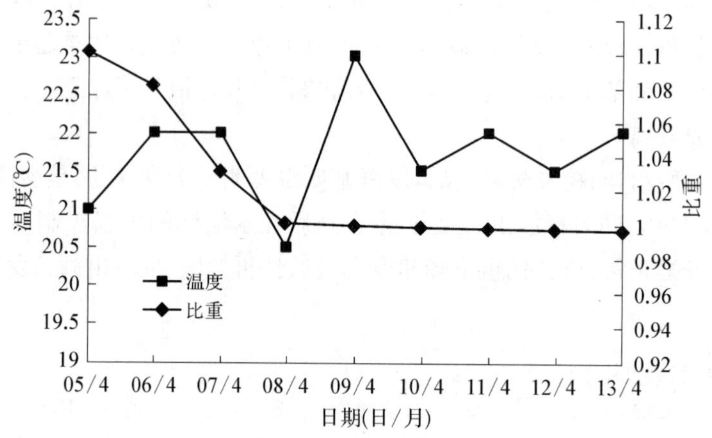

图 3－6　罐 3 发酵曲线

发酵情况：

05/4：原料入罐。

06/4：发酵启动，葡萄醪上浮并伴有少量气泡产生，果香浓郁。

07/4：发酵趋于旺盛，果香浓郁，底部出现白色酒石沉淀。

08/4：发酵旺盛，酒香逐渐浓郁，果香略微减弱，白色酒石沉淀增多。

09/4：发酵正常，酒香浓郁，果香减弱，底部白色酒石以及其他沉淀增多。

10/4：发酵减弱，酒香浓郁，底部白色酒石以及其他沉淀增多。

11/4：发酵减弱，酒香浓郁，搅拌后皮渣上浮十分缓慢。

12/4：气泡微弱，葡萄醪香气几近散失。

13/4：皮渣分离。

罐 3 最先启动酒精发酵，原因是罐 3 酵母添加量最大。发酵前期，发酵速度极快，后期逐渐趋于平缓，当比重不再发生变化时，开始皮渣分离[14]。发酵后期，发酵基质温度降低，此时，无需再频繁降温。

4. 罐 4

罐 4 发酵曲线如下图所示：

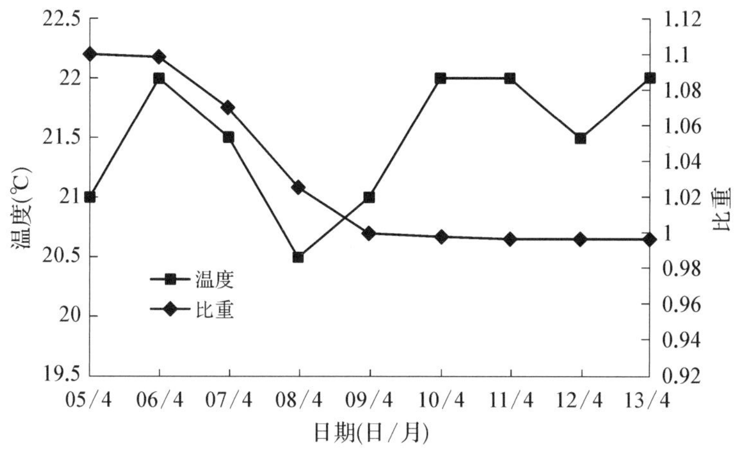

图 3-7 罐 4 发酵曲线

发酵情况：

05/4:原料入罐。

06/4:下午开始发酵,葡萄醪上浮并伴有大量气泡产生,果香浓郁。

07/4:发酵开始旺盛,已能略微闻到酒香,但果香占主导,底部出现白色酒石沉淀。

08/4:发酵旺盛,酒香越发浓郁,果香略微减弱,白色酒石沉淀增多。

09/4:发酵正常,酒香浓郁,底部白色酒石沉淀增多。

10/4:发酵减弱,酒香浓郁,底部白色酒石以及其他沉淀增多。

11/4:发酵持续减弱,酒香十分浓郁,搅拌后皮渣不易上浮。

12/4:罐内气泡仅剩少量,发酵几近终止。

13/4:皮渣分离。

罐 4 添加了 200 mg/L 安琪酵母,4 月 6 日下午酒精发酵才缓缓启动,原因与安琪酵母发酵特性有关,酒精发酵启动缓慢,但发酵启动后,很快便可将酒发干[15]。

(三) 酒精发酵期间基本指标的变化

1. 罐 1

如表 3-5 所示,在发酵过程中,添加 150 mg/L 降酸酵母的黑提葡萄酒中的总酸呈先升高后降低的趋势,是因为酒精发酵过程中产生了大量有机酸[16]。酒精发酵的第四天,酸度开始逐渐降低,发酵第七天下降速度趋于 0 g/L。降酸酵母的降酸作用在酒精发酵终止后随即终止[17]。本罐中,降酸酵母的降酸效果较为明显。从表中可看出,黑提葡萄酒前期发酵速度较快,还原糖下降极快,发酵过程中 pH 较为稳定,可溶性固形物含量逐渐降低,总酸、色度不断上升,并在发酵第三天达到最大值,而后呈下降趋势。单宁含量先降低,而后在第三天达到最大值,此后则不断下降,直至发酵后期趋于平衡。

表 3-5　罐 1 酒精发酵期间基本指标的变化

	还原糖(g/L)	总酸(g/L)	pH	色度	可溶性固形物TSS(%)	单宁(g/100 mL)
05/4	144.44±0.5	7.41±0.04	3.54±0.00	18.40±0.17	15.2±0.00	0.050±0.002
06/4	118.95±0.08	9.09±0.06	3.46±0.00	44.39±1.82	14.0±0.00	0.033±0.003
07/4	87.58±0.06	11.53±0.06	3.36±0.00	52.99±1.02	11.6±0.00	0.250±0.007
08/4	12.00±0.06	8.53±0.11	3.37±0.00	23.66±2.16	9.0±0.00	0.116±0.005
09/4	6.00±0.15	8.34±0.07	3.31±0.00	22.09±1.31	7.2±0.00	0.100±0.013
10/4	4.00±0.06	8.16±0.02	3.36±0.00	21.70±0.98	6.8±0.00	0.083±0.006
11/4	3.50±0.13	7.78±0.07	3.33±0.00	21.20±1.04	6.4±0.00	0.083±0.004
12/4	3.50±0.15	7.78±0.04	3.42±0.00	20.74±0.79	6.0±0.00	0.058±0.006
13/4	3.00±0.04	7.69±0.06	3.34±0.00	20.51±0.84	5.8±0.00	0.075±0.004

2. 罐 2

如表 3-6 所示，添加 200 mg/L 降酸酵母的黑提葡萄酒同上表在发酵的第三天，葡萄酒中的总酸达到最大值 10.78 g/L，此后酸度开始下降，且下降效果明显，一方面是正常酒精发酵的作用[18-19]，另一方面则是因为降酸酵母开始起作用。发酵过程中，还原糖、可溶性固形物逐渐降低，并且都是前期下降效果明显，后期趋于平缓，pH 在四组对比实验中最为稳定，色度、单宁呈先上升后下降的趋势，并在发酵后期趋于稳定。花色素苷、单宁含量越高，葡萄酒颜色越深，色度值也越高[20]。

表 3-6　罐 2 酒精发酵期间基本指标的变化

	还原糖(g/L)	总酸(g/L)	pH	色度	可溶性固形物TSS(%)	单宁(g/100 mL)
05/4	144.44±0.05	7.41±0.04	3.54±0.00	18.40±0.17	15.2±0.00	0.050±0.002
06/4	118.95±0.06	8.91±0.06	3.43±0.00	45.51±0.86	14.3±0.00	0.033±0.007
07/4	61.60±0.06	10.78±0.05	3.36±0.00	45.59±1.94	10.8±0.00	0.216±0.008
08/4	10.00±0.06	8.72±0.12	3.38±0.00	27.70±1.16	8.8±0.00	0.200±0.003
09/4	7.00±0.11	8.53±0.08	3.36±0.00	25.30±1.01	7.6±0.00	0.083±0.002
10/4	5.00±0.05	7.97±0.11	3.40±0.00	25.04±1.23	6.8±0.00	0.067±0.010
11/4	4.50±0.06	7.88±0.02	3.35±0.00	24.68±1.41	6.6±0.00	0.050±0.006
12/4	4.00±0.18	7.78±0.12	3.36±0.00	24.48±0.66	6.6±0.00	0.058±0.007
13/4	3.50±0.11	7.69±0.06	3.38±0.00	24.30±0.78	6.4±0.00	0.058±0.007

3. 罐 3

如表 3－7 所示，酒精发酵过程中，色度与总酸在第三天达到最大值，此时葡萄酒的色度达到巅峰值，有机酸浸出值也达到最大[21]，此后则开始下降。总酸在第四天下降幅度最大，后期下降较为平缓。还原糖和可溶性固形物逐渐降低，pH 较为稳定。单宁含量在入罐第二天下降，第三天则上升，第四天达到最大值，之后则缓缓下降，发酵后期则趋于平衡[20]。

表 3－7　罐 3 酒精发酵期间基本指标的变化

	还原糖(g/L)	总酸(g/L)	pH	色度	可溶性固形物TSS(%)	单宁(g/100 mL)
05/4	144.44±0.05	7.41±0.04	3.54±0.00	18.40±0.17	15.2±0.00	0.050±0.002
06/4	122.97±0.02	9.47±0.02	3.42±0.00	36.06±1.89	14.6±0.00	0.025±0.007
07/4	69.97±0.02	12.66±0.04	3.35±0.00	42.19±1.08	11.2±0.00	0.116±0.046
08/4	8.00±0.07	9.28±0.08	3.33±0.00	24.41±1.48	8.4±0.00	0.116±0.005
09/4	6.00±0.06	8.72±0.06	3.32±0.00	23.19±1.38	7.2±0.00	0.100±0.005
10/4	5.00±0.10	8.53±0.06	3.34±0.00	22.91±1.92	7.0±0.00	0.067±0.010
11/4	4.00±0.11	8.53±0.11	3.31±0.00	22.53±0.80	6.6±0.00	0.067±0.010
12/4	4.00±0.02	8.34±0.04	3.36±0.00	22.31±1.43	6.4±0.00	0.050±0.007
13/4	3.50±0.06	8.34±0.06	3.34±0.00	20.99±1.02	6.2±0.00	0.058±0.008

4. 罐 4

如表 3－8 所示，罐 4 的葡萄酒前期启动发酵最慢，总酸在酒精发酵第三天达到最大值，此后则缓缓降低。此罐酸度最高，导致还原糖下降速度较慢，可溶性固形物的下降规律与还原糖相似[22]。色度先升高后降低，并且在四组对比实验中，本罐色度保留最完整。单宁含量先降低后升高再降低，后趋于平衡，且本罐单宁含量最高。pH 在发酵过程中较为稳定，这使葡萄酒也较为稳定[23]。

表 3－8　罐 4 酒精发酵期间基本指标的变化

	还原糖(g/L)	总酸(g/L)	pH	色度	可溶性固形物TSS(%)	单宁(g/100 mL)
05/4	144.44±0.05	7.41±0.04	3.54±0.00	18.40±0.17	15.2±0.00	0.050±0.002
06/4	140.00±0.08	12.09±0.06	3.53±0.00	22.63±1.6	14.8±0.00	0.042±0.010
07/4	135.69±0.09	12.47±0.05	3.33±0.00	41.06±2.57	14.6±0.00	0.149±0.001
08/4	55.08±0.12	10.78±0.12	3.31±0.00	33.68±0.86	10.6±0.00	0.133±0.014
09/4	9.00±0.02	10.59±0.08	3.28±0.00	30.11±1.73	9.0±0.00	0.100±0.000
10/4	6.50±0.06	9.28±0.11	3.30±0.00	27.21±0.69	8.0±0.00	0.067±0.007

续 表

	还原糖(g/L)	总酸(g/L)	pH	色度	可溶性固形物TSS(%)	单宁(g/100 mL)
11/4	4.50±0.12	8.91±0.02	3.28±0.00	26.38±0.48	7.2±0.00	0.058±0.007
12/4	4.00±0.11	8.72±0.12	3.31±0.00	25.41±0.87	6.6±0.00	0.067±0.007
13/4	4.00±0.05	8.72±0.06	3.31±0.00	25.16±0.43	6.4±0.00	0.075±0.006

(四) 酒精发酵结束后基本指标的含量

AF 结束后各基本指标的含量如表 3 - 9。

表 3 - 9 酒精发酵结束后基本指标的含量

	还原糖(g/L)	总酸(g/L)	pH	花色苷(g/100 g)	色度	单宁(g/100 mL)	酒度(%vol)	挥发酸(g/L)	可溶性固形物TSS(%)
罐 1	3.0±0.04	7.69±0.06	3.34±0.00	22.38±0.48	20.51±0.84	0.075±0.004	7.32±0.008	0.45±0.08	5.8±0.00
罐 2	3.5±0.11	7.69±0.06	3.38±0.00	26.33±1.39	24.30±0.78	0.058±0.007	7.78±0.09	0.33±0.07	6.4±0.00
罐 3	3.5±0.06	8.34±0.06	3.34±0.00	22.34±1.42	20.99±1.02	0.058±0.008	7.62±0.102	0.30±0.07	6.2±0.00
罐 4	4.0±0.05	8.72±0.06	3.31±0.00	21.73±0.53	25.16±0.43	0.075±0.006	7.15±0.008	0.30±0.14	6.4±0.00

表 3 - 9 可知，使用 200 mg/L 降酸酵母的葡萄酒，酒度为 7.78%vol 为四个对比实验组中最高；总酸为 7.69 g/L，在本组中最低，一共降了 1.03 g/L 的酸；花色苷含量最大，为 26.33 g/100 g；可溶性固形物含量为 6.4%，在本组中最高；单宁含量为 0.058 g/100 mL，处于中等水平；色度保留效果较好，为 24.3；残糖为 3.5 g/L，酒精发酵较为充分；挥发酸、pH 值均在正常范围内，故选用 200 mg/L 降酸酵母发酵而成的葡萄酒进行接下来的乳酸菌降酸实验。

(五) 苹果酸-乳酸发酵期间基本指标的变化

1. pH

pH 的变化情况如下：

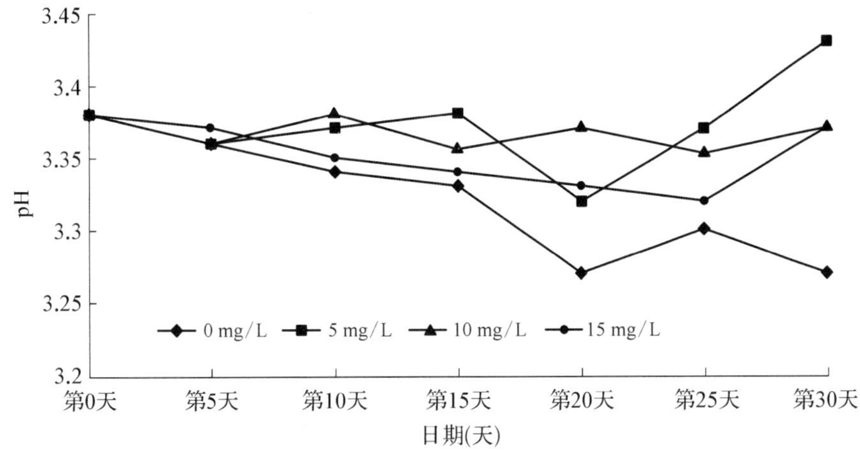

图 3－8　苹果酸-乳酸发酵期间 pH 的变化

苹果酸-乳酸发酵期间四组样品的 pH 均稳定在 3.28～3.42。pH 稳定性与葡萄酒稳定性有关，pH 稳定性越高，葡萄酒越稳定[23]。其中，添加 10 mg/L 乳酸菌的一组样品比其他三组更稳定，即添加了 10 mg/L 乳酸菌进行苹果酸-乳酸发酵的黑提葡萄酒稳定性优于添加了 5 mg/L 和 15 mg/L 的两组，也优于对照组。

2. 总酸

总酸的变化情况如表 3－10 所示。对照组酸度值发生了略微变化，而进行苹果酸-乳酸发酵的其他三组，酸度变化较大，这说明乳酸菌在苹果酸-乳酸发酵过程中具有一定的降酸作用[24]。添加 5 mg/L 乳酸菌的一组样品 30 天后酸度降低 0.34 g/L，添加 10 mg/L 乳酸菌的一组样品 30 天后酸度降低 0.83 g/L，添加 15 mg/L 乳酸菌的一组样品 30 天后酸度降低0.68 g/L。综上所述，乳酸菌降酸效果最好的一组样品为添加 10 mg/L 乳酸菌的样品。

表 3－10　苹果酸-乳酸发酵期间总酸的变化

	0 mg/L	5 mg/L	10 mg/L	15 mg/L
第 0 天	7.69±0.06	7.69±0.06	7.69±0.06	7.69±0.06
第 5 天		7.97±0.06	7.91±0.08	7.84±0.08
第 10 天		7.76±0.08	7.60±0.02	7.67±0.02
第 15 天		7.50±0.02	7.32±0.04	7.41±0.04
第 20 天		7.41±0.04	7.22±0.04	7.32±0.06
第 25 天		7.31±0.07	7.03±0.08	7.13±0.08
第 30 天	7.76±0.04	7.35±0.04	6.86±0.04	7.01±0.04

3. 色度

色度的变化情况如表 3－11 所示。对照组色度较其他三组保留得较完整。苹果酸-乳酸发酵结束后，黑提葡萄酒的色度明显降低。因为乳酸菌含有能够与 SO_2结合的物质，如丙酮酸等，相互作用后释放出 SO_2，此游离的 SO_2能够与花色苷结合，导致色度降低[25-26]。进行苹果酸-乳酸发酵的其他三组中，色度最低的一组添加了 15 mg/L 乳酸菌，最高的一组添加了 10 mg/L 乳酸菌的，说明添加 10 mg/L 乳酸菌进行苹果酸-乳酸发酵，色度保留效果最好。

表 3-11　苹果酸-乳酸发酵期间色度的变化

	0 mg/L	5 mg/L	10 mg/L	15 mg/L
第 0 天	24.30±0.78	24.30±0.78	24.30±0.78	24.30±0.78
第 5 天		20.51±0.57	20.74±0.86	20.31±0.52
第 10 天		14.29±0.25	14.60±0.67	13.99±0.24
第 15 天		10.14±0.15	10.30±0.34	9.94±0.29
第 20 天		9.31±0.16	9.51±0.16	8.40±0.16
第 25 天		8.65±0.23	8.89±0.38	7.49±0.23
第 30 天	9.94±0.30	8.20±0.43	8.68±0.27	7.21±0.23

本次实验所用葡萄品种为元谋黑提，该葡萄颗粒饱满、色深、皮厚、无核，可用来酿酒。

降酸酵母作为酿酒酵母的一种，最大的特点是能在葡萄酒发酵期间起一定降酸作用[27]，同时对其他高酸度的水果（草莓、猕猴桃等）也有降低酸度和优化口感的作用。本次实验中，启动酒精发酵采用帝伯仕降酸酵母[28]（Dibosh），其特点为耐酸、适应性强；发酵启动较快，发酵温度范围广（18～28 ℃）；能够降低葡萄酒酸度，使口感更加柔和；能够保持葡萄本身特有香气。因此，用此种酵母启动酒精发酵具有很广阔的发展前景。

启动苹果酸-乳酸发酵采用帝伯仕乳酸菌，葡萄酒中能够快速繁殖，且耐 pH≥3.3，耐温度≥14 ℃，耐酒精量高达 14.5%vol，耐总 SO_2高达 50 mg/L，且生物胺产量低。据以上优点，本实验选择帝伯仕乳酸菌启动苹乳发酵。

利用降酸酵母将部分苹果酸转化成乙醇和 CO_2或利用乳酸菌将部分苹果酸转化为乳酸[3]，都可使葡萄酒中尖锐的酸变柔和，能在避免因加入过多化学降酸剂导致质量下降的前提下，有效降低葡萄酒酸度，改善葡萄酒口感。在葡萄酒降酸实验中，分别采用不同用量的降酸酵母与乳酸菌进行实验，探究两种微生物对黑提葡萄酒降酸效果的影响，可筛选出最佳的降酸工艺方案，对其他品种葡萄酒或果酒的降酸也具有一定的参考价值。

四、小结

黑提葡萄酒酒精发酵过程中，使用帝伯仕降酸酵母的三个组酒精发酵启动较快，对照组酒精发酵启动较慢。酒精发酵第四天，黑提葡萄酒酸度开始下降。酒精发酵结束后，对照组酸度值下降幅度较小，均小于使用帝伯仕降酸酵母的三组，对比四组使用不同降酸酵母酿酒实验的数据可见，启动黑提葡萄酒发酵的最佳降酸酵母用量为200 mg/L，能够降低1.03 g/L的酸。

酒精发酵结束后，对照组的酸度值变化甚微，色度保留较好。苹果酸-乳酸发酵结束后，添加了10 mg/L乳酸菌的一组样品中的，总酸降低了0.83 g/L，降酸效果最好，pH变化最平稳，色度值最高，为8.68。综上，采用10 mg/L帝伯仕乳酸菌进行苹果酸-乳酸发酵，降酸效果最好，色度保留最完整，酒的稳定性最好。

因此，酿造楚雄地区黑提葡萄酒，最佳降酸酵母用量为200 mg/L，在酒精发酵过程中能够降低1.03 g/L总酸。最佳乳酸菌用量为10 mg/L，在苹果酸-乳酸发酵期间能够降低0.83 g/L总酸。

参考文献

[1] 郭洪涛.美国黑提葡萄栽培技术要点[J].中国果菜,2005,1:11-11.

[2] 康孟利,凌建刚,林旭东.果酒降酸方法的应用研究进展[J].现代农业科技,2008,24:25-26,30.

[3] 张春晖,夏双梅,莫海珍.微生物降酸技术在葡萄酒酿造中的应用[J].酿酒科技,2000,2:66-68,70.

[4] Ruzi P, Izquierdo PM, Sesena S. Analysis of lactic acid bac-teria populations during spontancous malolactic fermentation of Tempranillo wines at five wineries during two consecutive vintages [J]. *Food Control*, 2010,21:170-175.

[5] Neime N, Mathieu F, Tailandier P. Impact of the co-culture of Saccharomyces cerevisiae Oenococcus malolactic fermentation and partial characterization of a yeast-derived inhibitory peptidic fraction[J]. *Food Microbiol*, 2010, 27(1):150-157.

[6] Pilone G J, Ryan F A.A New Zealand Expe rience in Yeast Inoculation for Acid Reduction.Aust r [J].*N.Z.Wine Indu.J.*,1996,11(4):83-86.

[7] 中华人民共和国国家质量监督检验检疫总局,中国国家标准化管理委员会.GB/T 15038—2006.北京:中国标准出版社,2006.

[8] 王俊,陈仁远,母光刚.半微量蒸馏法测定配制酒酒精度[J].化工设计通讯,2016.6:98-130.

[9] 梁冬梅,林玉华. 分光光度法测葡萄酒的色度[J]. 中外葡萄与葡萄酒, 2002,3: 9-10.

[10] 王华,李艳,李景明,张予林,魏冬梅.葡萄酒分析检验单宁的测定[s].北京:中国农业出版社,2011,152-153.

[11] 乔玲玲,马雪蕾,张昂,吕晓彤,王凯,王琴,房玉林.不同因素对赤霞珠果实理化性质及果皮花色苷含量的影响[J].西北农林科技大学学报,2016,44(2):129-136.

[12] 马玮,史玉滋,段颖,王长林.南瓜果实淀粉和可溶性固形物研究进展[J].中国瓜菜,2018,31(11):1-5.

[13] 刘文玉.影响酿酒酵母发酵过程的因素分析[J].酿酒,2018,45(2):81-82.

[14] 栗甲,李娇娇,施云鹏.葡萄酒发酵过程比重与还原糖消耗及酒精生成量关系研究[J].酿酒科技,2015,2:76-77,80.

[15] 程伟,张杰,潘天全.安琪生香活性干酵母在固态小曲清香型白酒酿造生产中的应用[J].酿酒科技,2018,7:83-88,91.

[16] 马旭艺,孙波,赵晓.暂时性感官支配结合时间强度评价法在降酸山葡萄酒中的应用[J].食品与发酵工业,2018,44(10):231-235.

[17] 王英,周剑忠,夏秀东.L-苹果酸降解菌酿酒酵母降酸功能影响因素分析[J].食品与生物技术学报,2018,37(10):1067-1072.

[18] 杨春霞,苟春林,单巧玲.葡萄酒酿造过程中有机酸变化规律研究[J].中国酿造,2017,36(4):83-86.

[19] 赵鹤然.葡萄酒酿造过程中的苹果酸和乳酸的变化[D].大连:大连工业大学,2016.

[20] 李蕊蕊.葡萄酒酿造过程中单宁的变化规律[D].济南：齐鲁工业大学，2016.
[21] 邓进.红葡萄酒新生产工艺及品质改进再探[J].内江科技，2018，39(3)：57，66.
[22] 戴铭成.果胶酶添加条件对葡萄酒品质的影响[J].山西农业科学，2018，46(9)：1461－1464.
[23] 邢凯，张春娅，张美玲.总酸、pH 值与红葡萄酒稳定性的关系[J].中外葡萄与葡萄酒，2004，5：13－14.
[24] 张焕炳.乳酸菌在葡萄酒酿造中的控制与研究[D].济南：齐鲁工业大学，2018.
[25] 李小刚，张春娅，王树生.苹果酸-乳酸发酵与葡萄酒的风味改良[J].中外葡萄与葡萄酒，2002，1：12－14.
[26] 孙雨露，罗华，王愈.苹果酸-乳酸发酵对太谷地区丹魄葡萄酒酿酒品质的影响[J].农产品加工(上半月)，2018，9：7－9.
[27] 李迪，李静媛.蓝莓酒降酸酵母筛选鉴定及能力测定[J].酿酒科技，2017，(7)：46－51.
[28] 陈祖满.蓝莓发酵酒工艺优化研究[J].食品工业，2014，35(5)：58－61.

第三节　果梗与比重、pH 和花色苷

本实验在梅鹿辄干红葡萄酒发酵过程中系统地研究了 4 种不同葡萄果梗含量对发酵液比重、pH 以及花色苷含量的影响，确定了酿造梅鹿辄干红葡萄酒的果梗最适宜添加比例为 1/6，pH 3.52，发酵第 10 天时，比重降至 0.996 g/cm^3，还原糖含量 3.941 g/L，花色苷含量 30.046 mg/L，为梅鹿辄干红葡萄酒的酿造和工艺优化提供了重要的理论依据。

一、背景

梅鹿辄葡萄原产法国波尔多，20 世纪 80 年代引入我国[1]，被誉为红葡萄的公主，是最受欢迎的红葡萄品种。梅鹿辄成熟速度快，颜色呈宝石红色，浆果含糖量 180～195 g/L，含酸量 7～9 g/L，出汁率 70%～75%，适宜酿制美味而柔滑的葡萄酒[2-3]。

在葡萄酒酿造中，根据品种和工艺需要可以选择去除果梗或不去果梗，从而获得不同风味的葡萄酒。对葡萄酒品质有利的果梗，通常保留部分或全部。在葡萄酒发酵过程中，常常通过监测发酵液比重的变化来判断葡萄酒发酵是否正常或结束[4]。pH 则影响葡萄酒发酵过程中的许多生化反应，从而影响葡萄酒的品质[5]。花色苷是葡萄酒中主要的呈色物质，在溶解状态下，花色苷稳定性容易受到辅助色素、温度、光、pH 及其自身含量的影响[6-7]。在葡萄酒酿造过程中，是否保留果梗或保留果梗的多少与葡萄品种和所酿葡萄酒的品质有关。

新疆哈密光热资源充足，气候干燥，昼夜温差大，病虫害少，具有得天独厚的气候条件。本实验初步研究了梅鹿辄干红葡萄酒酿造过程中 4 种不同果梗含量的发酵液的比重、pH 以及花色苷含量的变化，对梅鹿辄干红葡萄酒的酿造和工艺优化具有重要的理论和实践意义。

二、材料与方法

（一）材料与试剂

梅鹿辄红葡萄，树龄为 3～5 年，生长状况良好，四月下旬萌芽，六月上旬开花，九月下旬果实成熟，生长期为 155 d，成熟果粒呈卵圆形，紫黑色，采自新疆哈密。

酵母 RC212：法国进口酵母，购买于新疆石河子张裕葡萄酒庄。

乳酸杆菌：石河子大学食品学院微生物实验室保存菌种。

葡萄糖、次甲基蓝、硫酸铜、酒石酸钾钠、氢氧化钠、酚酞、氯化钾、醋酸钠、偏重亚硫酸钾（均为分析纯）：国药集团化学试剂有限公司。

（二）仪器与设备

比重计（0.9～2.5 g/cm）：北京天连和谐仪器仪表有限公司；PHS－3D 型 pH 计：乐清市西埃姆西测量器具有限公司；722 光栅可见分光光度计：上海分析仪器厂；DL203 型电子天平：上海精密科学仪器有限公司；DK－8D 型电热恒温水浴锅：江苏省金坛市医疗仪器厂；XYJ－A 型电动离心机：江苏省金坛市恒丰仪器厂；RA－130 手持式折光仪：上海天垒仪器仪表有限公司；全玻璃蒸馏器 500 mL：江门市蓬江区易成化玻仪器有限公司；酒精计：沧县津玻玻璃仪器。

（三）试验方法

1. 酿酒工艺流程

红葡萄→分选→除梗、破碎→酒精发酵（20～29 ℃）→分离→苹果酸-乳酸发酵（18～20 ℃）→倒桶、陈酿→澄清。

操作说明：

分选：将大小均匀，无机械伤，颜色均匀一致的葡萄分选出来。

除梗破碎：将葡萄果粒与果梗分离、称量，分别放置在经二氧化硫杀菌过的容器中，然后将葡萄果粒用手捏碎，加入 0.18 g/L 偏重亚硫酸钾[8-9]。

酵母活化：葡萄汁与软化水 1∶1 混合，酵母与混合液按照质量比 1∶10 混合，40 ℃ 水浴加热，搅拌 30 min。

酒精发酵：将破碎过的葡萄装入 10 L 玻璃发酵罐中，装量约为容器的 4/5，入罐 12 h以后，接入已经活化好的酿酒酵母（干酵母添加量 0.1 g/L）。用湿纱布将容器口盖严，早晚各搅拌一次，控制温度在 24～29 ℃，发酵周期 11 d。

分离：待酒精发酵完成，还原糖含量＜4 g/L 时，用杀过菌的纱布将葡萄皮渣分离出来，葡萄酒装进新罐中，满罐储存，进行后续的苹果酸-乳酸发酵。

苹果酸-乳酸发酵：接种乳酸菌 8 mg/L，温度控制在 18～20 ℃，周期为 20 d。

倒桶、陈酿：倒桶除去自然沉淀的酒泥，添加 0.18 g/L 偏重亚硫酸钾，陈酿，周期为 2～8 个月。

葡萄果粒分选后，进行四种处理：（1） 无果梗：即该罐中全为果粒，不含果梗；（2） 1/6 果梗：即保留该罐葡萄果粒所产生果梗的 1/6，同时发酵；（3） 1/3 果梗：即保留该罐葡萄果粒所产生果梗的 1/3，同时发酵；（4） 全果梗：即保留该罐葡萄果粒所产生的全部果梗，同时发酵。

2. 分析检测

酒精度的测定采用酒精计法；总酸的测定采用酸碱滴定法；可溶性固形物含量的测定利用手持式测糖仪；还原糖的测定参照GB/T15038—2006《葡萄酒、果酒通用分析方法》中的方法；比重的测定是直接将比重计放在装有葡萄发酵液的100 mL量筒中，待比重计上浮，进行读数；pH采用pH计测定。

花色苷含量的测定[10]：取1 mL的试样，分别用pH 1.0和pH 4.5的缓冲液稀释定容至10 mL，达到平衡后，以蒸馏水调零点，分别在波长510 nm和700 nm处测定其吸光度值。花色苷含量计算公式如下：

$$A=(A_{510\,\mathrm{nm}}-A_{700\,\mathrm{nm}})_{\mathrm{pH1.0}}-(A_{510\,\mathrm{nm}}-A_{700\,\mathrm{nm}})_{\mathrm{pH4.5}}$$

$$W=\frac{A\times M_W\times DF\times V}{\varepsilon\times W_t}\times 100\%$$

式中：W为总色苷含量，%；A为吸光度差值；$A_{510\,\mathrm{nm}}$、$A_{700\,\mathrm{nm}}$为在波长510 nm、700 nm处的吸光度值；ε为矢车菊-3-葡萄糖苷的摩尔吸光系数，26 900；DF为稀释因子；M_W为矢车菊-3-葡萄糖苷的分子质量，449.2 u；V为取样体积，mL；W_t为样品质量，g。

3. 数据统计分析

实验结果数据采用Origin 7.5软件作图。

三、结果

（一）发酵结束时各项理化指标

经挑选的葡萄按照工艺进行除梗（或不除梗）、破碎，破碎率85%，接入活化的酵母菌种0.1 g/L，常温（24～29 ℃）酒精发酵11 d。4种不同果梗含量的梅鹿辄干红葡萄原酒发酵第10天分离皮渣后的基本理化指标见表3-12。

表3-12 酒精发酵结束时不同处理梅鹿辄干红葡萄原酒的理化指标

果梗比例	酒精度/%vol	比重/(g·cm³)	pH	可溶性固形物/%	花色苷/(mg·L⁻¹)	总酸/(g·L⁻¹)	还原糖/(g·L⁻¹)
无果梗	10.5±0.5	0.993±0.02	3.66±0.4	8.0±1.1	32.897±1.4	7.180±1.2	3.968±0.2
1/6果梗	12.2±0.4	0.992±0.03	3.52±0.3	7.8±0.2	30.046±1.3	8.148±1.1	3.922±0.3
1/3果梗	11.8±0.2	0.994±0.01	3.72±0.1	7.8±0.1	26.879±1.1	7.209±1.1	3.995±0.1
全果梗	11.4±0.2	0.995±0.02	3.78±0.2	8.0±0.1	28.561±1.4	7.108±1.3	3.998±0.3

由表可知，发酵第 10 天，所有处理样品的还原糖含量均<4 g/L，酒精度在 10%vol～13%vol，并且其他各项指标满足国标 GB 15037—2006《葡萄酒》的要求。以这些数据为理论基础，分离葡萄皮渣，进行后续的苹果酸乳酸发酵。

（二）发酵液比重随时间变化规律

比重的下降实际上是发酵液内在成分变化的外在表现，本质是发酵液中还原糖消耗、酒精度升高。图 3-9 显示，随着发酵时间的不断延长，葡萄汁的比重呈下降趋势，当发酵液比重值<0.996，还原糖含量<4 g/L 时，发酵结束。发酵第 1～3 天，发酵温度较低，酵母菌活性较弱，转化率低，导致比重变化趋势较平缓；发酵 4～7 d，酒精发酵产生了大量热量，导致发酵温度快速上升至 27～29 ℃，酵母菌活性进一步增强，进而加速了糖分分解，比重下降显著；发酵 8～11 d，葡萄皮经过前期的发酵、溶解，组织结构被分解软化，导致整个发酵液中的氧气和酵母发酵的底物糖消耗殆尽，酵母活性降低，最终导致后期比重变化平缓。发酵至第 11 天，酒精发酵结束。

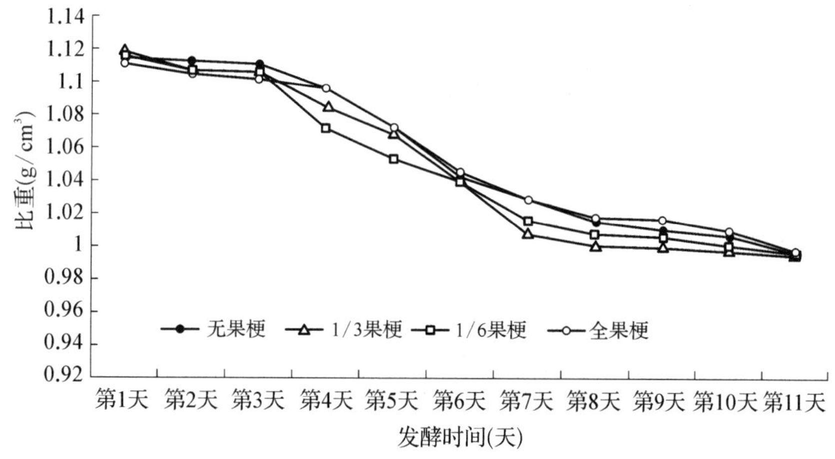

图 3-9 不同处理对梅鹿辄葡萄酒发酵过程中比重的影响

由图 3-9 可知，发酵过程中，各发酵罐中果梗含量不同，导致发酵液的比重变化不同。含有果梗的发酵罐，由于果梗与葡萄汁之间存在大量空间，有足够的氧气，酵母菌大量繁殖，当温度上升至 27 ℃左右时，酵母菌活性较强，转化率提高，比重变化量大。没有果梗的发酵罐，仅靠果粒的空间和有限的开放式搅拌次数提供有限的氧气，致使酵母菌繁殖能力受限，发酵速度比其他发酵罐慢。但是由于果梗比例不同，发酵罐中的空隙也存在差异，空隙过大，会导致发酵罐散热速度加快，温度降低快，影响酵母菌发酵速度；空隙过小，没有充足的氧气供给，酵母菌繁殖受限。从比重指标来看，果梗含量在 1/6 时，最有利于葡萄酒发酵，发酵第 10 天时，比重降至 0.996，还原糖含量 3.941 g/L，相比其他处理的葡萄酒提前 1 d 结束酒精发酵。

（三）发酵液的 pH 随时间的变化规律

在葡萄酒酿造过程中，许多生化反应都与 pH 有关，pH 的变化直接或间接影响葡萄酒的品质。因此有效控制 pH 对葡萄酒的稳定性有重要意义[12]。葡萄酒发酵的微生物主要是酵母菌，pH 的变化往往会引起酵母菌代谢途径的改变，使代谢产物发生变化。为保证酵母菌进行正常发酵，最好控制 pH 为2.8～3.5[5]。

由图 3-10 可知，发酵过程是动态的变化过程，葡萄汁的标准 pH 为 3.5～3.8，为保证葡萄酒发酵的正常进行和酵母菌在数量上的绝对优势，最好把葡萄酒发酵的 pH 控制在 3.3 到 3.5。pH 容易受到温度、总酸等因素的影响。发酵第 1～2 天，酵母菌开始将还原糖转化为酒精，发酵液酸性增强，pH 减小；随着发酵时间的延长，发酵液发生复杂的生化反应。发酵第 5～6 天，发酵液比重值变化率较大，总酸含量略有下降，pH 开始慢慢回升，第 7 天，发酵温度升高，总酸含量增加，pH 回落；发酵第 10 天，pH 为3.5～3.8。从图 3-10 可以看出，全果梗的 pH 始终大于其他 3 种处理，葡萄果梗中含有酒石咖啡酸、反式酒石咖啡酸和反式酒石香豆酸，这些物质是酿酒葡萄的主要酚酸[3]，由此可见，果梗的存在对发酵液 pH 有显著的影响。发酵结束时，无果梗发酵液的 pH 为 3.66、1/6 果梗 pH 为 3.52、1/3 果梗 pH 为 3.72、全果梗 pH 为 3.78。从 pH 指标来看，果梗含量为 1/6 时对发酵最有益。

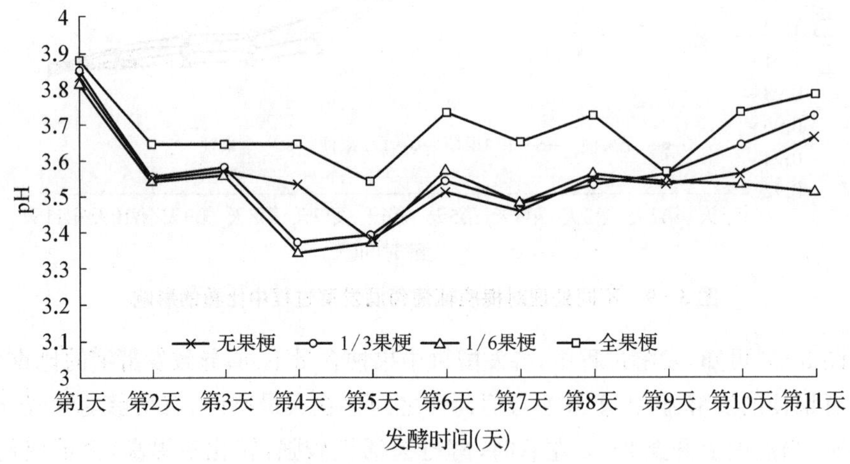

图 3-10　不同处理对梅鹿辄葡萄酒发酵过程中 pH 的影响

（四）发酵液花色苷含量的变化

花色苷是葡萄酒中的一种色素类物质[14-18]，在生理环境下表现出强烈的抗氧化、清除自由基等生物活性，是目前发现的最有效的水溶性自由基清除剂。但是，花色苷成分的稳定性较差[19]，易受 pH 和温度等因素的影响而发生降解反应，也易与蛋白等发生聚合褐变。葡萄酒中花色苷的种类受酿酒葡萄原料与生态环境的影响，也受酿造工艺方法等因素的影响[20-21]。

从图 3-11 可以看出，全果梗和 1/6 果梗发酵液的花色苷含量变化趋势较平稳，而无果梗和 1/3 果梗发酵液在发酵过程中的花色苷含量出现了骤升骤降。第 5～6 天时，发酵温度显著升高，花色苷与其他物质的聚合度降低，花色苷发生水解反应而含量降低；而全果梗发酵液的花色苷含量没有下降反而上升。这是由于在果梗发酵液中果梗含量较多，一方面果梗中的花色苷随着葡萄汁的浸渍进入发酵液中；另一方面果梗间的缝隙也使得散热速度加快，果梗中的单宁作为辅助色素，也会使葡萄酒中的花色苷更稳定。发酵第 6～8 天，无果梗发酵液 pH 下降，低 pH 有利于花色苷的浸提，适当的光照有利于花色苷合成，导致花色苷含量上升。发酵结束时，无果梗花色苷含量 32.897 mg/L、1/6 果梗 30.046 mg/L、1/3 果梗 26.879 mg/L、全果梗 28.561 mg/L，从花色苷指标来看，无果梗的花色苷提取最为充分，但是无果梗发酵过程不稳定，所以果梗含量为 1/6 对发酵有益。

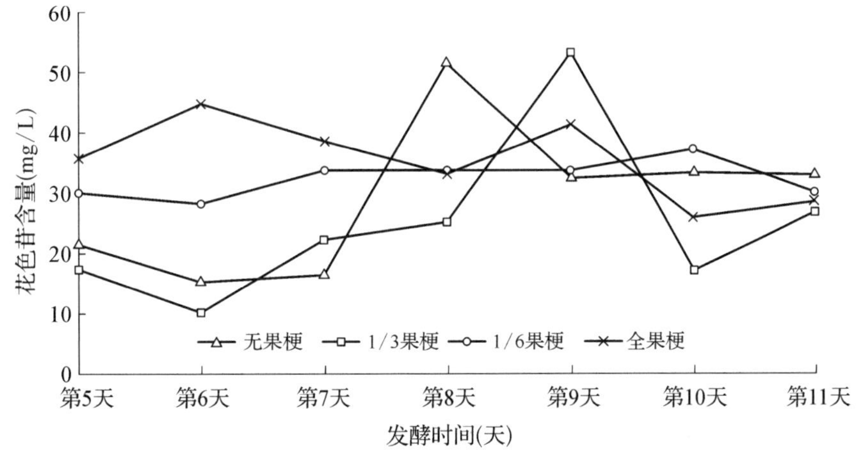

图 3-11　不同处理对梅鹿辄葡萄酒发酵过程中花色苷含量的影响

四、小结

比重、pH 和花色苷在干红葡萄酒酿造过程中对酒发酵影响显著，而葡萄果梗的添加对比重、pH 和花色苷含量的变化也有显著影响。新疆哈密梅鹿辄干红葡萄酒的实验结果表明：葡萄酒发酵速度的快慢与果梗添加量密切相关，比重的下降是发酵液糖分变化的内在表现。通过控制果梗含量，比较发酵过程中发酵液比重的变化，得到果梗最适宜添加量为 1/6，此时的比重降低最明显，发酵第 10 天比重就降至 0.996，还原糖为 3.941 g/L。

在葡萄酒酿造过程中，果梗添加量直接影响着葡萄酒发酵过程中 pH 的变化。葡萄酒发酵最佳 pH 应控制在 3.3～3.5，发酵结束时，1/6 果梗处理的葡萄酒 pH 为 3.52。

葡萄酒的颜色来源于葡萄皮中的花色苷，花色苷决定着干红葡萄酒的色泽。研究发现，果梗添加量为 1/6 的葡萄酒花色苷含量在整个发酵期间更稳定，提取也较充分。有利于后期葡萄酒颜色形成。

因此，添加 1/6 果梗对葡萄酒的发酵最稳定，对后期葡萄酒的成熟稳定最有利，为后期酿造高品质的葡萄酒奠定稳定的基础。

参考文献

[1] 莫寅斌.HPLC法测定梅鹿辄葡萄与葡萄酒中的花色素苷[J].安徽农业科学，2012，40(4)：2278－2279，2404.

[2] 缪成鹏，张晖，杨晓雁.可同化氮含量对赤霞珠葡萄酒发酵和香气成分的影响[J].中国酿造，2015，34(1)：137－142.

[3] 刘一健，孙剑锋，王颉.葡萄酒酚类物质的研究进展[J].中国酿造，2009，28(8)：5－9.

[4] 高畅，毛晓辉，吴秀飞，等.干红葡萄酒发酵过程中发酵液比重下降与生成酒精浓度关系的研究[J].中外葡萄与葡萄酒，2011，1：16－18.

[5] 冷慧娟.催陈处理对赤霞珠葡萄酒品质的影响[D].济南：齐鲁工业大学，2014.

[6] Lago-Vanzela ES, Procópio DP, Fontes EA, Ramos AM, Stringheta PC, Da-Silva R, Castillo-Muñoz N, Hermosín-Gutiérrez I. Aging of red wines made from hybrid grape cv. BRS Violeta: Effects of accelerated aging conditions on phenolic composition, color and antioxidant activity[J]. *Food Research International*. 2014, 56:182－9.

[7] Wu Y, Wang Y, Zhang W, Han J, Liu Y, Hu Y, Ni L. Extraction and preliminary purification of anthocyanins from grape juice in aqueous two-phase system[J]. *Separation and Purification Technology*. 2014, 124:170－8.

[8] 陈洁，李皓，杨登想.橘子酿造酒发酵工艺参数的探讨[J].酿酒科技，2011(3)：80－83.

[9] 陈清婵，简清梅，王劲松，等.蜜橘果酒发酵工艺[J].中国酿造，2015，34(1)：168－171.

[10] 孙婧超，刘玉田，赵玉平，等.pH示差法测定蓝莓酒中花色苷条件的优化[J].中国酿造，2011，30(11)：171－174.

[11] 栗甲，李娇娇，施云鹏.葡萄酒发酵过程比重与还原糖消耗及酒精生成量关系研究[J].酿酒科技，2015，2：76－77，80.

[12] 杨晓雁，袁春龙，张晖，等.酒度、总酸、pH以及饮用温度对干红葡萄酒涩味的影响[J].食品科学，2014，35(21)：118－123.

[13] 张莉，刘树文，王华.葡萄果梗在红葡萄酒酿造中的应用[J].中外葡萄与葡萄酒，2003，5：14－16.

[14] Biasoto AC, Catharino RR, Sanvido GB, Eberlin MN, da Silva MA. Flavour characterization of red wines by descriptive analysis and ESI mass spectrometry[J]. *Food Quality and Preference*. 2010, 21(7):755－62.

[15] 李琪，李广，金丽琼，等.HPLC法测定甘肃地产不同品种酿酒葡萄中的花色苷[J].中国酿造，2014，33(3)：132－136.

[16] 郝笑云，王宏，张军翔.酚类物质对红葡萄酒颜色影响的研究进展[J].现代食品科技，2013，29(5)：1192－1197.

[17] 史明科，郭金英，任国艳，等.葡萄酒酚类物质研究进展[J]酿酒科技，2012，4：17－20.

[18] 黎莉妮，蔡丽霞，曾艳娴，等.桃红葡萄酒酿造工艺优化研究[J].中国酿造，2014，33(3)：67－70.

[19] 于庆泉，段长青.蛇龙珠葡萄酒酿造过程中颜色变化规律研究[J].中国酿造，2006，25(11)：28－30.

[20] Revilla E，García-Beneytez E，Cabello F，Martín-Ortega G，Ryan JM. Value of high-performance liquid chromatographic analysis of anthocyanins in the differentiation of red grape cultivars and red wines made from them[J]. *Journal of Chromatography A*. 2001，915(1－2)：53－60.

[21] Francesca N，Chiurazzi M，Romano R，Aponte M，Settanni L，Moschetti G. Indigenous yeast communities in the environment of "Rovello bianco" grape variety and their use in commercial white wine fermentation [J]. *World Journal of Microbiology and Biotechnology*. 2010，26：337－351.

[22] 刘婷婷.辅色素对葡萄酒花色苷辅色作用及颜色影响的研究[D].无锡：江南大学，2014.

[23] 陈颖秋，黄永俊，马小星，等.红葡萄酒花色苷的研究[J].云南农业，2011，9：33－35.

第四节　果梗对葡萄酒香气的影响

本实验旨在优化哈密产区赤霞珠干红葡萄酒的香气工艺。以赤霞珠为试材，以保留0果梗(CK)为对照，分别以保留15%(S15)、30%(S30)、100%(S100)果梗的葡萄汁为研究对象进行发酵。发酵结束并陈酿12个月以后，采用气质联机检测，比较了果梗对赤霞珠干红葡萄酒香气种类和质量的影响。四种处理的赤霞珠干红葡萄酒香气种类和浓度发生了明显变化。CK和S30酒样中香气物质种类均达70种以上，而S15和S100酒样不足70种。首先，酯类达106种，比例最大，为40.71%。其次是烷烃类60种，总量为178.455 mg/L。再是醇类45种，总量1 014.606 mg/L。有机酸的种类和浓度非常少，但是S15中含量仍然最高，为1.013 mg/L。总体上，S15葡萄酒中每一类香气物质的浓度都相对较高。感官分析表明，S15葡萄酒平衡度最好，口感最柔和，无不良风味。总体上，果梗对葡萄酒香气物质的影响非常明显，S15对香气物质的影响更明显。

一、背景

在发酵过程中，葡萄果梗中的一些风味成分会通过发酵进入葡萄酒，一方面能够改善葡萄酒的风味，影响葡萄酒香气物质的种类和浓度[1]，另一方面能够降低血糖、胆固醇，增加红细胞和T-淋巴细胞数量[2-3]。大量事实证明，果梗添加量越多，葡萄酒越苦。所以，果梗添加量是葡萄酒风味的一个重要指标。不同产区的酿酒师要根据产区生态特点，了解该产区果梗添加量对葡萄酒品质的影响，决定是否加果梗及其添加量，改善葡萄酒香气优雅度和浓郁度，延长葡萄酒陈酿期。

不同比例果梗中挥发性风味物质的含量有差异。同时，同一果穗的果梗内部被葡萄果实遮挡，接受的光照较少，成熟度较差，而果梗外部没有或较少被葡萄果实遮挡，接受的光照较充分，成熟度较好，因此，同一果梗不同部位成熟度的差异导致挥发性风味物质的种类和含量也有差异。作者通过长期的生产实践发现，将不同比例的果梗加入葡萄酒中，会不同程度改变葡萄酒的风味特征。添加果梗，一方面可以改变葡萄酒的风味，降低因添加辅料产生的成本；另一方面，有利于发酵期间的搅拌混合和氧气的参与，更容易控制发酵。但是添加过多的果梗到葡萄酒中，通常会使葡萄酒口感粗糙，品质下降。

哈密地处40°45′～45°09′N与91°11′～96°33′E之间，为典型大陆性气候，昼夜温差大，年均气温 9.9 ℃，年降水量 33.2 mm，干燥度 28，日照时数 3 357 h，无霜期平均 184 d。光热资源充足，气候干燥，病虫害少，得天独厚的气候使其成为酿酒葡萄赤霞珠优质产区[4]。但是较高的气温导致葡萄的风味物质积累不充分，这对葡萄酒的品质不利，可以通过添加果梗调节[5-8]。因此，开展果梗添加比例对葡萄酒品质的研究对哈密产区葡萄酒品质的改善具有重要的实践意义。

果梗对葡萄酒具有抗氧化性，能够调节总糖、总酚、pH 和颜色[2]。Capone 等[5]在葡萄叶中发现了含量最多的 1,8 -桉树脑，其次是葡萄茎和果实。在发酵过程中，葡萄叶和果梗强烈影响莎草薁酮的含量。Hashizume 和 Samuta[6]在浸渍果梗的赤霞珠和夏布利葡萄酒中检测到了五种脂肪族羰基化合物和两种甲氧基吡嗪，果梗中的甲氧基吡嗪类含量高于浆果或叶片，而脂肪族羰基化合物含量较低。混合果梗增加了葡萄酒中的甲氧基吡嗪含量，但在浸渍果梗的葡萄酒中没有发现有绿色气味的脂肪族化合物。果梗中高含量的单宁能够提高葡萄酒中的聚合原花青素[7]。Hashizume 等[8]在未成熟的葡萄中发现了 2 -羟基- 3 -异丁基吡嗪和 2 -羟基-异丙基吡嗪，从新梢粗提物和未成熟的葡萄中检测出了对 2 -羟基- 3 -烷基吡嗪具有活性的s -腺苷- L -甲氧基-甲基转移酶。

发酵初期除梗破碎能够提高甲氧基吡嗪含量，降低甲醛和具有草本香气的 C_6 醇类含量，果梗能够通过吸收花色苷降低葡萄酒颜色和酶对脂肪酸的抗氧化活性[9]。无果梗发酵的葡萄酒中检测出了高浓度的高级醇、乙酯类、乙酸类、脂肪酸、羟基化合物和硫化物、挥发酚呋喃醛，低浓度的缩醛[10]。

与添加果梗相比，葡萄籽增加了葡萄酒中的酚含量和对 2,2 -二苯基- 1 -吡酰肼和羟基自由基的抗氧化能力。从葡萄籽中获得的主要酚类化合物黄烷- 3 -醇及其单体(+)-儿茶素和(-)-表儿茶素显示出很高的抗氧化活性[11]。

目前，国内外已有利用果梗对葡萄酒抗氧化性，调节总糖、总酚、pH、莎草薁酮、1,8 -桉树脑、单宁、甲氧基吡嗪类和颜色影响的报道，但对葡萄酒香气的影响，尤其是果梗比例对葡萄酒香气的影响鲜有报道。

作者多年的生产实践经验表明，添加 15％的果梗对葡萄酒的品质和风味有利，添加 30％的果梗增加了葡萄酒轻微的粗糙感，添加 100％的果梗使葡萄酒发酵速度加快，发酵温度幅度波动较大，同时一些不良风味物质浸渍到葡萄酒中，出现了难以忍受的风味，但是一直没有确切的数据证明。不同产区和气候的差异导致了果梗成熟度的差异。哈密作为一个特殊的产区，过高的气温促进了葡萄果实早熟，养分积累不充分，影响了风味物质的积累；添加外源风味物质，不但增加了成本，也会造成葡萄酒的不稳定；而果梗中的挥发性风味物质可调节果实成熟过程中风味物质积累不足对葡萄酒风味的影响[12]。这种特殊的气候条件不知道是否适合作者之前的果梗添加比例的方式。基于此，本实验选取世界主栽的酿酒葡萄赤霞珠，5 年生。发酵期间，以 CK 为对照，通过 GC/MS 分析和感官评定 S15、S30、S100 酒样，确定能充分体现哈密赤霞珠干红酒样潜在香气特征的果梗保留比例，以期为该产区葡萄酒香气的改善提供理论依据。

二、材料与方法

（一）酒样

本实验每个处理分别称取 20 kg 葡萄。所有处理均按照“小容器酿造葡萄酒”[13]工艺酿酒，稍作修改。采收成熟度一致、没有病虫害的完整葡萄果实破碎后立即加入 20 L 事先用 6%亚硫酸溶液清洗消毒的玻璃罐中，并以 CK、S15、S30、S100（环境氧气含量依次升高）方式补充相应比例的果梗，混匀，静置 4 h。再加入 EX 果胶酶 20 mg/L，混匀，静置 4 h。最后添加 F15 酵母 200 mg/L 启动发酵，同时在发酵醪几何中心插入一支温度计，定时观察。当温度上升到 28.5 ℃时，将玻璃罐放置在装有冰水混合物的塑料桶中进行降温，当温度降至 24.5 ℃，将玻璃罐取出，使发酵温度始终控制在 24～29 ℃。每天推压酒帽 5 次。待残糖降至 4 g/L 以下时，酵母死亡，发酵自动终止。发酵结束后，手工分离皮渣，同时原酒液依次转入 2～10 L 玻璃罐中，4～6 ℃避光满罐贮藏。测定常规理化指标符合《GB 15037—2006》。测定香气。整个实验操作过程中戴口罩和一次性手套。

（二）仪器与试剂

GC/MS：TRACE DSQ，Thermo-Finnigan，USA；色谱柱：DB-Wax 毛细管柱（30 m×0.25 mm×0.25 μm，SCION SQ 456-GC，BRUKER，USA）；固相微萃取装置：HS-SPME，Supel。

（三）方法

1. 顶空-固相微萃取（HS-SPME）条件

取 5 mL 样品于 20 mL 顶空瓶中，将老化后的 75 μm Car/PDMS 萃取头插入样品瓶顶空部分，50 ℃吸附 30 min，插入进样口，250 ℃解吸 3 min，同时启动仪器采集数据。用于 GC-MS 分析。每个酒样的萃取操作重复 2 次。

固相萃取头：CAR/DVB/PDMS，Supelco，USA。内标 2 -辛醇（色谱纯）：Sigma，USA。

2. 色谱条件

升温程序：40 ℃保持 3 min，然后以 5 ℃/min 升至 90 ℃，再以 10 ℃/min 升至 230 ℃，保持 7 min。进样口温度 250 ℃。载气（He）流速：0.8 mL/min。进样量 1 μL，不分流手动进样。

3. 质谱条件

电子源电离轰击 EI+，离子源温度 230 ℃，电子能量 70 eV，连接杆温度 200 ℃，灯丝流量 80 μA,检测器电压 1 000 V,扫描范围 33～450 Amu,频率 1 Hz。

(四) 定性定量分析

定性分析:采用 GC/MS NIST2.0 和 Willey 定性,与标准物质保留时间对比确认。

定量分析:内标法。2-辛醇为内标物,浓度 0.491 4 g/L。

(五) 感官分析

由 30 名葡萄酒专业的学生组成品尝组,感官分析前用葡萄酒标准香气物质进行训练,直至品尝组对葡萄酒味感特征和香气特征辨别分析结果的偏差小于整体平均值的 5%[14]。品尝组一次分析 6 款酒样,随机区组设计,共两轮,常温 20 ℃,黑色郁金香杯盛放酒样 30 mL,玻璃盖盖严,每样重复两次,30 min 内完成。品尝员首先静止酒样闻香 5～8 s,然后晃动酒杯闻香 5～10 s,两次闻香间隔 1～2 min,最后剧烈摇晃酒杯,进行破坏式闻香。

(六) 统计分析

采用 Excel 进行数据处理。

三、结果

如表 3-13,陈酿 12 个月后,葡萄酒各理化指标符合《GB 15037—2006》。

表 3-13　4 种葡萄酒的常规理化指标

处理	酒度/%	pH	总酸/(g/L)	还原糖/(g/L)
CK	12.60±0.01a	3.86±0.02a	6.56±0.05b	3.98±0.04c
S15	12.10±0.02a	3.92±0.02a	6.35±0.02b	3.89±0.02b
S30	12.20±0.03a	3.98±0.01a	6.14±0.01a	3.66±0.03a
S100	12.20±0.01a	4.03±0.04a	6.22±0.06a	3.60±0.01a

注:字母表示显著性差异($P<0.05$)。所有数据是平均值±标准差(SD)。

可见,CK 中共测定出 71 种香气化合物,含量 0.065～129.085 mg/L,共计 389.723 mg/L。其中醇类 12 种,含量 208.35 mg/L;酸类 3 种,含量 0.759 mg/L;酯类 28 种,含量 116.431 mg/L;烯糖醛酮酚类 8 种,含量 4.8 mg/L;烷烃类 17 种,含量 58.865 mg/L;苯类 3 种,含量 0.518 mg/L。S15 酒样中共测定出 67 种香气化合物,含量 0.185～282.95 mg/L,共计 877.329 mg/L。其中醇类 7 种,含量 474.117 mg/L;酸类 2 种,含量 1.013 mg/L;酯类 25 种,含量 330.165 mg/L;烯糖醛酮酚类 7 种,含量 8.121 mg/L;烷烃类 17 种,含量 57.372 mg/L;苯类 9 种,含量 6.541 mg/L。S30 酒样中共测定出 73 种香气化合物,含量 0.087～105.034 mg/L,共计 388.701 mg/L。其中

醇类 15 种，含量 168.84 mg/L；酸类 1 种，含量 0.131 mg/L；酯类 26 种，含量 157.372 mg/L；烯糖醛酮酚类 5 种，含量 4.567 mg/L；烷烃类 14 种，含量 49.706 mg/L；苯类 12 种，含量 8.085 mg/L。S100 酒样中共测定出 59 种香气化合物，含量 0.06～171.046 mg/L，共计 428.597 mg/L。其中醇类 11 种，含量 163.299 mg/L；酸类 2 种，含量 0.202 mg/L；酯类 27 种，含量 249.471 mg/L；烯糖醛酮酚类 6 种，含量 3.033 mg/L；烷烃类 12 种，含量 12.512 mg/L；苯类 1 种，含量 0.086 mg/L。

表 3－14　4 种葡萄酒中挥发性醇类的种类、含量

名称	CK/(mg/L)	S15/(mg/L)	S30/(mg/L)	S100/(mg/L)
异戊醇	129.085±0.01a	282.950±0.03a	105.034±0.03a	124.792±0.04a
正己醇	3.400±0.01a	4.992±0.04a	2.696±0.04a	5.605±0.02ab
苯乙醇	54.601±0.02a	179.935±0.05a	45.443±0.03a	23.486±0.02a
3-甲硫基丙醇	0.215±0.03a	0.737±0.01a	0.356±0.04a	—
2-甲基丁醇	15.964±0.02a	—	11.428±0.01a	4.746±0.02a
2-十六醇	0.171±0.04a	—	0.166±0.01a	—
2.3-丁二醇	1.734±0.04a	—	0.416±0.02a	2.504±0.03a
正辛醇	0.112±0.03a	—	—	0.433±0.06a
苄醇,苯甲醇	—	—	0.197±0.05a	0.407±0.04a
2-壬醇	—	—	0.309±0.03a	0.247±0.04a
3-乙基-4-甲基戊醇	—	—	0.153±0.02a	0.731±0.03ab
3-甲基-2-已醇	—	4.350±0.01a	0.990±0.02a	—
正庚醇	0.694±0.02a	—	0.336±0.01a	—
其他	—	—	—	—
2-已基正癸醇	1.951±0.02a	—	—	—
叔十六硫醇	0.319±0.05a	—	—	—
2-甲基十六醇	0.104±0.04a	—	—	—
(E)-2-壬烯醇	—	0.442±0.02a	—	—
十二醇	—	0.711±0.01a	—	—
n-十七醇	—	—	0.933±0.03a	—
十六醇	—	—	0.233±0.04a	—
3-甲基-4-戊烯醇	—	—	0.150±0.02a	—
1-辛烯-3-醇	—	—	—	0.070±0.01a
3,7-二甲基-2-烯辛醇	—	—	—	0.278±0.01a

注：表中的“其他”是指只存在于四种处理中的一种。“—”表示没有检测到。下同。

（一）挥发性醇类

表 3－14 可见，四种酒样中 S30 检测出的醇类风味物质最多，为 15 种。每种处理都有异戊醇、正己醇和苯乙醇，其中 S15 中它们的浓度相对较高，表明它们的积累需要一定的氧气。四个处理中的异戊醇浓度均分别最高达 100 mg/L 以上，而 S15 中高达 282.95 mg/L，表明 S15 最有利于异戊醇积累，这也导致了 S15 中含有最高浓度的乙醇酯类物质（表 3－16）。CK、S15 和 S30 中检测出了 3－甲硫基丙醇，浓度依次为 0.215、0.737和 0.356 mg/L，表明 S15 更有利于积累 3－甲硫基丙醇。同样，CK、S30 和 S100 中检测出了 2－甲基丁醇、2－十六醇和 2，3－丁二醇，表明这三种处理方法有利于这些风味物质的积累；正辛醇只在 CK 和 S100 中检测到，苄醇、2－壬醇和 3－乙基－4－甲基戊醇只在 S30 和 S100 中检测到，3－甲基－2－己醇只在 S15 和 S30 中检测到，正庚醇只在 CK 和 S30 中检测到，并且在葡萄酒中的浓度较低，表明它们积累需要一定比例的果梗。其他醇类只存在于其中的一个处理中，这与果梗比例有关。因此，果梗通过发酵期间影响酵母繁殖和代谢条件，如 pH、氧气和温度等，从而影响代谢途径，产生各种醇类。CK 经过陈酿后仍然有 2－己基正癸醇、叔十六硫醇、2－甲基十六醇和正庚醇。尽管种类少，但对葡萄酒风味有影响。

醇类主要来源于酒精发酵、氨基酸转化及亚麻酸氧化[15]。3－甲硫基丙醇赋予葡萄酒生土豆和大蒜味，成熟度越高，浓度也越高，但不是越高越好[16]。本实验发现，S15 对 3－甲硫基丙醇积累有益，表明保留适宜果梗与成熟度均能促进 3－甲硫基丙醇积累。

C_7～C_{10}饱和醇有花香。按照 Djegui 等[17]的论述，醇、脂肪酸都是发酵产物。低级醇源于酯类水解，含量比底物低得多[18]。低浓度高级醇赋予葡萄酒愉悦香气，过高浓度会产生不良风味[19-20]。因此，高级醇高低是评价葡萄酒质量的一个重要指标[21]。研究证实，苯甲醇、苯乙醇、异戊醇和正己醇对葡萄酒香气都有贡献[22]。苯甲醇具愉快花香，对葡萄酒整体香气起重要作用[23]，但是只存在 S30 和 S100 中。苯乙醇香气典型，来源于氨基酸代谢，具浓郁玫瑰香、紫罗兰香等风味[24]。异戊醇具醇香、苦杏仁味；正己醇具青草香和土司味，具有浓郁优雅的特征香气[25]。2，3－丁二醇具有黄油味和奶油味，2－甲基丁醇具香蕉味或酒香味，适宜浓度对葡萄酒品质有积极作用，浓度较高具不利作用[18,26]。此外，3－甲硫基丙醇含量较低，但其特殊的生土豆和蒜香味[16]赋予葡萄酒独特风味，它更宜在一定比例的果梗中得到。（E）－2－壬烯醇具脂肪和紫罗兰香气，只在 S15 中找到。具茉莉花香的正辛醇只在 CK 和 S100 中检测到。十六醇有玫瑰香气，能抑制油腻感，与乙酸生成棕榈酸乙酯，具坚果味。因此，果梗对赤霞珠干红葡萄酒中醇的种类和含量有明显影响。

（二）有机酸

每种处理中的有机酸种类、含量均不一样（表 3－15），表明果梗对有机酸积累很重要。葡萄酒的醇主要来源于糖发酵，酸主要产生于葡萄成熟过程，两者酯化成酯。从表

3-14～表3-16中可见，表3-16中的酯类种类和含量最多，其次是表3-14中的醇类种类和含量，表3-15中的有机酸种类和含量最少。因为哈密产区充足的光热资源促进了葡萄果实中较高糖浓度的积累，为发酵期间酒中醇含量的提高奠定了基础；同时充足的光热资源加速了果实中酸含量的降低，因此，葡萄酒中的酸含量较低。陈酿期间，酸和醇的酯化导致了酯类的大量积累，酸的含量也大大降低了(总酸含量也明显降低，表3-13)。因此，葡萄酒中较少的有机酸是葡萄酒陈酿和成熟的标志。CK中检测出的有机酸种类和数量最多，其他三种处理检测到的较少，尤其是S30中只有1种。因此，果梗不利于葡萄酒中有机酸积累。保留果梗的酒样中的酸除了与葡萄酒的发酵和陈酿有关外，与果梗、果梗保留比例和果梗对葡萄酒发酵环境的调节密切相关，果梗创造了一定的微氧环境，不利于乳酸菌活动。CK提供了无氧环境，促进了乳酸菌活动，有利于有机酸积累。尽管种类和量少，却使葡萄酒风味和风格各异。

表3-15 4种葡萄酒中挥发性有机酸的种类、含量

名称	CK/(mg/L)	S15/(mg/L)	S30/(mg/L)	S100/(mg/L)
苯基丁二酸	0.223±0.02a	—	—	—
4-羟基丁酸	—	0.614±0.04a	—	—
油酸	—	—	0.131±0.05a	—
4,4′-二硫基丁酸	—	—	—	0.111±0.02a
苄氧十三酸	0.356±0.03a	—	—	—
o-乙酰-L-丝氨酸	—	0.399±0.02a	—	—
3-羟基-月桂酸	—	—	—	0.091±0.03b
2-羟基十五丙酸	0.180±0.03b	—	—	—

表3-16 4种葡萄酒中挥发性酯类的种类、含量

名称	CK/(mg/L)	S15/(mg/L)	S30/(mg/L)	S100/(mg/L)
丁酸乙酯	0.875±0.01a	1.756±0.03a	0.727±0.04a	1.300±0.04a
己酸乙酯	8.189±0.02a	39.993±0.05a	8.760±0.05a	20.568±0.03a
庚酸乙酯	0.222±0.02a	1.196±0.04a	0.227±0.03a	0.664±0.05b
辛酸乙酯	57.149±0.01a	185.486±0.03a	59.416±0.04a	171.046±0.06a
琥珀酸二乙酯	2.569±0.03a	5.644±0.02a	8.319±0.02a	4.974±0.02a
壬酸乙酯	0.588±0.03a	2.047±0.05a	0.723±0.03a	1.117±0.02b
癸酸乙酯	25.358±0.03a	52.517±0.02a	40.467±0.04a	28.488±0.04a
十四酸乙酯	4.680±0.02a	2.714±0.04a	4.856±0.02a	2.232±0.03a
十五酸乙酯	0.198±0.02b	0.255±0.05a	0.554±0.03a	0.219±0.04a
棕榈酸乙酯	4.472±0.02a	2.376±0.03b	9.997±0.05a	1.945±0.01a

续 表

名称	CK/(mg/L)	S15/(mg/L)	S30/(mg/L)	S100/(mg/L)
2-乙酸苯乙酯	0.646±0.04a	2.500±0.03a	0.460±0.04a	0.463±0.02b
9-癸烯酸乙酯	2.214±0.03a	7.981±0.02a	4.062±0.02a	4.774±0.04a
己酸异戊酯	0.392±0.03a	0.933±0.05a	0.451±0.03a	0.964±0.03a
乙酸-3-甲基丁酯	3.893±0.02a	16.239±0.03a	3.618±0.04a	6.643±0.04a
辛酸-3-甲基丁酯	2.505±0.02a	5.464±0.04a	3.098±0.06a	1.863±0.02a
硬脂酸乙酯	0.345±0.03a	0.222±0.06a	0.320±0.02b	—
亚砷酸三(三甲基硅)酯	0.071±0.01a	0.297±0.04a	0.147±0.03a	—
癸酸十四酯	0.224±0.02a	0.235±0.05a	—	0.194±0.04a
乙酸-2-甲基丁酯	0.380±0.03b	—	0.361±0.05b	0.306±0.03a
乙基异胆酯	0.143±0.02b	—	0.178±0.02a	0.060±0.02a
9-十八碳烯酸-(Z)-苄酯	0.107±0.02a	—	0.275±0.04a	—
丁内酯	0.166±0.03a	—	0.142±0.03a	—
油酸乙酯	0.450±0.05a	—	0.294±0.05b	—
反-9-油酸(2-苯基-1,3-二氧戊环-4-基)甲酯	0.113±0.04a	—	0.089±0.04a	—
12,15-十八炔酸甲酯	0.079±0.03a	0.241±0.03a	—	—
环丙基十二酸仲辛-甲酯	0.071±0.02a	0.185±004a	—	—
乙酸己酯	—	0.473±0.03a	—	0.108±0.04a
顺-9-油酸-(2-苯基-1,3-二氧戊环-4基)甲酯	—	—	0.087±0.03a	0.075±0.03a
乙基琥珀酸-3-甲丁酯	—	—	2.499±0.04a	0.250±0.04b
其他	—	—	—	—
庚基碳酸甲酯	—	0.312±0.04a	—	—
4-羟基丁酸甲酯	—	—	0.258±0.06a	
辛酸-2-丁酯	—	—	—	0.199±0.03a
13-甲基十四酸乙酯	0.198±0.01a	—	—	—
苯乙酸乙酯	—	0.237±0.05a	—	—
苯乙酸-3-十四酯	—		0.648±0.02a	—
(S)-乳酸乙酯	0.134±0.01a	—	—	—
2,5-十八炔酸甲酯	—	0.218±0.01a	—	—
n-辛酸异丁酯	—	—	0.141±0.03a	—
苯乙酸-3-十五酯	—	—	—	0.183±0.04a
氯乙酸异戊酯	—	—	—	0.208±0.02a

续 表

名称	CK/(mg/L)	S15/(mg/L)	S30/(mg/L)	S100/(mg/L)
丁二酸乙基-3-甲丁酯	—	0.644±0.02b	—	—
(E)-9-油酸乙酯	—	—	3.285±0.02a	—
3-羟基-月桂酸乙酯	—	—	—	0.082±0.02a
十六碳烯酸乙酯	—	—	2.730±0.03a	—
油酸二十酯	—	—	—	0.134±0.04a
己酸-2-甲丁酯	—	—	0.183±0.04a	—
辛酸丙酯	—	—	—	0.412±0.03a

（三）酯类

酒样中酯类共有 106 种，比例最大，为 40.71%。乙酯类是其中最大的一类，大部分是乙醇酯类，为 12 种，而且四种处理中都有，表明乙醇酯是赤霞珠葡萄酒的主要酯类，但不同处理中乙醇酯含量有差异（表 3-16）。CK 中辛酸乙酯、癸酸乙酯、己酸乙酯、十四酸乙酯和棕榈酸乙酯相对较高，分别为 57.149、25.358、8.189、4.680 和4.472 mg/L。S15 中辛酸乙酯最高，为 185.486 mg/L，其次是 S100、S30 和 CK，分别为 171.046、59.416 和 57.149 mg/L。其他酯类都呈现了同样的变化趋势，表明果梗对不同酯类影响不同，其他酯类是相应酒样中的特征酯类。不同酯类在同一种果梗处理中的积累有差异，同一种酯类在不同果梗处理中的差异更明显。

四种处理中均检测到丁酸乙酯、己酸乙酯、庚酸乙酯、辛酸乙酯、琥珀酸二乙酯、乙酸-3-甲基丁酯、2-乙酸苯乙酯、壬酸乙酯、癸酸乙酯、辛酸-3-甲基丁酯、十四酸乙酯、十五酸乙酯、棕榈酸乙酯、己酸异戊酯和癸烯酸乙酯，它们是赤霞珠葡萄酒的特有成分。硬脂酸乙酯和亚砷酸三(三甲基硅)酯在 CK、S15 和 S30 中被检测到，癸酸十四酯在 CK、S15 和 S100 中被检测到，乙基异胆酯和乙酸-2-甲基丁酯在 CK、S30 和 S100 中被检测到；然而，9-十八碳烯酸-(Z)-苄酯、丁内酯、油酸乙酯和反-9-油酸(2-苯基-1,3-二氧戊环-4-基)甲酯只在 CK 和 S30 中被检测到，12,15-十八炔酸甲酯和环丙基十二酸仲辛-甲酯只在 CK 和 S15 中被检测到，乙酸己酯只在 S15 和 S100 中被检测到，乙基琥珀酸-3-甲丁酯和顺-9-油酸-(2-苯基-1,3-二氧戊环-4 基)甲酯只在 S30 和 S100 中被检测到。这些情况表明添加不同比例的果梗会使葡萄酒积累不同种类和浓度的酯，这归根结底是由葡萄果实的成熟度决定的糖酸的种类和含量、发酵过程中不同比例的果梗对发酵条件（如温度、氧气、pH 等）的影响，及陈酿期间酸醇酯之间的相互转化等因素所决定的。

其他酯类在每个处理中都有，但是分布不同。在 S30 和 S100 中分布较多，其次分别是 S15 和 CK，这一结果除了与发酵时加入的果梗比例有关，也与发酵期间多种微生物代谢产生的副产物有关。

酯类主要来源于3种途径：果皮，酵母菌与细菌发酵，酯化合成[27]。葡萄果实中烃类氧化成相应的醇和酸，酸和醇通过酯酶催化成酯，酰基CoA与乙醇形成脂肪酸乙酯，乙酰CoA与高级醇合成乙酸酯，赋予葡萄酒果香和花香，使气味趋于平衡、融合、协调[28-29]。如丁酸乙酯、棕榈酸乙酯和辛酸乙酯具有典型果香味，乙酸苯乙酯具愉悦花香[30]。因此，S15更有利于积累丁酸乙酯和辛酸乙酯，S30更有利于积累棕榈酸乙酯，使葡萄酒香气向更浓厚的方向转化（表3-16）。理论上，每合成一个酯需要一个有机酸和一个醇。S100中没有发现硬脂酸乙酯，证明S100发酵过程中没有产生硬脂酸。丁酸乙酯、己酸乙酯、辛酸乙酯、癸酸乙酯和2-乙酸苯乙酯是新葡萄酒典型特征香气[31]。在本研究中，每个酒样都有琥珀酸二乙酯，含量不高，却为葡萄酒香气特征做出了贡献，这与Etaio等[32]的研究结果一样。

酯类是葡萄酒香气的来源之一，不同来源的酯类香气各具特色。辛酸乙酯具有令人愉快的果香、菠萝、奶香、酒香，有酵母气息，对葡萄酒总体香气不可忽视[33]。本研究中辛酸乙酯含量极高（表3-16），因此，它对葡萄酒香气的贡献明显。己酸乙酯具有青苹果、草莓和茴香气息，是新葡萄酒果香的重要贡献者，低温发酵有利于产生此类香气[25]。癸酸乙酯具水果香并带有舒适醋味；丁酸乙酯阈值很低，具酸水果、草莓和水果等香气，这几种酯类是该地区品种葡萄香气的重要成分。

乳酸酯类源于苹果酸乳酸发酵，具奶品和干果香[10]；琥珀酸酯类源于乳酸菌发酵，赋予葡萄酒清新果香，因阈值很高，故在红酒中不突出[30]；其他酯类，如月桂酸乙酯等，具有香料气息。

（四）烯糖醛酮酚类

如表3-17，四个处理中都有2,4-二叔丁基苯酚和壬醛，它是赤霞珠酒样的特有成分。壬醇氧化成壬醛，进而氧化成壬酮、壬酸。最后全部酯化成壬酸乙酯，所以表3-15中没有壬酸。CK、S15和S100中检测到了2-壬酮和甲基-4-异丙烯基-(S)-环己烯，CK和S15中检测到了苯乙醛，CK和S30中检测到了癸醛，S15和S30中检测到了十二醛和半乳糖醛酸辛糖，表明这些成分与果梗含量和比例有一定关系。S30的壬醇被全部转化成了壬酸乙酯，所以没有检测到壬酮（表3-16和3-17）。其他烯糖醛酮酚类中，CK中的种类最多，S100、S30和S15中种类依次减少，表明烯糖醛酮酚类还与果梗的添加比例有关。如苯乙醛、癸醛、十二醛、十五醛和苯乙烯等在不同酒样中存在差异，源于不同处理引起的不同发酵状况产生的相应醇类浓度的差异。

表3-17　4种葡萄酒中挥发性烯糖醛酮酚类的种类、含量

名称	CK/(mg/L)	S15/(mg/L)	S30/(mg/L)	S100/(mg/L)
2,4-二叔丁基苯酚	2.845±0.02a	5.046±0.04a	3.237±0.02b	1.507±0.01a
壬醛	0.876±0.05a	0.442±0.02b	0.211±0.02a	0.241±0.03a
2-壬酮	0.112±0.04a	0.563±0.03a	—	0.259±0.02a

续 表

名称	CK/(mg/L)	S15/(mg/L)	S30/(mg/L)	S100/(mg/L)
甲基-4-异丙烯-(S)-环己烯	0.096±0.03a	0.794±0.03a	—	0.184±0.04a
苯乙醛	0.129±0.02b	0.564±0.04a	—	—
癸醛	0.271±0.02a	—	0.286±0.02a	—
十二醛	—	0.471±0.03a	0.746±0.02a	—
半乳糖醛酸辛糖	—	0.241±0.02a	0.087±0.03a	—
其他	—	—	—	—
十五醛	—	—	—	0.163±0.02a
苯乙烯	0.222±0.02a	—	—	—
壬烯	—	—	—	0.679±0.02a
4-O-甲基甘露糖	0.249±0.03a	—	—	—

(五) 挥发性烷烃类

每个处理中都有十八甲基环辛硅氧烷、十甲基环戊硅氧烷、十二甲基环己硅氧烷、戊基环丙烷、3-乙基-5-(2-乙丁基)-十八烷、十六甲基环辛硅氧烷、十四甲基环庚硅氧烷(表3-18),它们是赤霞珠葡萄酒中常见的烷烃类。CK、S15和S30中均有3-三甲基十四烷和2,6,10-三甲基十二烷,CK、S15和S100中均有十九烷、六甲基环三硅氧烷和八甲基环四硅氧烷,CK、S30和S100中均有三乙基苯乙氧硅烷,CK和S15中有2-甲基十五烷,S15和S30中有十四烷和十七烷。除此之外,每个处理中也分别检测到了相应的烷烃类,主要列在本表的其他部分里,其中CK中烷烃类最多,为3种,S15、S30和S100中依次检测到2、2、1种。

表3-18 4种葡萄酒中挥发性烷烃类的种类、含量

名称	CK/(mg/L)	S15/(mg/L)	S30/(mg/L)	S100/(mg/L)
十甲基环戊硅氧烷	2.293±0.02a	4.223±0.04a	1.049±0.04a	2.308±0.02a
十二甲基环己硅氧烷	1.887±0.04a	3.245±0.03a	1.247±0.02a	2.118±0.03a
十四甲基环庚硅氧烷	29.490±0.05a	16.398±0.04a	25.626±0.03a	3.240±0.01a
十六甲基环辛硅氧烷	7.716±0.03a	8.905±0.01a	9.120±0.04a	1.130±0.02a
十八甲基-环辛硅氧烷	0.840±0.02a	1.944±0.02a	2.053±0.01a	0.461±0.03a
戊基环丙烷	0.253±0.04a	0.524±0.01a	0.180±0.02b	0.433±0.02a
3-乙基-5-(2-乙丁基)-十八烷	0.065±0.03a	0.304±0.04a	0.108±0.02a	0.134±0.02b
2,6,10-三甲基十二烷	2.527±0.04a	1.785±0.04a	1.222±0.03a	—
3-三甲基十四烷	0.637±0.02a	0.539±0.03a	0.702±0.03a	—

续　表

名称	CK/(mg/L)	S15/(mg/L)	S30/(mg/L)	S100/(mg/L)
十九烷	9.945±0.03b	9.840±0.02a	—	1.667±0.02a
六甲基环三硅氧烷	0.379±0.02a	1.958±0.02a	—	0.476±0.04a
八甲基环四硅氧烷	0.098±0.03b	0.471±0.04a	—	0.120±0.02b
三乙基-(2-苯乙氧基)-硅烷	0.124±0.02a	—	0.122±0.02a	0.266±0.03a
2-甲基十五烷	1.470±0.05a	0.936±0.03a	—	—
十四烷	—	2.046±0.04a	0.560±0.03a	—
十七烷	—	0.701±0.02a	0.275±0.04a	—
其他	—	—	—	—
甲硫基十八烷	—	0.193±0.03a	—	—
2,6-二甲基-十七烷	—	—	0.332±0.03a	—
乙烯基硫代丁烷	—	—	—	0.159±0.02a
4-甲基十四烷	0.234±0.03a	—	—	—
乙氧基戊烷	—	3.360±0.04a	—	—
鲸蜡烷	—	—	7.11±0.04a	—
3-甲基十五烷	0.611±0.04a	—	—	—
乙烯氧基十八烷	0.180±0.05a	—	—	—

(六) 挥发性苯类

CK、S15 和 S30 中有丁庚基苯、戊庚基苯和丁辛基苯，表明并不是果梗越多，越有利于积累苯；丁己基苯在 S15、S30 和 S100 中能检测到，表明丁己基苯的形成需要一定氧气；果梗越多，并不一定有利于丁己基苯形成，丁己基苯的形成需要适宜比例的果梗。丙壬基苯、乙癸基苯、丁壬基苯和丙庚基苯只在 S15 和 S30 中检测到，表明适宜的果梗比例创造的微氧环境有利于它们的积累。其他苯类只在其中一种处理中被检测到，其中 S30 中检测到 4 类，S15 和 S100 中均检测到 1 类(表 3-19)。因此，不同苯类的积累需要不同的环境，这与它们自身的特性有关。

表 3-19　4 种葡萄酒中挥发性苯类的种类、含量

名称	CK/(mg/L)	S15/(mg/L)	S30/(mg/L)	S100/(mg/L)
丁庚基苯	0.233±0.02a	1.816±0.02a	2.081±0.02a	—
戊庚基苯	0.142±0.03a	0.853±0.01a	0.612±0.01a	—
丁辛基苯	0.143±0.02a	0.723±0.01a	0.606±0.01a	—
丁己基苯	—	0.524±0.03a	0.571±0.02a	0.086±0.01a

续　表

名称	CK/(mg/L)	S15/(mg/L)	S30/(mg/L)	S100/(mg/L)
丙壬基苯	—	0.411±0.02b	0.330±0.02a	—
乙癸基苯	—	0.257±0.02a	0.245±0.03a	—
丁壬基苯	—	0.258±0.03a	0.702±0.01a	—
丙癸基苯	—	0.186±0.02a	0.089±0.02a	—
其他	—	—	—	—
甲癸基苯	—	—	0.129±0.03a	—
甲基十一苯	—	—	0.132±0.02a	—
甲基十九苯	—	—	2.039±0.03a	—
十七丙苯	—	1.513±0.01a	—	—
丙辛基苯	—	—	0.549±0.01a	—

赤霞珠葡萄酒中通常都含有甲氧基吡嗪类化合物，适宜浓度的这类物质对葡萄酒典型特征和复杂性有重要贡献，而过量会使葡萄酒有绿果和不成熟等不良果味[33]。甲氧基吡嗪类化合物通过葡萄采收和加工进入葡萄酒，影响葡萄酒风味[34]，硅氧类物质可以平衡甲氧基吡嗪类化合物[33]。本实验葡萄酒经陈酿后，硅氧类物质平衡甚至消除了甲氧基吡嗪类化合物，因此四个处理中均没有检测到甲氧基吡嗪类化合物，使葡萄酒口感更柔和，这也是葡萄酒成熟的标志。

烃类来源于葡萄果实，在发酵过程中其含量显著下降，这主要是由于烃类氧化成相应的醇和酸，继而发生酯化反应[35]。烷烃对葡萄酒香气贡献很小[33]，一些低级六碳烷烃(正己烷和环己烷)，具有轻微汽油味，会带给葡萄酒特殊清香。碳原子数超过 10 的高级烷烃浓度较高时，会有强烈汽油味，但由于沸点高，在葡萄酒中含量少，它们对葡萄酒整体风味影响不大[33]。本实验中只有十九烷浓度较高，不足以影响葡萄酒的整体风味。十四甲基环庚硅氧烷浓度虽然很高，但可以平衡甲氧基吡嗪类化合物[33]，因此，实际上并没有影响葡萄酒风味。

葡萄酒的有机酸一部分来自葡萄，大部分源于酵母发酵[36]，通常表现为不愉快气味。能抑制芳香酯的水解，所以少量有机酸对葡萄酒香气平衡起着重要作用[37]。酯化作用将葡萄酒中的有机酸转化成了酯，导致有机酸的种类和量很少，但是对葡萄酒的风味影响很大。

葡萄中的醛酮类经发酵和陈酿后转化成了酸、酯等[35]。因此，它们的含量和种类显著下降。醛、烯等主要由氨基酸和次生代谢产生，尤其是醛类通过不饱和脂肪酸的酶解产生，具有清香味[38-39]。因此，醛类存在表明葡萄酒酒龄尚短。苯乙醛具杏仁香气，阈值很低，对香味构成有一定贡献。CK 和 S15 中均检出苯乙醛，表明产苯乙醛需要微氧或无氧环境。

苯的衍生物来源于葡萄果实[40]，它们通过次级代谢转变成了脂肪苯，形成了酸、醇、黄酮和芳香苯等[41]。因此，发酵和陈酿减少了葡萄酒挥发性苯类。S100 中没有检测到丁庚基苯、戊庚基苯和丁辛基苯(表 3-19)，除了发酵和陈酿外，这与 S100 引起的高挥发性物质有关。CK 中没有检测到丁己基苯，因为无氧不利于其形成。因此，S30 和 S15 更有利于挥发性苯类的积累。

(七) 感官分析

用已有标准香气物质对 30 位同学进行味感特征辨别分析训练，当辨别偏差小于整体平均值 5%，即训练合格后，随机区组设计不同比例果梗处理的赤霞珠干红葡萄酒样品，用黑色郁金香杯盛放 30 mL，玻璃盖盖严，请 30 位同学进行整体感官分析。分析项目包括外观、香气、口感、结构、典型性等。每样重复两次。结果表明，不同比例果梗处理的赤霞珠干红葡萄酒之间存在感官差异。

表 3-20　赤霞珠葡萄酒品评结果

种类	外观(20 分)	香气(20 分)	口感(40 分)	结构(10 分)	典型性(10 分)	总分(100 分)
CK	13±1.2	15±1.3	32±1.1	6±1.2	5±1.4	71
S15	18±1.3	17±1.4	35±1.2	7±1.4	6±1.2	83
S30	17±1.1	16±1.2	35±1.3	6±1.3	6±1.2	80
S100	13±1.1	15±1.1	30±1.2	4±1.3	5±1.3	67

通过 30 位学生的感官评价和分析，四种不同比例果梗处理的赤霞珠干红葡萄酒都具赤霞珠的典型特征，又具各自的明显个性，这体现在各酒样的香气种类和含量上。通过感官品尝可知，经陈酿后，S15 酒样平衡度最好，口感最柔和，无不良风味；S30 酒样平衡度较好，口感较柔和，有轻微的粗糙感，无不良风味；S100 酒样平衡度较差，微酸，有轻微氧化味；CK 酒样口感微寡淡，无不良风味。总体品尝结果的优劣依次为 S15、S30、CK 和 S100，进一步证明葡萄酒风味与果梗比例有很大关系。

葡萄酒的发酵需要合适的温度、pH、氧气等促进酵母正常活动，释放香气。葡萄酒中杂醇、杂醇乙酯和异位酸等与氨基酸水平密切相关，氨基酸的种类会影响高级醇或酯的比例，导致葡萄酒香气特征差异明显。酵母对氮源代谢会影响香气结构[42]。果梗能够提供来源于生长期通过物质运输从基部运输到果实的氮源，为酵母代谢提供了动力，也为含氮物质的形成提供了基础，也为发酵提供了一定微空间，促进了氧气参与。不同比例果梗对葡萄酒影响效果更明显。所以，果梗保留比例不仅有助于酵母繁殖，还能够促进芳香物质形成和转化，影响葡萄酒风味，S15 的作用最明显。

本实验的测定结果和感官分析表明，不同比例的果梗对赤霞珠干红葡萄酒的香气特征有明显影响。添加不同比例的果梗影响了葡萄酒中的酸类、醇类、酯类、烯糖醛酮酚类、烷烃类、苯类，进而影响了葡萄酒口感。贺晋瑜[1]研究证明，作为葡萄酒“骨架”的酚类物质主要来源于葡萄的果实、果梗、酵母代谢及橡木桶等，直接影响着葡萄酒的香气、口感和色泽。这与本实验中添加不同比例的果梗对葡萄酒香气物质的影响一致，也与添加不同比例的果梗创造的不同的发酵条件(如无氧环境CK、微氧环境S15、一定的有氧环境S30、大量的有氧环境S100)一致，感官分析也进一步证实了这一点。Logan[43]研究表明，果梗颜色的变化不但影响了浆果生理特征和感官特征，而且影响了葡萄酒的风味和香气感官特征，进一步证明，果梗对葡萄酒香气成分和感官特征有重要影响。高丽[44]研究发现，β-葡萄糖苷酶是分解和释放葡萄汁和葡萄酒中无香气的香气前体物的关键酶类，并且检测到霞多丽果梗中的β-葡萄糖苷酶分布规律，表明β-葡萄糖苷酶具有释放果梗中挥发性物质的作用。添加不同比例的果梗能够引入不同含量的β-葡萄糖苷酶，从而调节果梗中挥发性物质的释放。因此，我们添加不同比例果梗的葡萄酒中香气物质种类和含量的差异主要与β-葡萄糖苷酶有关。总之，本实验和前人的研究成果对于如哈密气候炎热、光照强、葡萄成熟较快、风味物质积累不充分的产区来说，发酵期间通过添加果梗调节葡萄酒的风味物质，弥补葡萄酒缺陷，降低因添加辅料提高的成本，对指导生产实践有重要意义。

四、小结

果梗对葡萄酒香气物质的积累很明显。所有香气物质中，酯类的种类最多，达106种，比例最大，为40.71%；其中，CK最多，有28种，含量330.165 mg/L。其次是烷烃类60种，总量为178.455 mg/L，其中CK中的含量最高，为58.865 mg/L。再次是醇类45种，总量1 014.606 mg/L，其中S15中的含量最高，为474.117 mg/L。有机酸的种类和浓度非常少，但是S15中的含量仍然最高，为1.013 mg/L。总体上，S15葡萄酒中每一类香气物质的浓度都相对较高。

感官分析表明，经陈酿后，S15酒样平衡度最好，口感最柔和，无不良风味；S30酒样平衡度较好，口感较柔和，有轻微的粗糙感，无不良风味；S100酒样平衡度较差，微酸，有轻微氧化味；CK酒样口感微寡淡，无不良风味。总体品尝结果的优劣依次为S15、S30、CK和S100，进一步证明葡萄酒风味与果梗比例有很大关系。

因此，添加果梗可以改善葡萄酒香气和口感，提高葡萄酒质量。S15处理是改善哈密产区赤霞珠干红葡萄酒香气特征的最佳选择。

参考文献

[1] 贺晋瑜. 酚类物质对葡萄酒品质的影响[J]. 山西农业科学，2012，40 (10)：1118 - 1120.

[2] Swami U，Rishi P，Soni SK. A non-conventional wine from stem of Syzygium cumini and statistical optimization of its fermentation conditions for maximum bioactive extraction[J]. *International Journal of Food and Fermentation Technology*. 2016,6(1):25 - 34.

[3] Ayyanar M，Subash-Babu P，Ignacimuthu S. Syzygium cumini (L.) Skeels.，a novel therapeutic agent for diabetes：folk medicinal and pharmacological evidences[J]. *Complementary therapies in medicine*. 2013,21(3):232 - 243.

[4] 刘荣刚,全巧玲,施云鹏,姬文刚,李娇娇.新疆哈密地区酿酒葡萄产业现状与发展方向[J].中外葡萄与葡萄酒，2014，2：64 - 66.

[5] Capone DL，Jeffery DW，Sefton MA. Vineyard and fermentation studies to elucidate the origin of 1，8-cineole in Australian red wine[J]. *Journal of Agricultural and Food Chemistry*. 2012，60(9):2281 - 2287.

[6] Hashizume K，Samuta T. Green odorants of grape cluster stem and their ability to cause a wine stemmy flavor[J]. *Journal of Agricultural and Food Chemistry*，1997，45(4)：1333 - 1337.

[7] Spranger I M，Climaco C M，Sun B，Eiriz N，Fortunato C，Nunes A，Leandro M C，Avelar M L，Belchior P A. Differentiation of red wine making technologies by phenolic and volatile composition[J]. *Analytica Chimica Acta*，2004，513：151 - 161.

[8] Hashizume K，tozawa K，Endo M，Aramaki I. S-Adenosyl-L-methionine-dependent O-methylation of 2-hydroxy-3-alkylpyrazine in wine grapes：a putative final step of methoxypyrazine biosynthesis[J]. *Bioscience，Biotechnology，and Biochemistry*，2001，65(4)：795 - 801.

[9] NARDIN G，GAUDIO A，ANTONEL G，SIMEONI P. Impiantistica enologica[M]. Hoepli，Milan (Italy). 2006.

[10] Perestrelo R，Fernandes A，Albuquerque FF，Marques J C，Camara，J D S. Analytical characterization of the aroma of tinta negra mole red wine：identification of the main odorants compounds[J]. *Analytica Chimica Acta*，2006，563 (1 - 2)：154 - 164.

[11] Miljić U，Puškaš V，Vučurović V，Razmovski R. Acceptability of wine produced with an increased content of grape seeds and stems as a functional food[J]. *Journal of the Institute of Brewing*，2014，120(2)：149 - 154.

[12] Kambiranda D，Basha S M，Singh R K，He H，Callvin K，Mercer R. In depth proteome analysis of ripening muscadine grape berry cv. Carlos reveals proteins associated with flavor and aroma compounds[J]. *Journal of Proteome Research*，2016，15(9)：2910 - 2923.

[13] 李华. 小容器酿造葡萄酒[J]. 酿酒科技，2002，4：70 - 74.

[14] Tao Ys，Liu Yq，Li H. Sensory characters of Cabernet Sauvignon dry red wine from Changli

county (China) [J]. *Food Chemistry*, 2009, 114(2): 565 - 569.

[15] Soto Vàzquez E, Rio Segade S, Orrioss Fernaneez I. Effect of the winemaking technique on phenolic composition and chromatic characteristics in young red wines[J]. *European Food Research and Technology*, 2010, 231(5): 789 - 802.

[16] 陶永胜,朱晓琳,文彦.瓶贮赤霞珠干红葡萄酒香气特征的演变规律[J].中国食品学报, 2012, 12(12): 167 - 172.

[17] Djegui Yk, Kayoee A P P, Dossou J, Hounhouigan, J. D. Evaluation of the simultaneous effects of a heat stabilized starter concentration and the duration of fermentation on the quality of the opaque sorghum beer[J]. *African Journal of Biotechnology*, 2016, 15(39): 2176 - 2183.

[18] Luchian Ce, Cotea Vv, Colibaba Lc, Zamfir C, Codreanu M, Niculaua M, Patras, A. Influence of nanoporous materials on the chemical composition of merlot and cabernet sauvignon wines[J]. *Environmental Engineering & Management Journal*, 2015, 14(3): 519 - 524.

[19] Styger G, Jacobson D, Prior Ba. Bauer F F. Genetic analysis of the metabolic pathways responsible for aroma metabolite production by saccharomyces cerevisiae [J]. *Applied Microbiology and Biotechnology*, 2013, 97(10): 4429 - 4442.

[20] 黄宏慧,周锡生,覃民扬,王佩红,苏向东,梁菊林. 野生山葡萄酒杂醇油含量偏高的原因及对策[J].中外葡萄与葡萄酒, 2002, 2: 55 - 56.

[21] 王娟娟. 葡萄酒中杂醇油分析[J]. 酿酒科技, 2011, 10: 101 - 102.

[22] Vilanova M, Martinez C. First study of determination of aromatic compounds of red wine from Vitis vinifera cv. Castanal grown in Galicia (NW Spain)[J]. *European Food Research and Technology*, 2007, 224(4): 431 - 436.

[23] Rocha S M, Rodrigues F, Coutinho P, Delgadillo I, Coimbra M A. Volatile composition of baga red wine: assessment of the identification of the would-be impact odourants[J]. *Analytica Chimica Acta*, 2004, 513(1): 257 - 262.

[24] Boido E, Lloret A, Medina K, Farina L, Carrau F, Versini G, Dellacassa E. Aroma composition of vitis vinifera cv. tannat: the typical red wine from uruguay[J]. *Journal of Agricultural & Food Chemistry*, 2003, 51(18): 5408 - 5413.

[25] Bao J, Zhang Z W. Volatile compounds of young wines from Cabernet Sauvignon, Cabernet Gernischet and Chardonnay varieties grown in the Loess Plateau region of China[J]. *Molecules*, 2010,15 (12): 9184 - 9196.

[26] Zhang M, Xu Q, Duan C, Qu W, Wu Y. Comparative study of aromatic compounds in young red wines from Cabemet Sauvignon, Cabemet Franc, and Cabemet Gemischet varieties in China [J]. *Journal of Food Science*, 2007,72 (5): 248 - 252.

[27] Zhr F, Du B, Ma Y, Li J. The glycosidic aroma precursors in wine: occurrence, characterization and potential biological applications[J]. *Phytochemistry Reviews*, 2017,16(3): 565 - 571.

[28] Taillandier P, Lai Q P, Julien-Ortiz A, Brandam C. Interactions between torulaspora delbrueckii and saccharomyces cerevisiae in wine fermentation: influence of inoculation and nitrogen content [J]. *World Journal of Microbiology and Biotechnology*, 2014, 30(7): 1959 - 1967.

[29] 张晓,张振文.黑比诺干红葡萄酒芳香物质的定性分析[J]. 西北农业学报, 2007, 16

(5), 214 - 217.

[30] 李华. 葡萄酒品尝学[M]. 北京:科学出版社, 2006, 32 - 33.

[31] Lukic I, Jedrejcic N, Ganic K K, Staver M, PersuricĐ. Phenolic and aroma composition of white wines produced by prolonged maceration and maturation in wooden barrels[J]. *Food Technology and Biotechnology*, 2015, 53(4): 407 - 418.

[32] Etaio I, Albisu M, Ojeda M, Gil P F, Salmeron J, Elortondo F P. Sensory quality control for food certification: A case study on wine. Panel training and qualification, method validation and monitoring[J]. *Food control*, 2010,21(4): 542 - 548.

[33] Botezatu A, Pickering G J. Application of plastic polymers in remediating wine with elevated alkyl-methoxypyrazine levels[J]. *Food Additives & Contaminants: Part A*, 2015, 32(7): 1199 - 1206.

[34] Mozzon M, Savini S, Boselli E, Thorngate J H. The herbaceous character of wines [J]. *Italian Journal of Food Science*, 2016, 28(2): 190 - 207.

[35] 宋慧丽,韩舜愈,蒋玉梅,陈彦雄, 祝霞 . 河西走廊地区赤霞珠干红葡萄酒中的香气成分分析[J].食品科学, 2009, 30(10): 257 - 260.

[36] 胡博然,杨新元,汪志君,李华.贺兰山东麓地区葡萄酒香气成分分析研究[J].农业机械学报, 2005, 36 (12): 87 - 90, 113.

[37] Viana F, Gil J V, Genoves S, Valles S, Manzanares P. Rational selection of non-Saccharomyces wine yeasts for mixed starters based on ester formation and enological traits [J]. *Food Microbiology*, 2008, 25(6): 778 - 785.

[38] Aleixandre M, Santos J P, Sayago I, Cabellos J M, Arroyo T, Horrill O M C. A wireless and portable electronic nose to differentiate musts of different ripeness degree and grape varieties[J]. *Sensors*, 2015, 15(4): 8429 - 8443.

[39] Ruther J. Retention index database for identification of general green leaf volatiles in plants by coupled capillary gas chromatography-mass spectrometry[J]. *Journal of Chromatography A*, 2000, 890(2): 313 - 319.

[40] De L G, Squadrito M, Brancadoro L, Scienza A. Zibibbo nero characterization, a red-wine grape revertant of muscat of alexandria[J]. *Molecular Biotechnology*, 2015, 57(3): 265 - 274.

[41] Lorrain B, Ky I, Pechamat L, Teissedre P L. Evolution of analysis of polyhenols from grapes, wines, and extracts[J]. *Molecules*, 2013, 18(1): 1076 - 1100.

[42] Rodriguez-Palero M J, Fierro-Risco J, Codon Ac, Benitez T, Valcarcel M J. Selection of an autochthonous saccharomyces strain starter for alcoholic fermentation of sherry base wines[J]. *Journal of Industrial Microbiology & Biotechnology*, 2013, 40(6): 613 - 23.

[43] Logan S. Research review: What's the world doing in grape and wine research? Part 1 [J]. *Wine & Viticulture Journal*, 2014, 29(2): 15 - 22.

[44] 高丽. 葡萄(霞多丽)浆果中糖苷酶分布的研究[D].咸阳:西北农林科技大学, 2007.

第五节　橡木屑与葡萄酒

为研究橡木屑陈酿对发酵后赤霞珠皮渣浸渍过的巨峰葡萄酒品质的影响，以不采用橡木屑陈酿的巨峰葡萄酒为对照，以橡木屑陈酿的巨峰葡萄酒为研究对象。16 天期间，采用分光光度计法每 2 天测量一次酒中色度、色调、总酚，用 $KMnO_4$ 滴定法测定单宁含量等理化指标，其次采用电子舌和感官品评分析橡木屑浸渍后的巨峰葡萄酒与原酒之间的差异。结果表明，经过橡木屑陈酿后第一次浸渍、第二次浸渍，实验原酒第一次浸渍、第二次浸渍的巨峰葡萄酒色度分别为 3.21、3.02、4.46、3.71，色调为 0.73、0.68、0.97、0.72，单宁含量为 1 601.5 mg/L、1 517.3 mg/L、337.2 mg/L、115.6 mg/L，总酚含量为 277.67 mg/L、222.1 mg/L、64 mg/L、79.8 mg/L，通过电子舌分析，陈酿前后巨峰葡萄酒的 DI 值达到 90 以上，且重叠性较好。表明经过橡木屑陈酿后第一次浸渍的巨峰葡萄酒单宁和总酚含量最高，且与实验原酒差异较大。

一、背景

赤霞珠是一种广适性品种，原产于法国波尔多地区，环境适应性强。香格里拉产区位于世界自然遗产“三江并流”核心区澜沧江、金沙江河谷地带，海拔高达 1 700～2 800 m。该产区海拔较高、紫外线较强，有利于赤霞珠果实花色苷和黄酮类的积累[1]，因此促进了葡萄酒中总酚和单宁含量积累[2]。发酵后的赤霞珠皮渣仍然残留丰富的色素和多酚物质，尤其是香格里拉晚收赤霞珠生长期长、酚类物质多，果皮中含有花色素、白藜芦醇和黄酮等物质，这些物质通过皮渣浸渍工艺逐渐转移到葡萄酒中，影响葡萄酒的感官特性[3]，因此具有较高的应用价值。

巨峰葡萄，属于欧美混合品种，产自日本，1959 年进入中国，目前在中国地区已经大面积种植，成为深受果农欢迎的葡萄品种。葡萄果实中含有人体必需的微量元素，可溶性固形物为 16%～18%，酸度 6～8 g/L，皮厚、多汁，带有清新的花香和果香，因此适合酿造葡萄酒[4]。巨峰葡萄酒营养丰富，但是也存在酒体颜色浅、结构单一的问题，导致巨峰葡萄酒在颜色和口感上存在一定缺陷。发酵后的赤霞珠皮渣拥有丰富的多酚物质，用它来浸渍巨峰葡萄酒，可以增强巨峰葡萄酒酒体结构感和颜色。因此，改良巨峰葡萄酒的颜色和结构，对开发新产品，满足市场需求有重要意义[5]。

浸渍可在发酵前或发酵后进行。采用发酵结束后的赤霞珠皮渣浸渍巨峰葡萄酒，可以提高皮渣的利用率、增强巨峰葡萄酒的颜色、丰富巨峰葡萄酒的风味物质。干红葡萄酒陈酿期间的浸渍是影响葡萄酒品质的一个重要因素，橡木屑中含有的单宁、花色苷等复杂的多酚物质被浸出，木质素和半纤维素解聚浸入酒体，对巨峰葡萄酒品质的提高至关重要[6]。因此，使用橡木屑浸渍巨峰葡萄酒，不但能够提高巨峰葡萄酒的结构感，而且与橡木桶和橡木片相比，能够降低成本。

橡木屑是制作橡木桶后剩余的废料。橡木屑中的酚类物质进入葡萄酒中可以促进葡萄酒中单宁聚合物含量和聚合度的增加[7]。因此，研究橡木屑对赤霞珠皮渣浸渍的巨峰葡萄酒品质的影响具有较高的价值。一方面可使巨峰葡萄酒吸收赤霞珠皮渣中的多酚物质，增强巨峰葡萄酒的颜色和口感；另一方面，橡木屑浸渍可让巨峰葡萄酒拥有特殊的口感。

Smart Tongue 型电子舌类似人类的舌头，具有灵敏性，可通过 6 个传感器模仿人的味蕾对样品进行分析、识别和判断，实现对样品不同组分做出判断。PCA 是一种主成分分析技术，能把指标转化为少数或几个综合指标。DI 值可用来区分不同组分的差异程度。

橡木储酒至今已有几千年的历史。橡木桶能改善葡萄酒质量，是决定具有陈酿潜力葡萄酒质量的关键之一。目前，国内在橡木制品选择及不同橡木制品对葡萄酒感官质量影响方面的研究尚处于初步阶段[8]，运用橡木制品来改良巨峰葡萄酒还有很多可以补充的地方。在陈酿过程中，葡萄酒会和橡木制品反应，使葡萄酒具有复杂的风味，质量更好。

徐盛燕等[9]研究发现，橡木的种类、橡木桶大小和烘烤程度对葡萄酒的口感特征和挥发成分有重要影响。其次，橡木桶表面上的微小气孔，使微弱的氧气进入酒中与葡萄酒发生氧化作用，经过浸渍和自然澄清过程，能增强葡萄酒的稳定性和颜色。刘霞等[10]指出，陈酿可以降低花色苷含量以及色调、色度值，同时也可以提高葡萄酒中总酚和单宁含量。田文等[11]在实验中发现，从橡木内酯的含量上来说，没有焙烤过的橡木片对赤霞珠葡萄酒橡木香气的影响作用是美国>法国>中国。中国橡木经过烘烤可以增加橡木香气，但是相对于美国橡木和法国橡木还有较大的差异，能增强巨峰葡萄酒的稳定性和香气成分。

国外用橡木陈酿葡萄酒的研究很多。大部分是对美国和法国橡木的研究，也有一部分是关于赤霞珠和巨峰葡萄的研究。袁莉等[12]在巨峰和赤霞珠的新鲜果皮中分别发现了 23 种和 16 种花青素，表明赤霞珠和巨峰葡萄果皮中花青素含量丰富，是酿酒的优良品种。勒格罗塔列等[13]研究橡木片的大小和烘烤度对葡萄酒中糖苷-乙酰基甘氨酸成分的影响发现，使用橡木碎片时单宁的含量较高。拉斐尔·舒马赫等[14]研究橡木片对美乐葡萄酒挥发性成分和感官特性的影响发现，橡木不同，会导致葡萄酒中挥发酚、香兰素和橡木内脂也存在差异。因此，用发酵后赤霞珠皮渣浸渍巨峰葡萄酒，使巨峰葡萄酒拥有丰富的花青素，再经橡木屑浸渍巨峰葡萄酒，能提高巨峰葡萄酒中单宁的含量。

通过浸渍作用，发酵后赤霞珠皮渣中的多酚物质和香气成分可以被巨峰葡萄酒吸收，一方面能改善巨峰葡萄酒品质，另一方面能使赤霞珠皮渣得以合理利用，减少浪费。用赤霞珠皮渣浸渍可以增加巨峰葡萄酒的酚类、单宁等，再经橡木屑陈酿，在较短的时间内赋予巨峰葡萄酒协调的酒体、稳定的颜色和丰富的香气，获得完整的感官质量。随着经济的发展，橡木陈酿葡萄酒被大多数人接受，了解到橡木在酿造葡萄酒过程中的好处及木屑陈酿对改善葡萄酒质量的重要性。橡木与酒之间缓慢的氧化反应能够使巨峰葡萄酒添色增香、口味醇厚[15]。

发酵后的赤霞珠皮渣浸渍巨峰葡萄酒，能够增强巨峰葡萄酒的颜色和口感，但是也带来了粗糙感等缺陷；橡木屑能够改善葡萄酒的粗糙感，因此，本课题的主要目标是将橡木屑添加到巨峰葡萄酒中，改善巨峰葡萄酒的粗糙感，开发出适应市场需要的色泽和口感更好的巨峰葡萄酒新产品，提高巨峰葡萄酒市场份额，使产品多样化，满足消费者的需求。

二、材料与方法

（一）材料

1. 实验材料

香格里拉发酵后赤霞珠皮渣先后浸渍过的巨峰葡萄酒、橡木屑。

（二）方法

1. 原酒酿造

2017 年 6 月 25 日，将楚雄本地的巨峰葡萄用传统工艺酿制成原酒。市场购买的巨峰葡萄→除梗、破碎→加果胶酶、SO_2→酒精发酵→倒罐→压榨→皮渣分离→原酒→储存。

2. 皮渣浸渍

2017 年 12 月初，采用香格里拉晚收赤霞珠发酵后的皮渣第一次浸渍巨峰葡萄酒，7 天后取出皮渣，第二次浸渍另一罐巨峰葡萄酒，浸渍时间同样为 7 天，获得实验用酒。

3. 橡木屑陈酿处理

2017 年 12 月 28 日，将第一浸渍和第二次浸渍后的巨峰葡萄酒分别装入 750 mL 的酒瓶中储存。2018 年 4 月 28 日分别放入 400 mg 橡木屑。

4. 陈酿期的指标测定

加橡木屑前，分别测量第一次浸渍和第二次浸渍后巨峰葡萄酒的基本理化指标。各项理化指标都在国家标准范围内。

采用斐林试剂滴定法测定还原糖含量；电位滴定法测滴定酸含量；附温比重瓶测量

酒精度和干浸出物；碘量法测总 SO_2 和游离 SO_2 的含量。

室温陈酿 15 天，陈酿期间做如下实验：

每隔 2 天测量一次单宁（$KMnO_4$ 滴定法）、色度、色调（两者都采用分光光度计法）和总酚（福林酚法）。

5. 电子舌数据处理

在加橡木屑前用电子舌进行原酒的主成分和判别因子分析，在橡木屑陈酿中期和陈酿结束后分别再测量一次，测量后整理数据，根据图形进行分析。

6. 感官品评

陈酿 15 天以后请具有品酒师中级证书的 10 位同学帮忙品尝，给出评价和分数，确定感官特征。

7. 数据处理

基本理化指标、单宁、色度、色调、总酚的数据用 Excel 2010 处理，电子舌数据直接用电子舌进行分析。

三、结果

（一）原酒基本理化指标

根据表 3-21 数据可知，经过香格里拉晚收赤霞珠皮渣先后浸渍过的两款巨峰葡萄酒各项基本理化指标都在国家标准范围内，属于无病害、合格的葡萄酒产品，所以两款酒指标正常，可以直接添加橡木屑进行陈酿处理。

表 3-21 原酒基本理化指标

	还原糖/(g/L)	滴定酸/(g/L)	酒精度/%	干浸出物/(g/L)	游离 SO_2/(mg/L)	总 SO_2/(mg/L)
第一次浸渍	3.5±0.2	5.925±0.3	12.01±0.6	24.2±0.4	5.4±0.2	23.7±0.6
第二次浸渍	3.0±0.1	6.45±0.2	11.78±0.8	23.4±0.2	4.8±0.1	22±0.4
GB 15037—2006	≤4.0	—	≥7.0	≥18.0	—	—

（二）橡木屑处理对巨峰葡萄酒的影响

1. 橡木屑对单宁含量的影响

葡萄酒中的单宁大多数来源于葡萄果皮，少数出自葡萄籽和橡木屑；劣质的单宁会使年轻葡萄酒中苦涩优质的单宁随着酒熟和橡木陈酿变得柔和[16]；葡萄酒在陈酿过程中乙醇含量上升，会导致葡萄酒颜色下降，单宁含量随之升高，最终单宁的苦涩和粗糙会逐渐变得柔和[17]。

从图 3－12 中可以看出，未经过橡木屑陈酿的巨峰原酒单宁含量基本未发生变化。加入橡木屑之前，第一次浸渍葡萄原酒中单宁含量为 338.2 mg/L，用过滤的皮渣再次浸渍的葡萄酒中单宁含量为 116.4 mg/L。随着陈酿时间的增长，橡木屑陈酿的两款巨峰葡萄酒中的单宁含量都呈上升趋势，陈酿前 3 天，第一次浸渍葡萄酒中的单宁含量比第二次浸渍的葡萄酒上升快，且在经过 15 天陈酿后两款酒中的单宁含量达到最大，研究结果与杨艳彬等[18]相同。

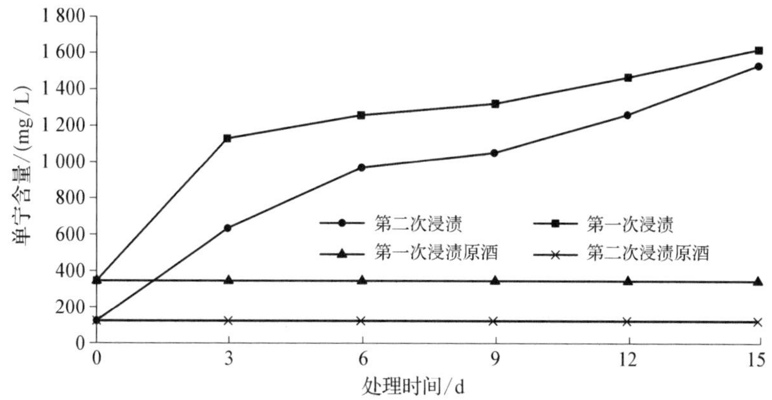

图 3－12　橡木屑陈酿对单宁的影响

增加的单宁含量主要是来自橡木屑中的单宁；实验所用的两款酒都处于年轻阶段，单宁会通过解聚被萃取出来，进入巨峰葡萄酒中[6]，巨峰葡萄酒中增加的单宁一方面会带来苦涩味，另一方面随着陈酿时间的逐渐增加，能够增强巨峰葡萄酒的结构感，使口感更加柔和，改善巨峰葡萄酒的质量。

2. 橡木屑对色度的影响

当消费者购买一款酒的时候，首先会观察葡萄酒颜色，所以色度对葡萄酒的影响很重要。色度主要由单宁、酚类物质和花色苷决定[19]。

由图 3－13 可看出，未经陈酿的巨峰葡萄酒色度未发生变化，橡木屑陈酿后两款酒的色度均随着陈酿时间增长呈下降趋势，在未处理之前第一次浸渍葡萄酒的色度比较高，为 4.58，因为香格里拉晚收赤霞珠发酵后的皮渣中色素和多酚类物质含量丰富[2]，导致色素大多数溶解到第一次浸渍葡萄酒中，所以第一次浸渍的巨峰葡萄酒色度比较高。在陈酿的前 9 天两款酒的色度都呈平缓下降趋势，且在第 9 天的时候色度达到最低，主要是因为橡木屑中的单宁和花色苷相互作用，使酒中色素含量下降[24]；而第 9 天以后两者的色度波动不大，都呈缓慢上升趋势，而梁迎萍等[20]主要研究的是不同陈酿方式对单宁含量的影响，单宁含量也是相对增加的。

整体而言，此次实验陈酿时间短，导致后面的变化情况复杂，在延长陈酿时间的情况下，会导致色度随着陈酿时间而下降，当下降到一定范围后又会随着陈酿时间缓慢上升，最后会趋于稳定[24]。所以，橡木屑对色度的影响一般表现在需要长时间储存、具有陈年潜力的葡萄酒中。

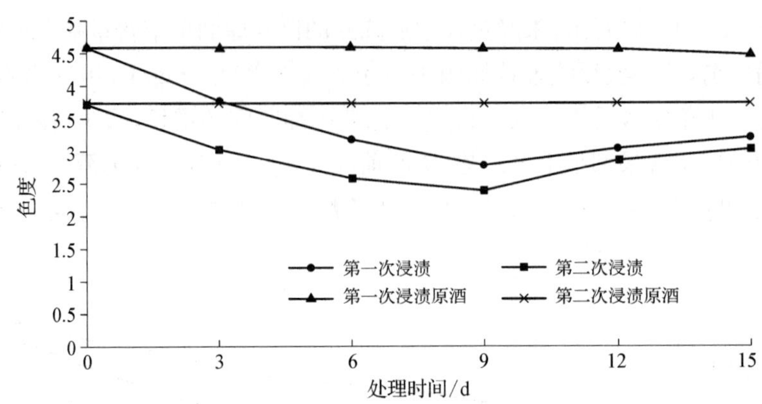

图 3-13 橡木屑对色度的影响

3. 橡木屑对色调的影响

色调可以指示葡萄酒成熟度，年轻干红葡萄酒中由于花色苷作用酒体呈紫色色调，但随着葡萄酒的成熟，花色苷与单宁等物质结合，紫色逐渐消失，而增加黄色色调，最终变成砖红色[21]。

根据图 3-14 可知，未经橡木屑陈酿的巨峰葡萄酒色调在 15 天之内没有变化。在陈酿前 9 天，两款经浸渍的酒的色调都随陈酿时间呈直线下降趋势，且第 9 天时达到最低，主要原因是葡萄酒中的游离花色苷与透过天然塞的氧气迅速氧化，导致葡萄酒中紫色色调迅速下降[24]；第 9 天以后再次上升是因为橡木中浸出的物质优先与氧气反应，避免了花色苷被氧化，这时花色苷处于比较稳定的状态，所以色度趋于平缓。与杨艳萍等[20]研究相比，研究结果差异不明显。

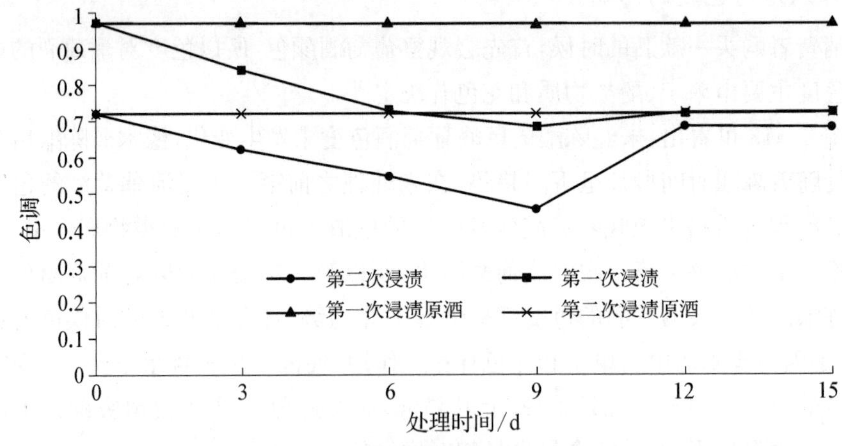

图 3-14 橡木屑对色调的影响

4. 橡木屑对总酚含量的影响

运用五倍子酸分别配制成 0 mg/L、50 mg/L、100 mg/L、150 mg/L、250 mg/L、500 mg/L的标准溶液，配制成后在 765 nm 波长下测量吸光值，并绘制标准曲线。

根据图 3－15 可知，标准曲线的方程为 $y=0.0009x+0.0251(R^2=0.9957)$，测得样品的吸光值，后根据标准曲线求出样品总酚含量。

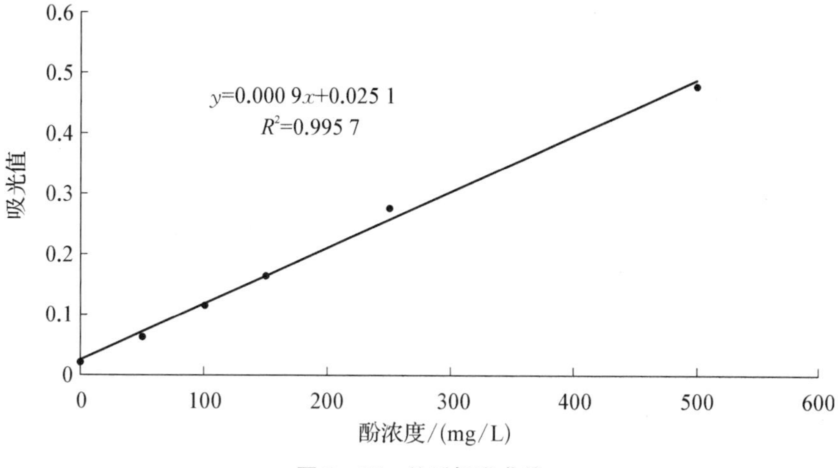

图 3－15　总酚标准曲线

酚类物质是决定葡萄酒结构、口感和风味物质的重要因素，葡萄酒的酚类物质含量丰富会给葡萄酒带来色泽、香气和口感方面的优势[22]。葡萄不同，总酚含量也不同，葡萄酒中的酚类物质对葡萄酒的香气成分和酒体都会产生显著的影响，而且经过带皮发酵的葡萄酒总酚含量相对较高。

从图 3－16 中可以看出，未经橡木陈酿的巨峰葡萄酒在 15 天之内总酚含量基本不发生变化。随着陈酿时间的延长，总酚含量也随着增加。在陈酿时间 13 天的时候，经浸渍的两款酒的总酚含量相同。主要原因是多酚物质被溶解出来，微弱氧气透过天然塞进入酒瓶中，将酚类物质氧化分解，聚合物基本保持平衡状态[23]。焦红如等[23]研究结果显示，总酚含量随着陈酿时间先下降再上升最后趋于平缓。双方研究结果差异的主要原因是陈酿橡木种类不同、葡萄品种不同和陈酿时间不同。

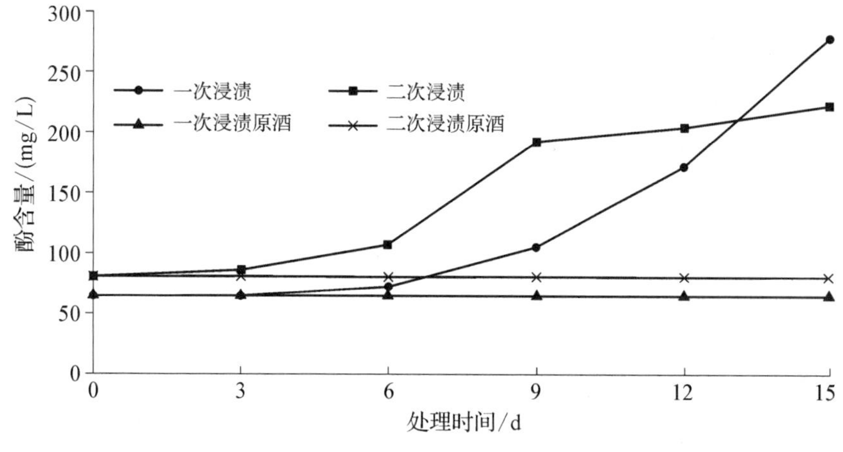

图 3－16　橡木屑对总酚的影响

(三) 电子舌技术

1. 主成分分析

舌头具有很高的灵敏性，通过品尝能够对香气成分做出判断；电子舌是通过传感器模仿人的舌头，采用多元统计的方法分析数据，得出数据、图形和模型的分析检测技术。

图 3－17 是运用电子舌分析出的 PCA 结果图。在巨峰葡萄酒陈酿 15 天期间，分别用电子舌测量了三次。从图 3－17 可知，未加入木屑时，两款酒的 DI 值达到 99.13，表明两款酒的差异比较大，但随着陈酿时间的增加，主体成分 DI 逐渐下降，PC 的百分含量也随着下降，表明两款酒的差异在减小，主要是因为在陈酿过程中橡木屑中的单宁、酚类被萃取出来，进入酒中，对酒的感官特性产生一定的影响，最终使第二次浸渍的葡萄酒也得到较大改善。经过橡木屑陈酿后的巨峰葡萄酒 6 个传感器测量出来的指标都越来越接近，表明经过橡木陈酿后巨峰葡萄酒的感官特性趋于均衡，口感更柔和。

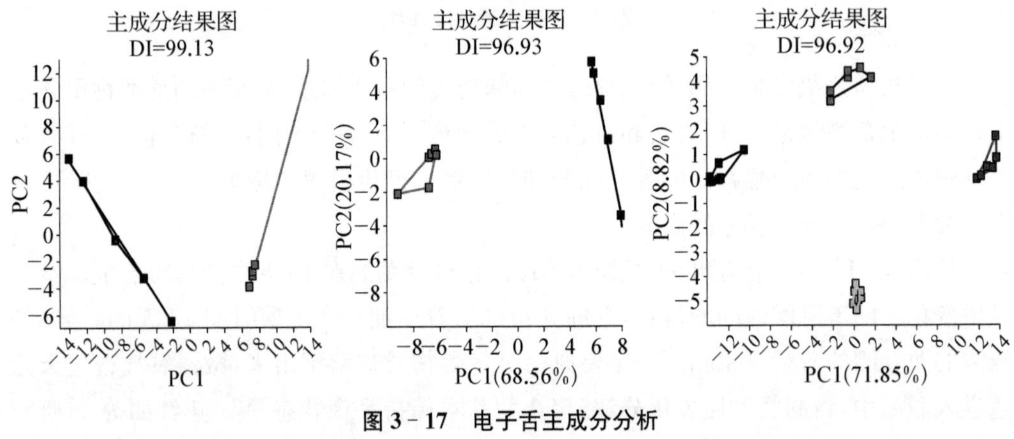

图 3－17　电子舌主成分分析

2. 因子分析

判别因子分析指的是运用局部几个因子去描述其他众多因子之间的联系，运用局部反映整体的信息，根据数据的重叠性判别酒样之间的差异。

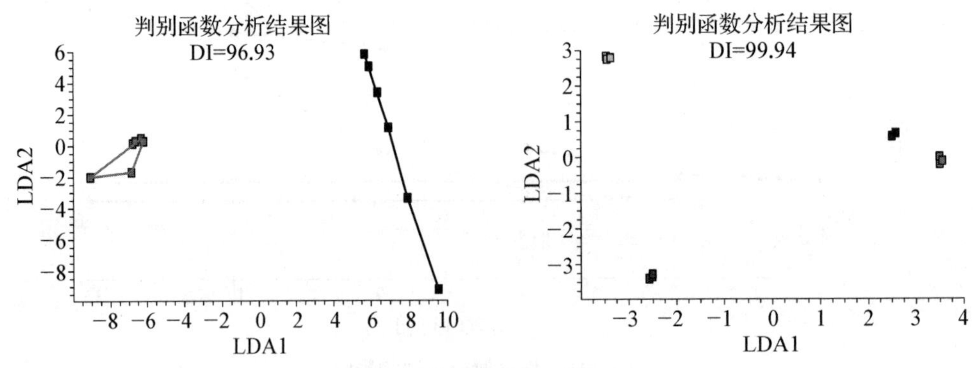

图 3－18　电子舌因子分析

根据图 3－18 可知，橡木屑浸渍前后巨峰葡萄酒的 DI 值从 99.93 升到 99.94，而且随着陈酿时间的增长 DI 值在增加，当陈酿 15 天以后重叠性更好，表明随着陈酿时间的延长，酒体的差异更加明显。

(四) 感官品评

葡萄酒的色、香、味是确定葡萄酒感官质量的重要因素。感官品评分为视觉、嗅觉和味觉三个方面，分别从葡萄酒色、香、味进行分析、评价。通过感官品评，再用言语描述，可以赋予酒优雅的魅力。

表 3－22 是根据同学们对 4 种巨峰酒样品评给出的评语整理出来的表。

根据表 3－22 可知，经过橡木屑陈酿第一次浸渍的巨峰葡萄酒评分最高，更受大家喜欢。表 3－23 显示，就色泽而言，第二次浸渍的巨峰葡萄酒陈酿前后两款酒都比较暗淡，而第一次浸渍的巨峰葡萄酒颜色鲜艳透亮，是因为在发酵和陈酿过程中蛋白质和部分酚类物质结合[25]，而且随着橡木屑陈酿时间延长，巨峰葡萄酒紫色色调减少，黄色色调增多[21]；经过第二次浸渍的甚至出现酸腐味是由于氧气进入酒中，酒体氧化。

表 3－22　巨峰葡萄酒品评结果

	颜色(20 分)	香气(20 分)	口感(40 分)	结构(10 分)	典型性(10 分)	总分(100 分)
二次浸渍原酒	10.0±1.2	12.0±1.1	30.0±1.2	6.5±0.2	4.5±0.2	63.0±0.3
一次浸渍原酒	16.5±1.1	14.0±1.1	33.0±1.6	7.0±0.2	5.0±0.2	75.5±0.3
二次浸渍陈酿	15.5±1.3	16.5±1.4	32.5±1.3	7.5±0.3	6.5±0.1	78.5±0.1
一次浸渍陈酿	18.5±1.2	17.5±1.3	35.0±1.1	8.0±0.1	7.0±0.1	86.0±0.2

表 3－23　巨峰葡萄酒品评结果

	评语
原酒二次浸渍	浅砖红色，酒体浑浊，少许果香，酸腐味氧化味严重，口感生硬
原酒一次浸渍	宝石红，澄清透明，香料味，酸度高，结构感一般，回味较长
处理二次浸渍	砖红色，暗淡无光，果香和花香，欠醇厚，酒体粗糙，结构单薄，典型性一般
处理一次浸渍	紫红色，清澈透亮，果香浓郁，口感柔和，偏酸，构架均匀，典型性适中

根据图 3－12，单宁含量随陈酿时间的延长而增加，当单宁含量达到 1 600 mg/L 时，曲线趋于平缓，与刘霞等[24]的研究相比，单宁含量相差较大，他们的赤霞珠干红葡萄酒中单宁含量达到 2 200 mg/L，原因主要有两方面，一方面是葡萄品种。本实验采用的是巨峰鲜食葡萄，而刘霞采用的是赤霞珠酿酒葡萄，赤霞珠具有优良的酿酒优势，果皮酚类物质含量丰富、不易腐烂、适合陈酿；另一方面是橡木的种类。橡木种类和添加量不同，橡木内脂、香草醛、丁子香氛等含量不一样，在陈酿葡萄酒时产生的效果也不同。此次实验添加量为 400 mg/L，而刘霞实验的添加量作用效果最好的为 10 g/L。

根据图 3－13 和 3－14，色度和色调都随着陈酿时间先下降，陈酿 9 天以后再次上升，此次实验橡木屑浸渍对色度和色调的影响不显著，主要是因为陈酿时间短，橡木陈酿一般用于具有陈酿潜力的葡萄酒，巨峰葡萄酒虽采用了发酵后赤霞珠皮渣进行浸渍，但皮渣已经过发酵，色素和酚类物质残留量有限，所以陈酿对色度和色调的影响不明显。

红葡萄酒中的酚类物质主要包括色素和单宁。从结果中可以看出，单宁和色素都大体呈上升趋势，导致3-16总酚含量也相应上升。陈酿第13天两款酒的总酚含量相同，15天以后第一次浸的酒的总酚渍趋于平缓，而第二次浸渍的酒的总酚，继续呈上升趋势，因为第一次浸渍吸收了赤霞珠皮渣中的较多成分，具备了赤霞珠陈酿优势的部分特点，导致第一次浸渍溶解橡木屑中的酚类物质迅速，而第二次浸渍吸收得较缓慢。

根据图3-17和图3-18可知，经过橡木屑陈酿后的巨峰葡萄酒DI值差异较明显，说明通过橡木陈酿的两款酒之间的差异比较明显。苏伟等[26]直接采用SPSS和Origin数据降维并分析绘图，反映了糯米酒的鲜味、酸味、苦味、涩味之间的差异；而本研究是直接采用电子舌的主成分和因子分析图进行分析，与苏伟等的研究相比，操作比较简便。

而感官品评方面，由于实验原酒本身存在差异，再经橡木屑处理差异更加显著。原酒采用的是经过发酵后的香格里拉晚收赤霞珠皮渣浸渍过的巨峰葡萄酒，因为优先浸渍原则，会从橡木屑获得较多的有效成分，所以第一次浸渍的巨峰葡萄酒的色泽和酚类物质比第二次浸渍的高，最终第一次浸渍的巨峰葡萄酒在色泽和口感方面都比二次浸渍的好。

因此，经过橡木屑陈酿的巨峰葡萄酒与未经陈酿的相比，在理化指标和感官特性方面都发生了一定变化，此次实验时间较短，所以理化指标方面表现出来的变化趋势不显著，而感官特性方面差异比较明显。在陈酿期间单宁和总酚都呈上升趋势，与预期结论一致。色度和色调呈下降趋势，与预期结果部分有差异，主要是因为陈酿时间短，通常陈酿30天，酒中的色度基本不再发生变化，而色调在陈酿15天后出现转折，开始上升，当陈酿90天以后又会呈下降趋势。

四、小结

通常葡萄酒的陈酿时间长达3个月，此次实验只进行了15天，但经过橡木屑陈酿后第一次浸渍的巨峰葡萄酒中单宁为1 601.5 mg/L、总酚为277.67 mg/L、色度为3.21、色调为0.72。就风味物质而言，通过橡木屑陈酿后的巨峰葡萄酒不仅颜色更亮丽、口感更丰满柔和，比未经过橡木屑陈酿的巨峰葡萄酒品质提升了好多，而且经过电子舌分析，橡木屑陈酿后的两款巨峰葡萄酒差异都较明显。所以经过赤霞珠皮渣浸渍过的巨峰葡萄酒再经橡木屑陈酿能够改良巨峰葡萄酒的品质，缩短葡萄酒的陈酿时间，对开发新产品、满足市场需求有重要价值。

参考文献

[1] 段长青.云南德钦赤霞珠葡萄酿酒品质的风格特点[J].酒世界,2015,7:17-19,5.

[2] 赵新节,李蕊蕊,孙玉霞.德钦、沙城、烟台3个产地赤霞珠干红葡萄酒的品质分析[J].食品与发酵工业,2016,6:168-172.

[3] 郭昱,袁小悦,李斯屿,王振中,段长青,何非.冷浸渍对赤霞珠干红葡萄酒中黄酮醇物质含量福林酚法测定葡萄酒总酚的优化研究的影响[J].中国酿造,2014,33(12):29-33.

[4] 谢太理,杨莹,管敬喜,文仁德,肖战海.广西巨峰冬果酿酒工艺研究及葡萄酒品质分[J].酿酒科技,2011,8:21-23,27.

[5] 郭磊,刘云,姜磊,刘锷,杨薇.巨峰葡萄酒酿造工艺[J].湖北农业科学,2011,50(19):4036-4037.

[6] 马海军,覃孟醒,朱娟娟,赵越,宋峰,陈秋林.橡木片对葡萄酒陈酿品质的影响[J].北方园艺,2017,7:143-146.

[7] 蒋文鸿,严斌,侍朋宝,刘素稳.浸泡橡木片对干红葡萄酒质量的影响[J].安徽农业科学,2011,39(32):20035-20037.

[8] 卜潇,程静,刘树文.橡木及橡木制品在葡萄酒酿造中的应用[J].酿酒科技,2015,10:84-88.

[9] 徐盛燕,贾国军,杨玲,赵凤舞.橡木桶对葡萄酒品质的影响[J].中国酿造,2017,36(12):14-17.

[10] 刘霞,令小雨,马东琳,蒋雨蓉,卢精林.橡木片陈酿对赤霞珠干红葡萄酒品质的影响[J].中国酿造,2016,35(11):78-82.

[11] 田文,聂聪,门颖.橡木片处理对红葡萄酒关键橡木香气的影响[J].食品工业,2015,36(12):204-207.

[12] Yuan Li, Ruijing Ma, Zhenzhen Xu, Junhan Wang, Tong Chen, Fang Chen, Zhengfu Wang. Identification and quantification of anthocyanins in Kyoho grape juice-making pomace, Cabernet Sauvignon grape winemaking pomace and their fresh skin[J]. *Journal of the Science of Food and Agriculture*,2013,93(6):135-138.

[13] Le Grottaglie L, García-Estévez I, Romano R, Manzo N, Rivas-Gonzalo JC, Alcalde-Eon C, Escribano-Bailón MT. Effect of size and toasting degree of oak chips used for winemaking on the ellagitannin content and on the acutissimin formation[J]. *LWT-Food Science and Technology*. 2015,60 (2):934-940.

[14] Rafael Schumacher, M. Elena Alañón, Lucia Castro-Vázquez, M. Soledad Pérez-Coello, M. Consuelo Díaz-Maroto. Evaluation of oak chips treatment on volatile composition and sensory characteristics of Merlot wine[J]. *Journal of Food Quality*,2013,36(1):1-9.

[15] 张斌. 电场对橡木桶陈酿白兰地酒的影响及其作用机理研究[D].广州:华南理工大学,2012.

[16] 李蕊蕊,赵新节,孙玉霞.葡萄和葡萄酒中单宁的研究进展[J].食品与发酵工业,2016,42(04):260-265.

[17] 陈建业,温鹏飞,黄卫东.葡萄与葡萄酒中的单宁及其与葡萄酒的关系[J].农业工程学报,2004,20 (z1):13-17.

[18] 杨艳彬，杨新民，唐文娟，麻立业，刘文营，白小华，张华，王号.橡木对葡萄酒品质的影响[J].中外葡萄与葡萄酒，2006，5：13－15，18.
[19] 梁冬梅，李记明，林玉华.分光光度计法测葡萄酒的色度[J].中外葡萄与葡萄酒，2002，3：9－10.
[20] 梁迎萍，刘行知，李淑燕，徐琳，梁学军，李景明.陈酿方式对葡萄酒品质的影响[J].酿酒科技，2009，7：43－46.
[21] 葛谦，刘正庭，陈翔，张锋锋，牛艳，杨静，吴燕.赤霞珠葡萄酒酿造过程中花色苷及颜色参数变化规律[J].中国酿造，2018，37(02)：137－141.
[22] 王卫国，胡晓伟.葡萄酒中多酚及多酚氧化酶研究现状与展望[J].中国酿造，2017，36(08)：16－19.
[23] 焦红茹，谢春梅，白稳红.宁夏青铜峡产区美乐干红葡萄酒橡木桶陈酿的研究[J].中国酿造，2018，37(02)：34－38.
[24] 刘霞，令小雨，马东琳，蒋雨蓉，卢精林.橡木片陈酿对赤霞珠干红葡萄酒品质的影响[J].中国酿造，2016，35(11)：78－82.
[25] 屈慧鸽，徐栋梁，徐磊，杨舒婷，邓佳珩.放汁法同时酿造干红和桃红葡萄酒及其酒质和抗氧化活性分析[J].食品科学，2016，37(15)：179－184.
[26] 苏伟，齐琦，赵旭，母应春，邱树毅.电子舌结合 GC/MS 分析黑糯米酒中风味物质[J].酿酒科技，2017，9：102－106.

第六节　脱苦工艺

本实验以砂糖桔、巨峰葡萄为原料，研究混合发酵工艺对复合果酒苦味和澄清度的影响，采用单因素及正交实验对复合果酒的酿造工艺进行优化。结果表明，复合果酒最佳发酵工艺为砂糖桔汁添加量 40%，葡萄汁添加量 60%，酵母接种量为0.1 g/kg，初始糖度为 24°Bx，发酵温度 24 ℃，主发酵时间为 8 d。在此最佳发酵工艺条件下，复合果酒感官评分为 82.8 分，酒精度为 11.88%vol。最佳脱苦工艺为柚苷酶添加量 0.03%，酶解温度 50 ℃，酶解时间为 90 min。在此最佳脱苦工艺条件下，复合果酒感官评分为 7.5 分。加入 0.06%的果胶酶和 0.02%聚乙烯聚吡咯烷酮（PVPP）时，透光率为 90.6%。最终获得砂糖桔葡萄复合果酒酒体清澈透亮、色泽诱人，口感柔和、爽口，香气浓郁。

一、背景

葡萄是世界最古老的果树树种之一[1]，主要以葡萄糖为主，含多种人体所需的氨基酸，药用价值极高[2]。常见的葡萄副产品有葡萄干、葡萄汁、葡萄酒、葡萄籽饮料、葡萄籽油等[3]。其中葡萄酒最受研究学者热爱，主要研究内容集中在酿造工艺、澄清效果、酵母纯化筛选、葡萄酒成分分析等[4]。众多学者[5-11]研究发现，黑枸杞、蓝莓、玫瑰茄、苹果、山楂等水果与葡萄进行复合酿造，风味和口感均有很大改善。

砂糖桔是柑橘类的名优品种，富含维生素 C 及人类必需的各类营养元素，具有一定的保健功能[12-14]。广西具有适合砂糖桔种植的独特的地理及气候环境，自 20 世纪 80 年代引入砂糖桔以来，其种植面积逐年增加[15]。为了提升砂糖桔的附加值，众多的研究学者对其精深加工产品进行了大量的研究，主要集中在利用砂糖桔制作果酒，但其效果不是很理想[16]。主要原因在于柑橘酒苦味难以消除，营养功能单一以及香气滋味结构欠佳等。鉴于此情况，众多研究学者对苹果、雪梨、猕猴桃、黄金梨与柑橘混合发酵进行研究[17-20]，取得了一定的成果，这为砂糖桔与其他果品混合发酵制作果酒开辟了一条新的思路。

本研究以砂糖桔与葡萄进行混合发酵酿制复合果酒，通过单因素实验和正交实验，探索砂糖桔葡萄复合果酒的发酵工艺、脱苦工艺以及澄清工艺，以复合果酒的理化指标和感官评价为参考，确定砂糖桔葡萄复合果酒的最优工艺条件，以期得到口感、品质、香气平衡，滋味协调的砂糖桔葡萄复合果酒，解决砂糖桔销售难和烂果的状况，提高水果的附加值，丰富市场品种，为复合果酒的发展研究提供基础数据。

二、材料与方法

（一）材料与试剂

1. 原材料

砂糖桔、巨峰葡萄：源于钦州城东市场。

2. 辅料

白砂糖：市售；

果胶酶：来源于烟台帝伯仕自酿剂有限公司；

聚乙烯聚吡咯烷酮（纯度≥99.5%）：北京方程生物公司；

帝伯仕 18 度酵母：烟台良缘酒业有限公司。

3. 脱苦剂

柚苷酶：江苏采薇生物科技有限公司。

4. 化学试剂

焦亚硫酸钾（SO_2含量>56%）：烟台帝伯仕自酿剂有限公司；福林酚（分析纯）：上海麦克林生化科技有限公司；葡萄糖、酒石酸钾钠、氢氧化钠、硫酸铜（均为分析纯）：天津市致运化学试剂有限公司；甲醇、叔戊醇、异丁醇、异戊醇标准品（纯度≥99.5%）：山东西亚化学工业有限公司。

（二）仪器与设备

UV－1800 紫外可见分光光度计：岛津仪器（苏州）有限公司；WYT-J 手持糖量计：上海仪迈仪器科技有限公司；果立方 Q8 榨汁机：佛山市润物电器有限公司；Agilent7890B 气相色谱仪：安捷伦科技（中国）有限公司。

（三）方法

1. 桔子葡萄复合果酒的加工工艺流程

砂糖桔汁的制备：砂糖桔→预处理（剥皮、除去橘络）→榨汁→酶解、灭酶→过滤→砂糖桔汁。

巨峰葡萄汁的制备：巨峰葡萄→清洗→晾干→除梗→挤碎→葡萄汁。

砂糖桔汁、葡萄汁→成分调整→接种酵母→主发酵→后发酵→脱苦→澄清→灌装→果酒。

2. 操作要点

砂糖桔汁、巨峰葡萄汁制备:选择成熟的砂糖桔和葡萄,砂糖桔剥皮,并把桔子瓣上的橘络去除干净。葡萄先清洗,晾干,除梗,挤碎。砂糖桔和葡萄分别用榨汁机直接榨取葡萄汁和砂糖桔汁。

酶解处理:砂糖桔汁和葡萄汁按一定比例混合,加入果胶酶,调节最适温度 50 ℃,最适 pH3.5 左右,酶解 2 h,果胶被酶解完全[21],采用虹吸法得到上层澄清的果汁。实验期间加入 300 mg/L 硫酸铵为酵母提供铵盐,加 100～200 mg/L 焦亚硫酸钾杀菌,提高稳定性,使酒更浓郁[22]。

成分调整:为使成品酒达到适当的酒精度,根据水果原料的含糖量,通过添加白糖调整发酵前果汁的总糖含量至 22%。

主发酵:取 0.1～0.5 g/kg 的酵母加入 5%的糖水中置于 35 ℃的水浴锅中保持 30 min活化,以 0.2 g/kg 浓度加入砂糖桔和葡萄混合汁中,搅拌均匀,调节发酵罐内温度至 26 ℃,每天搅拌 2～3 次,第 5 天皮渣分离,用四层滤布分离,主发酵期间,检测发酵液的酒精度、总酸和还原糖等含量变化,待发酵液残糖量降至 4 g/L 时,主发酵结束[23]。

后发酵:主发酵结束,将分离压榨去除果渣的发酵液转入后发酵容器中,同时补加 30～50 mg/L 的 SO_2,于 16 ℃恒温培养箱中进行后发酵,直至还原糖不再变化,发酵结束[23]。

脱苦:后发酵结束后,对原酒进行脱苦。称取一定浓度梯度的柚苷酶放进原酒中,摇匀,水浴,冷却[24]。

澄清:在上述复合果酒中添加一定量果胶酶与聚乙烯聚吡咯烷酮(PVPP)组成的复合澄清剂,室温内静置 48 h 左右,待酒液澄清后,取上层澄清液于 680 nm 处测透光率。

成品:通过硅藻土滤网过滤,除去悬浮颗粒及胶体杂质,获得成品酒。

3. 复合果酒发酵工艺优化

(1) 单因素实验

采用单一变量控制法。分别以葡萄汁梯度 30%、40%、50%、60%、70%,帝伯仕 18 度酵母梯度添加量 0.1 g/kg、0.2 g/kg、0.3 g/kg、0.4 g/kg、0.5 g/kg,初始糖度梯度 18°Bx、20°Bx、22°Bx、24°Bx、26°Bx 为单因素进行实验,考察葡萄汁添加量、酵母添加量、初始糖度对砂糖桔葡萄复合果酒的感官品质和理化指标的影响。

(2) 正交实验

在单因素实验的基础上,采用 $L_9(3^4)$正交设计,以葡萄汁添加量(A)、酵母添加量(B)、初始糖度(C)为自变量,以感官评分及理化指标为考察指标,通过 3 因素 3 水平正交实验,确定复合果酒发酵工艺条件,正交实验因素与水平见表 3 - 24。

表 3 - 24 复合果酒发酵工艺优化正交实验因素与水平

水平	因素		
	A 葡萄添加量/%	B 酵母添加量/(g·kg^{-1})	C 初始糖度/°Bx
1	40±2.1	0.1±0.01	20±1.13
2	50±2.2	0.2±0.01	22±1.14
3	60±2.2	0.3±0.02	24±1.15

4. 复合果酒脱苦工艺优化

(1) 脱苦工艺优化单因素实验

复合果酒中分别添加柚苷酶 0.02%、0.03%、0.04%、0.05%、0.06%，分别置于 45 ℃、50 ℃、55 ℃、60 ℃、65 ℃温度条件，分别保持 45 min、60 min、75 min、90 min、105 min，考察柚苷酶添加量、温度、时间等对复合果酒感官评价的影响。

(2) 脱苦工艺优化正交实验

在单因素实验的基础上，采用 $L_9(3^4)$ 正交设计，以柚苷酶添加量(A)、酶解温度(B)、酶解时间(C)为自变量，以感官评分为评价指标，通过 3 因素 3 水平正交实验确定复合果酒的脱苦工艺，正交实验因素与水平见表 3 - 25。

表 3 - 25 复合果酒脱苦工艺优化正交实验因素与水平

水平	因 素		
	A 酶添加量/%	B 酶解温度/℃	C 酶解时间/min
1	0.03±0.0.1	50±2.11	60±1.23
2	0.04±0.01	55±2.13	75±1.32
3	0.05±0.02	60±1.99	90±1.26

5. 复合果酒的澄清

复合澄清剂的组合如表 3 - 26 所示。

表 3 - 26 复合果酒复合澄清剂组合

组别	1	2	3	4	5	6	7	8	9
果胶酶/%		0.04			0.06			0.08	
PVPP/%	0.02	0.03	0.04	0.02	0.03	0.04	0.02	0.03	0.04

6. 砂糖桔葡萄复合果酒的品质分析

(1) 感官评价

感官评定小组由 10 名专业的感官评价员组成，评价满分为 100 分，参照国标《GB 15037—2006》(葡萄酒)[25]、农业标准《NY/T 1508—2017》(绿色食品　果酒)[26]，建立砂糖桔葡萄复合果酒的感官评价标准，结果见表 3－27。

表 3－27　砂糖桔葡萄复合果酒感官评分标准

项目	评分标准	分值/分
外观(20 分)	酒红色，清澈透亮且色泽诱人	17～20
	红色、清澈透亮、色泽好	14～16
	淡红色、无悬浮物，色泽一般	10～13
	呈其他颜色，微混且无光泽	＜9
香气(30 分)	香气较浓郁，果香与酒香协调	26～30
	香气浓郁，果香与酒香协调	21～25
	香气一般，果香与酒香不突出，无异味	16～20
	香气不足，或者偏淡，果香与酒香不协调，有异味	＜15
滋味(40 分)	口感柔和、爽口、回味延绵	33～40
	酸涩苦适中、口感柔和但不爽口	26～32
	味偏酸、略苦涩，后苦味轻，无异味，口感略粗糙	20～25
	酸、苦、呛喉、后苦味重，有异味	＜19
典型性(10 分)	典型性突出，风格独特	8～10
	典型性好，风格好	6～7
	典型性，但不明确	4～5
	失去原有的典型性	＜3

(2) 复合果酒脱苦工艺的感官品评

参照标准和文献[26-28]，制定了砂糖桔和葡萄复合果酒脱苦工艺的感官评定标准，结果见表 3－28。

表 3－28　复合果酒苦味感官评分标准

评分标准	分值/分
后苦味稍重，酸味较重	1～3
后苦味明显，酸涩味较轻	4～6
后苦味较轻，酸涩味明显	7～8
后苦味几乎没有，酸涩味适中	9～10

(3) 理化指标的检测

依据相关标准，测定复合果酒的总酸、酒精度、总糖、甲醇、杂醇油、单宁指标[29-31]。

7. 数据处理

利用 Excel 进行处理。

三、结果

(一) 发酵工艺优化单因素实验

1. 葡萄汁添加量对复合果酒的影响

分别取30%、40%、50%、60%、70%葡萄汁加入沙糖橘汁中发酵，考察其对复合果酒的影响，结果见表3-29。

表3-29　葡萄汁添加量对复合果酒品质的影响

添加量/%	酒精度/%vol	总酸/(g·L^{-1})	总糖/(mg·L^{-1})	单宁/(mg·L^{-1})	甲醇/(mg·L^{-1})	杂醇油/(mg·L^{-1})	感官评分/分
30	10.63±1.23	5.929±0.23	1.625±0.25	338.014±2.22	174.87±2.12	184.73±1.23	64.5
40	10.00±1.11	6.041±0.12	1.325±0.22	393.180±2.34	196.59±2.14	187.51±1.22	75.8
50	10.63±1.42	6.060±0.11	1.075±0.23	415.747±2.53	239.04±2.51	195.55±1.34	78.4
60	10.00±1.31	6.960±0.31	1.075±0.41	448.345±2.13	256.32±2.63	199.44±1.42	77.5
70	10.00±1.11	7.185±0.24	1.375±0.11	563.810±2.35	273.45±2.22	214.65±1.25	72.5

由表3-29可知，在30%～70%范围内，随葡萄汁添加量的增加，复合果酒酒精度和残糖量的变化不大，感官评分随葡萄汁的添加先升高后下降，在葡萄汁添加量为50%时到达峰值，为78.4分。葡萄汁添加量越少，苦、呛喉、后苦越重，酒体颜色偏黄；总酸随葡萄汁添加量的增加而增加，导致酸涩味越重；酒体颜色随葡萄汁添加量的增加而趋向红色。随葡萄汁添加量的增多单宁含量上升，主要是因为单宁存在于葡萄表皮中[32]。甲醇和杂醇油随葡萄添加而增大，甲醇主要是由果胶在甲酯酶的作用下水解和甘氨酸转换而成[33]；杂醇油主要是伴随着酒精发酵过程产生，主要由降解代谢路径和合成代谢路径产生；α氨基氮源充足时，酵母以氨基酸为基质进行降解代谢，产生杂醇油；当发酵液中可利用的α氨基氮源缺乏时，酵母以糖为基质进行合成代谢，产生杂醇油[34]。因此，综合分析，得到最佳葡萄添加量为50%。

2. 酵母添加量的确定

分别考察0.1 g/kg、0.2 g/kg、0.3 g/kg、0.4 g/kg、0.5 g/kg酵母添加量对砂糖桔葡萄复合果酒品质的影响，结果见表3-30。

表3-30　酵母添加量对复合果酒品质的影响

添加量/(g·kg^{-1})	酒精度/%vol	总酸/(g·L^{-1})	总糖/(mg·L^{-1})	单宁/(mg·L^{-1})	甲醇/(mg·L^{-1})	杂醇油/(mg·L^{-1})	感官评分/分
0.1	10.63±1.32	6.960±1.22	1.875±0.21	415.747±2.35	174.94±1.32	108.77±1.11	69.3
0.2	10.00±1.11	6.060±1.31	1.725±0.23	393.180±2.33	239.04±1.33	184.73±1.23	69.8

续　表

添加量/(g·kg^{-1})	酒精度/%vol	总酸/(g·L^{-1})	总糖/(mg·L^{-1})	单宁/(mg·L^{-1})	甲醇/(mg·L^{-1})	杂醇油/(mg·L^{-1})	感官评分/分
0.3	10.63±1.23	7.523±1.25	1.775±0.22	533.601±2.31	193.50±1.24	152.3±0.23	68.8
0.4	10.00±1.41	6.773±1.41	1.925±0.13	438.315±3.12	249.89±1.35	208.51±1.33	66.1
0.5	10.00±1.24	6.735±1.42	1.625±0.14	315.446±2.26	188.41±1.32	154.64±1.24	65.0

由表 3－30 可知，酵母量在 0.1～0.5 g/kg 范围内，对复合果酒酒精度和残糖量的影响不大，当酵母添加量为 0.2 g/kg 时，复合果酒的感官得分达到峰值，69.8 分。酵母量超过 0.5 g/kg 时，发酵液中糖分主要用于酵母繁殖，生成的酒精度低，营养成分消耗过快并导致代谢物大量产生，使酵母生长环境质量下降，导致其过早衰老，并产生自溶现象，复合果酒中残留的酵母味变重。因此，综合分析，可得最佳酵母添加量为 0.2 g/kg。

3. 最佳初始糖度的确定

分别考察初始糖度 18%、20%、22%、24%、26%对砂糖桔葡萄复合果酒品质的影响，见表 3－31。

表 3－31　初始糖度对复合果酒品质的影响

糖度/°Bx	酒精度/%vol	总酸/(g·L^{-1})	总糖/(mg·L^{-1})	单宁/(mg·L^{-1})	甲醇/(mg·L^{-1})	杂醇油/(mg·L^{-1})	感官评分/分
18	10.63±1.11	6.698±1.24	2.225±1.24	410.732±2.33	229.49±1.11	171.02±1.21	68.3
20	10.00±1.12	6.548±1.22	1.425±1.34	368.104±2.22	239.04±1.12	184.73±1.22	70.3
22	10.63±1.31	6.606±1.31	1.325±1.12	393.180±2.13	186.58±1.13	192.32±1.33	72.0
24	10.00±1.21	6.773±1.12	1.225±1.31	473.420±1.36	182.50±1.23	189.87±1.14	71.5
26	8.12±1.11	7.410±1.23	1.825±1.23	413.40±2.34	209.07±1.21	152.16±1.15	67.0

由表 3－31 可知，总酸随初始糖度 18～26°Bx 的增加变化不大，酒精度和感官得分随着初始糖度的增加呈先上升后下降的趋势。在糖度为 24°Bx 时，感官评分达到峰值，为 71.5 分；残糖量为 1.225 mg/L；单宁含量最高，为 473.420 mg/L；甲醇含量为 189.87 mg/L。初始糖度＞24°Bx 时，则酒精度则出现下降趋势，下降到 8.12%vol，残糖含量升高到 1.825 mg/L，酵母渗透压也增大，出现停滞延长，果酒品质下降情况。因此，综合分析可得，最佳酵母添加量为 24°Bx。

（二）发酵工艺优化正交实验

在单因素实验的基础上，以感官评分作为考察指标，确定最佳发酵工艺条件，正交实验结果与分析见表 3－32，方差分析见表 3－33。

表 3-32　复合果酒发酵工艺优化正交实验结果与分析

实验号					感官评分/分
		A	B	C	
1	1	1	1	74.8	9.38
2	1	2	2	72.5	10.63
3	1	3	3	71.6	12.50
4	2	2	3	78.2	11.88
5	2	3	1	78.4	10.63
6	2	1	2	77.9	11.25
7	3	3	2	79.4	10.00
8	3	1	3	82.8	11.88
9	3	2	1	81.5	10.63
感官评分	k_1	72.967	78.500	78.233	
	k_2	78.167	77.400	76.600	
	k_3	81.233	76.467	77.533	
	R	8.266	2.033	1.633	
酒精度	k_1'	10.837	10.837	10.213	
	k_2'	11.253	11.047	10.627	
	k_3'	10.837	11.043	12.087	
	R'	0.833	0.210	1.874	

表 3-33　以感官评分为评价指标的正交实验结果方差分析

方差来源	偏差平方和	自由度	F 比	$F_{0.05}$ 临界值	显著性
A	104.782	2	86.169	19.000	*
B	6.216	2	5.112	19.000	
C	4.029	2	3.313	19.000	
误差	1.22	2			

注："*"表示差异显著($P<0.05$)。下同。

由表 3-32 可知，对于感官评分来说，$A>B>C$，即葡萄添加量>酵母添加量>初始糖度，因此最佳组合为 $A_3B_1C_1$，即葡萄添加量为 60%，酵母添加量为0.1 g/kg，初始糖度为 20°Bx。对于酒精度来说，$C>A>B$，即初始糖度>葡萄添加量>酵母添加量，因此最佳组合为 $A_2B_2C_3$，即初始糖度为 24°Bx，葡萄添加量为 50%，酵母添加量为 0.2 g/kg。综合分析，最佳发酵工艺组合为 $A_3B_1C_3$，即葡萄汁添加量为 60%，酵母添加量为 0.1 g/kg，初始糖度为 24°Bx。在此条件下重复 3 次平行验证实验，可获得感官评分为 82.8 分，酒精度为 11.88%vol 的复合果酒。由表 3-33 可知，葡萄添加量对感官评分影响显著($P<0.05$),其他因素对感官评分影响不显著($P>0.05$)。

(三) 脱苦工艺优化单因素实验

1. 柚苷酶添加量

由图 3－19 可知,随着柚苷酶添加量的增加,感官评分先增大后缓慢减小,添加量为0.04%时达到最大值,为 6.8 分。当柚苷酶用量少时,苦味物质水解不完全,复合果酒中苦味重,用量过多时,苦味物质虽然完全水解,但是过多的酶蛋白会引起不良反应,从而使复合果酒的品质受到影响。因此,最适柚苷酶添加量为 0.04%。

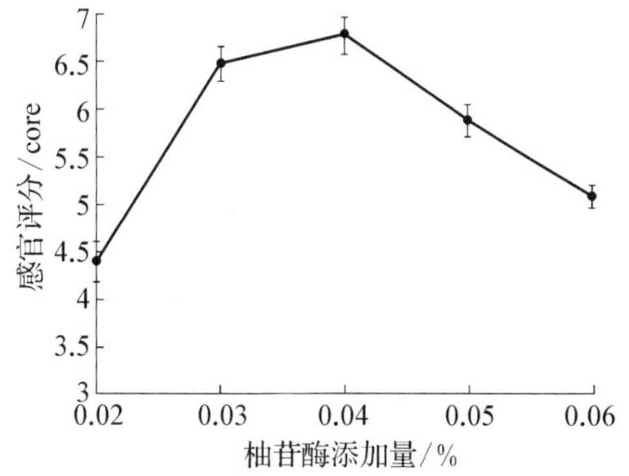

图 3－19　柚苷酶添加量对复合果酒脱苦效果的影响

2. 酶解温度

由图 3－20 可知,感官评分随柚苷酶酶解温度的升高出现先升后降的趋势,在酶解温度 60 ℃时达到最大值 6.7 分。温度太低时,酶的活性较低,无法发挥酶的作用,导致脱苦效果不明显;温度太高时,酶蛋白变性失活,从而降低脱苦效果。因此,最适酶解温度为 60 ℃。

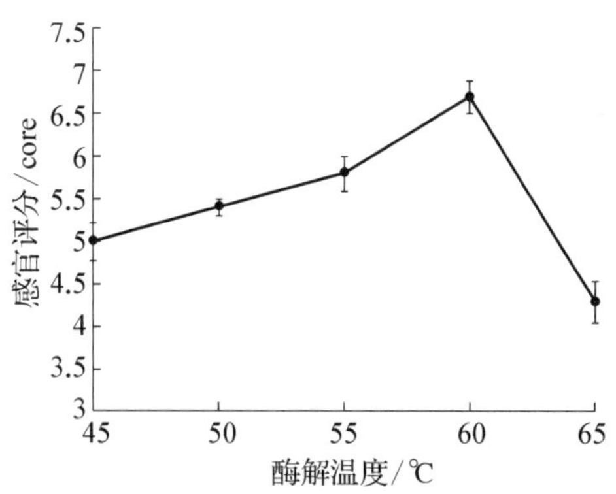

图 3－20　柚苷酶酶解温度对复合果酒脱苦效果的影响

3. 酶解时间

由图 3-21 可知，在 45～105 min 的范围内，随着酶解时间的增加，感官评分出现先升高后下降的趋势，酶解时间为 75 min 时脱苦效果好，感官评分最高为 6.5 分。酶解时间太短时，复合果酒中苦味物质水解不彻底，脱苦效果不明显；酶解时间过长，苦味物质水解完全，会水解复合果酒的其他营养成分，导致品质下降，影响口感。因此，最适酶解时间为 75 min。

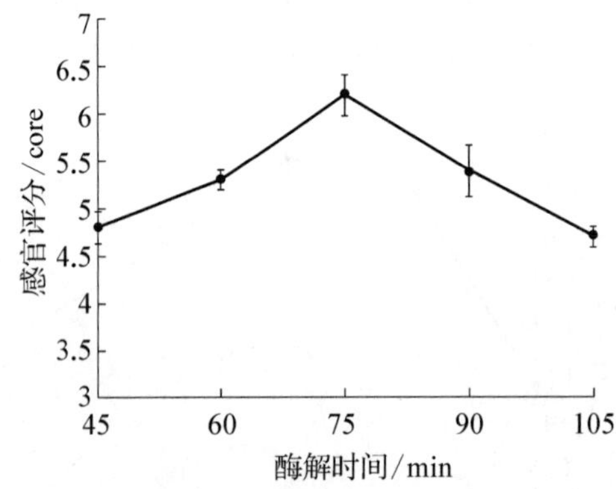

图 3-21　柚苷酶酶解时间对复合果酒脱苦效果的影响

(四) 复合果酒的脱苦工艺优化正交实验

由表 3-34 可知，各个因素对复合果酒脱苦效果的影响顺序为 $C>B>A$，即酶解时间>酶解温度>酶添加量。砂糖桔葡萄复合果酒脱苦工艺的最佳组合为 $A_1B_3C_3$，即酶解时间 90 min，酶解时解温度 90 ℃，酶的添加量 0.03%。在此最佳脱苦工艺条件下，感官评分为 7.5 分。

表 3-34　复合果酒脱苦工艺优化正交实验结果与分析

实验号				感官评分/分
	A	B	C	
1	1	1	1	6.1
2	1	2	2	5.1
3	1	3	3	7.5
4	2	2	3	7.1
5	2	3	1	5.6
6	2	1	2	5.5
7	3	3	2	5.8
8	3	1	3	6.8

续　表

实验号				感官评分/分
	A	B	C	
9	3	2	1	5.3
k_1	6.233	6.133	5.667	
k_2	6.067	5.833	5.467	
k_3	5.967	6.300	7.133	
R	0.266	0.467	1.666	

由表 3－35 可知，因素 C 对复合果酒脱苦效果的感官评分有显著影响（$P<0.05$），因素 A、B 无显著影响（$P>0.05$）。

表 3－35　正交实验结果方差分析

因素	偏差平方和	自由度	F 比	$F_{0.05}$ 临界值	显著性
A	0.109	2	0.290	9.000	
B	0.336	2	0.849	9.000	
C	4.969	2	13.215	9.000	*
误差	0.38	2			

（五）复合澄清剂对复合果酒的影响

果胶酶添加量为 0.04%时，透光率随 PVPP 的增加而降低，果胶酶添加量为0.06%时，透光率随 PVPP 的增加先下降后上升，果胶酶的添加量为 0.08%时，PVPP 添加量对透光率变化影响不大。总体上，复合澄清剂的澄清效果更好，且果香和酒香比单一澄清剂更协调。综合分析，果胶酶添加量为 0.06%和 PVPP 添加量为 0.02%的组合澄清效果更佳。

表 3－36　复合澄清剂对复合果酒澄清效果的影响

组别	1	2	3	4	5	6	7	8	9
透光率 T/%	89.8	87.7	88.1	90.6	90.1	90.3	90.5	90.6	90.4

（六）砂糖桔葡萄复合果酒的质量分析

感官分析表明，砂糖桔葡萄复合果酒酒香更协调，酒红色，清澈透亮且色泽鲜艳，酸涩适中。而总酸 6.458 g/L，总糖 1.975 g/L，单宁 498.495 mg/L，甲醇229.99 mg/L，杂醇油 211.836 mg/L，理化指标均符合果酒标准。

四、小结

以砂糖桔和葡萄作为原料发酵复合果酒，利用单因素和正交实验结合对发酵果酒及其脱苦工艺进一步优化，最终得到砂糖桔葡萄复合果酒的最佳发酵工艺和最佳脱苦工艺。结果表明，最优发酵工艺条件为葡萄添加量 60%，酵母添加量 0.1 g/kg，初始糖度 24°Bx，发酵温度 24 ℃，主发酵时间 8 d。最优脱苦工艺条件为柚苷酶添加量0.03%，酶解温度 50 ℃，酶解时间 90 min；在主发酵前先进行柚苷酶的脱苦比在发酵结束后效果要更佳。当 0.06%果胶酶和 0.02%PVPP 酶组合时澄清效果最好，透光率为 90.6%。

参考文献

[1] 熊海燕，付顺，冷水金，等. 柑橘、梨汁复合酒发酵工艺[J]. 食品研究与开发，2010，31(9)：86-88.

[2] 陈博.美国薄荷应用[J].中国花卉园艺，2014,2:31.

[3] 王晨，房经贵，刘洪，等.葡萄与葡萄酒的营养成分[J].江苏林业科技，2009，36(4):38-40.

[4] 刘启振，张小玉，王思明.汉唐西域葡萄栽培与葡萄酒文化[J].中国野生植物资源，2017，36(4):5-7.

[5] 何凤梅，余睿智，曹阳，等.新型葡萄酒研究开发现状[J].安徽农业科学，2019，47(1):10-12，23.

[6] 李文新，陈计峦，唐凤仙，等.响应面法优化黑枸杞—葡萄复合果酒发酵工艺的研究[J]. 中国酿造，2017，36(5)：187-191.

[7] 苏俊烽，程建军，刘宏杰.正交法优化蓝毒一葡萄复合果酒[J]. 贮藏保鲜加工，2010，6：188-191.

[8] 王丽霞，洪漩，吴文龙，等.玫瑰茄葡萄复合果酒的研制[J].酿酒科技，2017,3：86-88.

[9] 李潇，王琪，刘琨毅，等.正交法优化葡萄—雪梨复合果酒[J].酿酒，2017，44(3)：70-72.

[10] 张如意，宋志强，刘银兰，等.红枣葡萄果酒酿造工艺研究[J].食品研究与开发，2017，38(5)：138-142.

[11] 王英臣.苹果山楂葡萄复合果酒的工艺研究[J].贮藏保鲜加工，2012,14：154-156.

[12] 黄丽华.砂糖桔营养成分分析[J]. 食品研究与开发，2007，28(1):152-154.

[13] 丁晓波，张华，刘世尧，等. 柑橘果品营养学研究现状[J]. 园艺学报，2012，39(9)：1687-1702.

[14] 李本波.十月金果 砂糖桔[J]. 中国果菜，2014，34(11):6-11.

[15] 黄晓雁. 论梧州市砂糖桔产业化现状、问题及发展思路[J]. 中国果业信息，2012，29(5)：10-11.

[16] 郑瑞婷，刘长海，陈正东. 砂糖桔果酒酿造工艺研究[J]. 中国酿造，2010，29(2)：170-173.

[17] 林捷，万子玲，郑茵，等. 复合澄清剂对砂糖橘果酒风味的影响[J]. 食品研究与开发，2012，33(2)：51-54.

[18] 王艳辉. 鸭梨混合果酒酿造工艺及品质特征研究[D]. 保定：河北农业大学，2011.

[19] 郭丽，朱林，王巧珍. 柑橘苹果复合酒发酵工艺的研究[J].食品与发酵工业，2006，32(7)：140-143.

[20] 雷红松，向世军，罗来和. 黄金梨汁和柑橘汁混合发酵干型酒的初步研究[J]. 酿酒科技，2006，5:78-79.

[21] 王立霞. 生姜雪梨复合果蔬汁加工工艺研究[J]. 食品工业科技，2013，34(21)：219-223.

[22] Ramon C，Vidal M T，Bordons A，et al. Inhibitory effect of sulfur dioxide and other stress compounds in wine on the ATPase activity of Oenococcus oeni[J]. *FEMS Microbiolet Lett*,

2002，211(2)：155－159.

[23] 谢小花，张钤莉，陈叶，等. 桑葚果酒的酿造工艺研究[J]. 安徽农业大学学报，2018，45(2)：201－207.

[24] 王鸿飞，李和生，董明敏，等. 柚皮苷酶对柑橘类果脱苦效果的研究[J].农业工程学报，2004，20(6)：174－177.

[25] 中华人民共和国国家质量监督检验检疫局，中国国家标准化管理 委员会. GB 15037—2006 葡萄酒[S]. 北京：中国标准出版社，2006.

[26] 中华人民共和国农业部. N Y/T 1508—2017 绿色食品 果酒[S]. 北京：中国标准出版社，2017.

[27] 何彩梅，李杰民，龚福明，等. 柑橘果酒风味调配工艺初探[J]. 酿酒科技，2018，5：29－32.

[28] 程铭中，钟旭美，刘和平，等. 发酵青梅酒脱苦工艺的优化[J]. 食品研究与开发，2017，38(11)：86－88.

[29] 中华人民共和国国家质量监督检验检疫局，中国国家标准化管理委员会. GB/T 15038—2006 葡萄酒、果酒通用分析方法[S].北京：中国标准出版社，2006.

[30] 中华人民共和国国家卫生和计划生育委员会，国家食品药品监督管理总局. GB5009.266—2016 食品安全国家标准 食品中甲醇的测定[S]. 北京：中国标准出版社，2017.

[31] 中华人民共和国农业部. NY/T1600—2008 水果、蔬菜及其制品中单宁含量的测定[S]. 北京：中国标准出版社，2008.

[32] 肖娟. 特色功能性玫瑰香葡萄酒的研究[D]. 天津：天津科技大学，2012.

[33] 石月. 低甲醇紫甘薯酒生产工艺优化研究[D]. 长沙：湖南农业大学，2013.

[34] 沈志毅，李记明，于英，等.酿酒微生物和果胶酶对葡萄酒甲醇和杂醇油生成的影响[J].鲁东大学学报，自然科学版，2013，29(2)：155－158.

第四章　鲜食葡萄与其酿酒工艺

第一节　概述

一、国内外葡萄研究现状

随着世界葡萄酒产业的发展，世界葡萄种植面积不断扩大，我国葡萄的种植面积已居世界第五，目前仍然呈上升趋势，葡萄酒产量跃居世界第六。

近 10 年来，我国葡萄产量稳步增长，2014 年葡萄产量首次超过香蕉，位居水果产量第 4 位。2020 年，产量达 1 431.41 万吨，占水果总产量的 5%。同时，葡萄也是加工比例最高、产业链最长、产品最多的水果，其制品是我国进出口量相对较多的加工品，在我国商品进出口贸易中发挥了重要作用。全世界 75%左右的葡萄都用来酿酒、制干、制汁等；另外，葡萄营养丰富、产品多样、外形美观，深受世界各国消费者喜爱，是世界上非常重要的水果。

（一）　世界葡萄生产稳步发展，产量稳步增长

世界各大洲的葡萄产量分布很不均衡。欧洲产量占绝对优势，现在已经缩减至 42%；亚洲是崛起最迅速的产区，产量从 1990 年的 15%发展到现在，接近世界 1/3。总之，除欧洲外，其他各大洲的葡萄总产量占世界的份额都在逐渐上升，欧洲的垄断地位正逐渐被其他各大洲削弱。

2021 年，全球葡萄园面积达 730 万平方千米。一方面，意大利、法国、中国、伊朗等国家的葡萄园种植面积出现上涨趋势；另一方面，南半球主要葡萄种植国家（澳大利亚和新西兰除外）以及美国、土耳其、摩尔多瓦的葡萄种植面积出现显著下滑。2021 年中国的葡萄园面积位列全球第三位，达到 78.3 万平方千米。

（二）　中国的葡萄酒

现在，葡萄酒业已遍布全球各大洲，葡萄酒生产大国已打破了西欧国家的垄断地

位，在美洲、大洋洲、非洲和亚洲也崛起了一些葡萄酒生产大国。

目前，中国已经拥有东北、北京、天津、河北、山东、山西、黄河故道、新疆、甘肃、陕西、内蒙古、西南高山、广西等葡萄酒产区，涵盖了国内全部适合种植酿酒葡萄的区域，中国的葡萄酒地图正日渐清晰，中国葡萄酒市场正在发展成为世界级葡萄酒及烈酒集散的枢纽。这种持续增长的趋势和不断成长的市场潜力犹如一块巨大的磁石，吸引了新旧世界葡萄酒国家竞相进入中国。

据资料显示，随着种植技术的不断发展及需求增长的刺激，我国葡萄产量逐年增加。2020 年我国葡萄产量 1 431.41 万吨，同比增长 0.84%。近年来由于国外葡萄酒和 2020 年疫情的冲击，我国葡萄酒消费量持续下降。2020 年我国葡萄酒消费量为 62.1 万千升，同比下降 44.2%。

1. 行业现状分析

近年来，我国葡萄酒产量处于连续下降趋势。2021 年产量更是降至近年来最低，据资料显示，2021 年我国葡萄酒产量为 26.8 万千升，同比下降 35.11%。

从营业收入情况来看，随着我国葡萄酒消费量的不断减少，我国葡萄酒行业营业收入也在逐年减少。据资料显示，2020 年我国葡萄酒规模以上企业营业收入为 120 亿元，同比下降 17.3%。

据联合国商品贸易数据库统计(2021 年 12 月)，近 10 年我国鲜食葡萄进出口量呈稳步增长趋势。2020 年鲜食葡萄出口量达历史新高，为 42.49 万吨，出口额 12.13 亿美元；同 2019 年相比，出口量增加了 15.93%，出口额增加了 22.90%；2017 年和 2018 年出现小幅下降，可能与当年气候条件相关。2020 年，我国鲜食葡萄的进口量和进口额分别是 25.05 万吨和 6.43 亿美元，与 2019 年相比，分别降低 0.72%和 0.16%。2021 年全球葡萄酒产量为 260×10^8 L，葡萄酒消费量为 236×10^8 L。欧盟葡萄酒消费量 114×10^8 L，占全球葡萄酒消费量的 48.31%。中国葡萄酒消费量估算值为 10.5×10^8 L，约占全球葡萄酒消费量的 4.45%，较 2020 年下降 15%。

2. 进口情况

联合国商品贸易数据库统计，近十年来我国进出口葡萄酒存在波动趋势。2016 年我国出口葡萄酒达到近十年来历史新高，出口量 1.00 万吨，出口额 5.42 亿美元，同 2011 年相比，分别增加 4 倍和 23 倍。之后，出口量持续下滑。到 2020 年，我国葡萄酒出口量降至 0.16 万吨，出口额 0.26 亿美元，其出口量与 2016 年相比减少 5.4 倍，比 2011 年减少 22.62%。我国葡萄酒出口量不多，但出口市场相对分散，出口量也不太稳定。

2011 年以来，我国每年进口葡萄酒金额稳居全球前 5 位。2017 年，我国进口葡萄酒数量达历史新高，进口量 74.53 万吨，进口额 27.98 亿美元，分别比 2011 年增加 104%和 95%。进口葡萄酒主要来自欧洲的法国、西班牙、意大利，美洲的智利、阿根廷以及澳大利亚等全球 70 多个国家和地区，其中法国、智利、澳大利亚、西班牙、意大利和阿根廷 6 国是主要进口国。2020 年,我国从法国、智利、澳大利亚、西班牙和阿根廷 5 国进口葡萄酒均在 3 万吨以上,合计 37.10 万吨,进口额达 16.56 亿美元。由于我国葡萄园及产量与消费市场存在不匹配问题,西部地区葡萄资源丰富,但是消费市场开拓力度不大;东部葡萄酒消费市场旺盛,但是葡萄资源不足,常年需要依赖进口成本较高的葡萄酒。但近年来随着我国本土葡萄酒不断发展,2017 年以来我国葡萄酒进口逐渐减少。据资料显示,2021 年我国葡萄酒进口量 42 662 万千升,同比下降 9.5%;进口金额 16.97 亿美元,同比下降 40.1%。①

二、红提和户太 8 号

(一) 红提

红提,又名晚红、红地球、红提子,商品名称红提,欧亚种,由美国加利福尼亚州立大学 20 世纪 70 年代用(皇帝×L12－80)×S45－48 杂交育成。果穗大,整齐度好,长圆锥形,平均穗重 650 g,最大穗重 2 500 g。果粒圆形或卵圆形,松紧适度,整齐均匀;果皮中厚,易剥离,果实呈红色、紫红色或深红色;果肉硬脆,细嫩多汁,能削成薄片而不流汁,味甜可口,风味纯正,肉色为微透明的白色,平均粒重 11～14 g,最大可达 23 g,可溶性固形物＞16.5%。7 月下旬开始着色,9 月下旬成熟。不易落粒,耐贮运,可冷藏 2～3 个月。丰产性好,一般亩产 1 750～2 000 kg,品质上等,市场竞争力强。

红提葡萄营养十分丰富,含有 17%以上的葡萄糖和果糖,0.5%～1.5%的苹果酸、酒石酸、柠檬酸等,0.15%～0.9%的蛋白质和丰富的钾、钙、钠、锰等人体必需的微量元素,含有多种维生素、果酸、氨基酸和矿物质。红提葡萄的药用、营养、保健作用十分明显。味甘酸性平,补气血强筋骨,养颜、止咳、安胎。低血糖时食用 50 g 左右即可缓解。饭前和酒后服用可起到解酒作用,经常食用可清除体内自由基,阻止血小板凝聚,防止人体低密度脂蛋白氧化和抗肿瘤。因此,是鲜食葡萄品种中最珍贵和最具有商业价值的品种之一,发展前景广阔。中国红提产区主要分布在山西临汾、新疆、河北怀来、东北、云南、甘肃、宁夏、黄河故道、陕西、胶东半岛、江苏宝应等。

(二) 户太 8 号

户太 8 号葡萄,属欧美杂种,是陕西省西安市葡萄研究所从欧美杂交品种奥林匹亚的芽变中选育的鲜食和加工兼用型优秀早熟新品种。1996 年 1 月 10 日,该品种经陕西省第十八次品种审定会审定(审定编号 XPD013－2010)。

户太 8 号果穗整齐一致,圆柱形或圆锥形,平均单穗重 600～800 g。果粒大且着生较紧密,近圆形,紫黑色或紫红色,口感好,酸甜适口,香味浓,外观色泽鲜美,果粉厚,果

① 资料来源:国家统计局,华经产业研究院整理。http://news.sohu.com/a/527821841_120113054

皮较厚，耐贮运。果肉致密，肉质较脆，易分离，无肉囊，1～2 粒种子。平均粒重 12～18 g，可溶性固形物 16.5%～18.6%，总糖含量 12.0%～12.8%，总酸含量 0.25%～0.45%，Vc 含量 20.0～26.54 mg/100 g。

户太 8 号葡萄，38 ℃高温下仍能缓慢生长(其他品种在 35 ℃进入“午休”，基本停止生长)，－13 ℃无需任何特殊管理可安全越冬。因此，树体生长势强，耐低温，不裂果，7 月上、中旬开始成熟，成熟后在树上挂至 8 月中、下旬不落粒。耐贮性好，常温下存放 10 天以上，果实完好无损。对黑痘病、白腐病、灰霉病、霜霉病等抗病性较强。户太 8 号葡萄多次结果能力强，一般结 2 次果。一次果可达 1 000 kg/亩，二次果可达 1 000～1 500 kg/亩，且质量稳定。该品种从萌芽到成熟 95～104 天，成熟期比巨峰早上市 15 天左右，7 月上旬至 11 月初均有鲜果上市。

户太 8 号作为鲜食、酿酒的兼性品种，出汁率高，抗寒性强，可为消费者提供不同风格、不同品质的葡萄酒，也可作为冰葡萄酒的最佳选择之一。所以，该研究可以丰富葡萄酒的酒种，进一步满足葡萄酒市场需求和消费者喜好。

每年葡萄成熟季节来临之际，葡萄产量高涨，而价格急剧下降，同时，由于大量的葡萄来不及采摘，被浪费在田地里。如果将市场上的巨峰、户太 8 号用于酿酒，不仅可以增加附加值，而且可以减少浪费，稳定和提高农户收入，增加葡萄酒的多样性，有利于葡萄和葡萄酒行业有序、健康发展。

三、工艺对葡萄酒质量的影响

(一) 工艺对酿酒葡萄酒质量的影响

葡萄酒品质受相关工艺的影响，工艺每一个环节的改良都会影响葡萄酒品质。

崔艳[1]根据干红葡萄酒的风格选择相应的酿酒工艺，在浸渍后分离不超过 1/3 体积的果浆，生产色浅、果香浓郁、风格上接近白葡萄酒的干红葡萄酒，而其余部分按干红葡萄酒酿造工艺生产色深、品种香气浓、有醇厚感和肥硕感的干红酒，此类酒中花色苷和单宁等多酚类物质含量较高，口感更醇厚，更适于陈酿。邵学东[2]采用保护法酿造的霞多丽葡萄酒风格香气幽雅清新，口感相对简单，后味微苦；而采用不隔氧保护法酿造的霞多丽葡萄酒香气较浓郁，口感丰满，回味较长。

陈长武等[3]采用分段发酵法，将山葡萄汁温度控制在 28±1 ℃，酵母接种量 15%，二氧化硫含量 100 mg/L，发酵 5～7 天，获得了高质量的山葡萄原酒；采用先皂土后单宁-明胶结合的葡萄酒澄清效果明显高于单一澄清法。房玉林等[4]研究了两种工艺酿造的野生毛葡萄酒的香气成分后发现，传统工艺酿造的原酒香气质量优于 CO_2 浸渍工艺酿造的原酒香气质量；但陈酿 6 个月后，CO_2 浸渍工艺酿造的酒香气质量却高于传统工艺酿造的葡萄酒香气质量。

李景明等[5]研究发现，葡萄品种对葡萄酒中白藜芦醇的含量影响显著；不同酵母菌发酵液对葡萄果皮的浸渍作用不同，从而产生白藜芦醇含量的差异，采用贝酵母发酵的葡萄酒中白藜芦醇含量高于D254酵母；提高发酵温度可以明显促进白藜芦醇的浸提效果，而增加循环频数限制了果皮中白藜芦醇浸提。于英等[6]研究发现，葡萄酒酿造过程中产生的生物胺主要来源于酒精发酵和苹果酸-乳酸发酵，其中酒精发酵主要产生腐胺和精胺，果胶酶、酵母接种量和发酵温度等因素可以调节酒精发酵过程中的生物胺生成量；乳酸菌是葡萄酒生物胺最主要来源，在苹果酸-乳酸发酵过程中会产生大量的组胺和色胺。于英等[7]又调查了我国干红葡萄酒和干白葡萄酒中氨基甲酸乙酯(EC)含量的变化情况后发现，葡萄酒酿造过程中EC的生成主要受酵母菌和乳酸菌种类的影响，酒精发酵温度的降低和果胶酶的使用降低了葡萄酒中EC的含量。

研究表明，SO_2、果胶酶有利于白藜芦醇和总酚的积累，热浸渍法对白藜芦醇的积累无显著影响，但有利于总酚的增加[8]。发酵前热浸渍处理(60 ℃热浸渍6～24 h或70 ℃热浸渍6～12 h)可有效提高葡萄汁含糖量，降低含酸量；能正常进行酒精发酵，缩短酒精发酵时间；获得的新鲜葡萄酒颜色更深，结构感强，总酚含量显著提高[9]。严斌和陈晓杰[10]研究发现，浸渍温度、时间和发酵罐形状等工艺明显影响葡萄酒的功能性成分、色泽、口感和质量等，有利于浸出葡萄果皮中的酚类物质，增强葡萄酒果香，改善口感和色泽稳定性。覃杨[11]指出，葡萄酒的关键工艺在于通过适当降低发酵温度保护果香，通过低温处理促进酒石酸盐沉淀而降低酸度。赵晨霞和王辉[12]研究了不同辅料对干红葡萄酒色度的影响发现，各影响因素的主次顺序为酵母种类＞亚硫酸添加量＞果胶酶添加量，最优酒精发酵工艺条件是酵母BDX、果胶酶添加量10 mg/L、亚硫酸添加量60 mg/L。徐金辉等[13]研究表明，低温浸渍、酒精发酵过程中的皮汁分离可以提高葡萄酒中苯乙醇含量，获得较多的香气组分。宋于洋和塔依尔[14]采用适量SO_2处理含糖量23%的佳美葡萄原料，在26～28 ℃ CO_2浸渍13天的MC法酿造的佳美葡萄酒经皂土澄清后品质较好。

张军翔等[15]研究结果表明，下胶、冷冻和过滤等稳定工艺均能降低红葡萄酒色度和总酚含量，进而降低了葡萄酒的外观颜色品质和保健价值，但不同工艺对葡萄酒的总酚含量和色度影响程度不同。下胶量多和冷冻时间长对葡萄酒总酚含量的影响最明显；过滤对葡萄酒色度影响最明显，膜过滤可使葡萄酒色度下降21.45%。在实际生产中，为保证葡萄酒稳定，高档葡萄酒应避免使用皂土下胶，最好选择明胶或其他对葡萄酒总酚和颜色损失较小的材料下胶；应尽可能减少过滤次数，尽量避免使用孔径较小的过滤介质过滤葡萄酒；冷冻前调整葡萄酒的状况(pH和电位等)，保证在尽量短的时间使葡萄酒的冷稳定达到合格。

李景明等[16]研究发现，澄清使红葡萄酒中白藜芦醇总量减少15.7%；下胶和硅藻土过滤使水溶性白藜芦醇糖苷含量损失25.9%；速冷处理能100%保留红葡萄酒中的白藜芦醇。刘晓梅[17]研究表明，国产硅藻土对葡萄酒的澄清效果以及对葡萄酒中的铜、蛋白质和色素的稳定作用与法国硅藻土同效。史铭偏等[18]采用法国橡木桶试验时发现，橡木桶陈酿酒比例50%、中度烘烤、陈酿18个月可使葡萄酒的品质最好，而采用美国橡木桶陈酿酒比例30%、中度烘烤、陈酿18个月也可使葡萄酒的品质最好，从而确定了干红葡萄酒的最佳陈酿工艺，形成独特风格。

（二）工艺对鲜食葡萄酒质量的影响

邢文艳等[19]研究发现，户太8号既是优良的鲜食葡萄品种，又是优质葡萄汁、葡萄酒和冰葡萄酒的极好原料，特别是户太冰葡萄酒氨基酸含量丰富，总量达5 597 mg/L，分别比国产酒和加拿大酒高出2.38～3.67倍。2005年，日本葡萄爱好者会泽登芳会长一行先后2次组团对西安市户太葡萄产业进行考察，他们认为“在这样特定条件下，户太葡萄品种是亚洲系品种的佼佼者，有可能成为国际品牌，为树立稳定亚洲系品种的世界地位及品牌坚定了信心和决心”。李红梅[20]研究确定了巨峰葡萄酒的最佳勾兑参数，并确定了采用As2 430酵母带皮热浸提发酵生产出的甜红葡萄酒各项指标完全符合国家质量检验标准，初步证明了用鲜食葡萄巨峰酿造甜红葡萄酒的可行性。

甄会英等[21]研究认为，酵母接种量、氨基氮含量、pH、发酵温度和醪液含氧量等影响巨峰葡萄酒高级醇的生成量。优化酵母菌种，筛选亮氨酸缺陷型菌株来降低酵母对亮氨酸的利用率，可以减少高级醇的生成量。甄会英等[22]进一步研究认为，6×10^6个/mL的酵母接种量对高级醇生成量影响较小，酵母浓度过高或过低都会提高高级醇产量。葡萄汁中α-氨基氮总量为180～195 mg/L时，杂醇油的生成量较低。亮氨酸对高级醇生成量影响最显著，而对甘氨酸基本无影响。

周广麒和张国福[23]研究表明，果胶酶用量0.1 mL/kg，酶解温度55 ℃，酶解时间40 min，可有效增加巨峰葡萄汁色泽，提高透明度。周广麒等[24]进一步研究表明，在酶用量0.044 mL/kg，酶解时间97.5 min，酶解温度57 ℃条件下巨峰葡萄的出汁率达87.35%。郭磊等[25]证实巨峰葡萄酒的最佳酿造工艺为酵母用量3%、糖度20°、发酵时间8天。这个工艺酿造的葡萄酒颜色和口感都较好，理化及微生物指标均符合国家标准。黄江流等[26]对广西一年两收的巨峰葡萄研究表明，冬巨峰葡萄可酿造优级干红葡萄酒，为国内干型葡萄酒白藜芦醇含量最高的酒种之一，而夏巨峰葡萄不适宜酿造干红酒，可酿造普通甜型葡萄酒。李明亮和周广麒[27]对巨峰葡萄白兰地工艺的研究表明，发酵温度25 ℃，初始pH为3，接种量8%，两次减压蒸馏（蒸馏压强和温度分别为－0.07 MPa和80 ℃）至酒度50%（V/V），超声波90 min，烘烤橡木片40 min，原白兰地浸泡33天，可生产出色泽金黄，酒香纯正，果香宜人的优质白兰地。

现代医学研究表明，巨峰葡萄酒中的色素、丹宁和类黄酮等多酚类物质具有抗氧化、促进血液循环、助消化和利尿等功能。适量饮用红巨峰葡萄酒可增加高密度脂蛋白在体内的含量，减少血液中胆固醇和血脂的含量，减轻动脉粥样硬化和心脏病，降低高血压病和冠心病患者死亡的机率。美国哈佛大学的研究证明，每天饮酒不超过50 g（饮酒量以每月1 kg效果最好），可以减少血液中低密度蛋白（导致动脉硬化的脂蛋白）含量，增加血液中的高密度脂蛋白（一种抗动脉硬化的脂蛋白）含量，从而防止脂肪沉积，降低冠心病的发生率和死亡率。

如今，国内白酒企业纷纷向健康养生的保健酒市场发展，这为水果保健酒的大发展提供了机会。巨峰葡萄中的活性物质能抑制血小板聚集；其中较高含量的钾能帮助人体积累钙质、促进肾脏功能和调节心率。带皮发酵的 1 L 红巨峰葡萄酒含约 15 mg 维生素 B_{12}，适量饮用有益辅助治疗恶性贫血。巨峰葡萄中的糖类、酸类和维生素类有补益和兴奋大脑神经的作用。

四、葡萄酒中的花色苷

花色苷是红葡萄酒中的主要呈色物质，它决定葡萄酒的感官质量和品质。葡萄酒的外观主要看葡萄酒的澄清度和颜色。颜色有利于我们判断葡萄酒的酒龄、成熟度和醇厚度等。葡萄酒的颜色与结构、丰满度和后味密切相关。多数情况下，色深而浓且几乎处于半透明状态的红葡萄酒醇厚、丰满、单宁感强；相反，色浅的葡萄酒味淡且短，但较柔和和具醇香的葡萄酒仍不失为好酒。新红葡萄酒的颜色源于果皮的花色苷，颜色鲜艳，带紫红或宝石红色；成熟期间，随着游离花色苷逐渐与其他物质，如单宁发生聚合作用，逐渐变为瓦红或砖红色。

（一）葡萄与葡萄酒中花色苷的分布、种类和含量

葡萄中的花色苷主要存在于红葡萄浆果最靠近表皮的 3～4 层细胞的液泡里[28]；而紫北塞（Alicanle Bouschet）、Teinluriers、烟 73 和烟 74 的果肉中也存在花色苷；生长末期，叶子中也开始积累花色苷[29]。除了 Ligni Blanc 和白比诺等品种中含有少量花色苷外，大多数白葡萄品种，如赛美蓉、长相思和霞多丽等不含花色苷。

葡萄花色苷的种类在不同品种间差异较大，主要取决于花色苷的组成、葡萄糖的数量及其连接位置。在葡萄和葡萄酒中，单体花色苷不能稳定存在，只以糖苷形式的花色苷稳定存在。花色苷能够被香豆酸、乙酸或咖啡酸酰化，黑比诺中不含酰化的花色苷。发酵结束后，葡萄酒中花色苷发生了一系列变化，如降解、氧化、与 SO_2 结合、与金属离子络合、与黄烷三醇聚合以及辅色素作用等。

花色苷和黄烷醇可直接缩合，也可与乙醛缩合。C_4 位置上的苯乙烯基衍生物、乙醛、丙酮酸和原花色素 B_2 可以被取代，具有成环作用。花色苷和其他酚类之间不形成共价键，但辅色素作用影响新酒的颜色，这可能是花色苷和单宁缩合的开始。

花色苷 C_3 或 $C_{3,5}$ 位置的羟基能够与葡萄糖通过糖苷键相连。$C_{3,5}$ 双糖苷是美洲种葡萄（Vitis rupestris，Vitis riparia，Vitis labrusca）的显性特征，而欧亚种葡萄中（Vitis vinifera）只含有单葡萄糖苷。因此，可以用来区分欧亚种葡萄酒和美洲种或欧美杂交种葡萄酒[30]。

目前，花色苷的研究主要集中在欧亚种葡萄上，因此，欧亚种葡萄的花色苷以二甲花翠素单葡萄糖苷及其酰化衍生物为主。Ortega Meder et al.[31] 证实，花色苷的组成是品种特性，不受葡萄产区影响。Antonacci and La Notte[32] 研究证明，二甲花翠素-3

-单葡萄糖苷乙酸酯和二甲花翠素-3-单葡萄糖苷的比率是葡萄的品种特征，二甲花翠素-3-单葡萄糖苷是欧亚种葡萄和葡萄酒中的主要花色苷。Cacho et al.[33]证实，在果实成熟期间，Moristel、Tempranillo和Ganaeha葡萄中的花色苷含量最高的是二甲花翠素-3-单葡萄糖苷。Bourzeix et al.[34]对43个葡萄上的研究发现，紫北塞的花色苷含量最高(4 893 mg/kg)，美乐的含量最低(543 mg/kg)。Wulf[35]在赤霞珠葡萄上共鉴定出16种花色苷，其中二甲花翠素-3-单葡萄糖苷占42.6%，二甲花翠素-3-单葡萄糖苷乙酸酯占20.5%。

因此，欧亚种葡萄花色苷的主要成分是二甲花翠素单葡萄糖苷，花色素双葡萄糖苷的存在是欧亚种葡萄和其他葡萄本质区别[36]。东亚种群葡萄和北美种群葡萄中同时含有花色素的单葡萄糖苷和双葡萄糖苷，但以哪种葡萄糖苷为主，目前尚不清楚；圆叶葡萄含有全部5种花色素的双葡萄糖苷，一部分品种以花青素双葡萄糖苷为主，一部分品种以花翠素双葡萄糖苷为主，品种间差异显著[37-38]。

(二) 葡萄酒酿造过程中花色苷的变化

花色苷的浸提和控制对新红葡萄酒的质量和风格至关重要，影响着葡萄酒的颜色和最终品质的稳定性[39]。不同品种和产地的葡萄酒中的花色苷和总酚含量在20%～30%。研究表明，赤霞珠葡萄中含有酚类1.4 mg/g，花色苷4.3 mg/g，但只有27%～28%浸入葡萄酒中，类似结果也存在于黑比诺葡萄酒中。发酵起始的2～3天，花色苷的浸提速率迅速上升，之后缓慢下降[40]。同时，聚合花色苷的浓度开始上升。发酵期间，糖苷和酰化形式花色苷的浸提速率无明显差异，而儿茶素与表儿茶素浸提速率差异明显。酒精发酵末期及以后，单宁的聚合及单宁-花色苷的缩合促进了植物成分的深度浸提和色素结构的调整。

葡萄酒中的花色苷含量随着葡萄酒酒龄变化。发酵后其含量从100 mg/L(黑比诺)到1 500 mg/L(西拉、赤霞珠等)。最初几年，桶储和瓶储葡萄酒的花色苷迅速减少至0～50 mg/L。花色苷的损失主要归因于葡萄皮渣和发酵液的吸收、小部分降解和酒石酸氢钾结晶的包裹，及外因(温度、光、氧等)导致的花色苷分解或色素沉淀。在欧亚种葡萄酒中，乙醇与辅色素起相反作用。发酵过程中，随着酒度的增加，酒石的溶解度下降，结晶吸附部分花色苷，导致颜色变化，影响葡萄酒质量。

花色苷性质比较活泼，容易发生聚合反应。在花色苷和单宁的氧化作用中，既存在花色苷和单宁自身的氧化聚合，又存在花色苷和单宁分子间的聚合，尤其是与原花色苷和酵母产生的乙醛反应，能形成单宁-花色苷缩合物(T-A)，而pH与SO_2对其影响较小，使红葡萄酒颜色更稳定。同时，花色苷还可分别与蛋白质、多糖和多肽等大分子物质结合。在发酵过程中，聚合花色苷会与蛋白质反应生成不溶物；或者与多糖反应生成溶解度较低的产物，导致沉淀。乙醇浓度的增加减弱了花色苷的自结合和辅色素作用，也降低了葡萄酒的颜色和其他酚类(如槲皮素和黄烷醇)的溶解度。实验证明，红葡萄酒中花色苷有利于高浓度的低聚体和高聚体酚类物质的提取和稳定。

发酵结束后的几个月内，葡萄酒中的酰化花色苷迅速消失，只剩下以花翠素为主的五种单糖苷。大量色素在酒中与单宁结合或缩合形成更稳定的结合态花色苷，是葡萄酒中的主要呈色物质，常规方法检测不到。葡萄酒颜色的变化与风味密切相关。在红葡萄酒陈酿期间，由于花色苷和单宁缓慢氧化，红葡萄酒的颜色逐渐由鲜艳的宝石红色变为橙红色，最后变为砖红色或瓦红色；同时，红葡萄酒的苦涩味和粗糙感逐渐降低和消失，结构感和圆润感逐渐增强。

为了酿造优质葡萄酒，酿酒师们通过不同的酿酒工艺，如酵母选择、色素提取酶、浸渍时间、温度控制、二氧化硫处理、压榨、压帽和搅拌等，使葡萄酒丰满、和谐和复杂，富有结构感和余味。果胶酶能分解葡萄皮中的果胶，破坏葡萄皮结构，降解细胞壁，释放液泡内溶物，从而提高澄清度、滤过性和稳定性，缩短加工时间和降低黏度。因此，果胶酶在白葡萄酒中广泛使用，在红葡萄酒中主要增强色素和单宁的提取率。葡萄酒酿造主要的参与酶有果胶酶、纤维素酶和半纤维素酶和其他杂酶[41-42]。这些酶对葡萄皮中单宁的浸提作用优于花色苷。它们和细胞壁中与多糖相连的单宁作用，使葡萄酒酒体更加丰满。

每一种葡萄和葡萄酒的花色苷都有自己的特征。上述反应影响着葡萄酒的颜色及其稳定性，进而影响葡萄酒的感官特性。德国和西班牙根据花色苷的指纹库对不同原产地的葡萄酒进行了区分。因此，花色苷类的分析鉴定是葡萄酒酿造学的重要组成部分[43]。

五、葡萄酒中的酚类物质

酚类物质是一类典型的抗氧化活性物质，具有保护心血管和抗肿瘤等功效[44]。总酚含量是评价抗氧化活性的一个重要指标[45]。酚类物质含有酚官能团，主要构成植物的固体部分[46]，是葡萄重要的次生代谢产物，与葡萄酒的结构、骨架、味道和颜色等，尤其与红葡萄酒的特征和质量相关[47]，也与葡萄的抗病性和葡萄汁（酒）的贮存状况密切相关。

国外对酚类物质与葡萄酒的品质关系进行了大量研究[45]。根据结构不同，葡萄酒中的酚类物质可分为类黄酮类和非类黄酮类。其中，类黄酮类主要来自葡萄原料本身，依其分子结构可分为花色素、黄酮醇和黄烷醇等几类。非类黄酮类源于红葡萄的果皮、果梗和葡萄籽，如咖啡酸，在浸渍发酵期间被浸提到葡萄酒中，依其分子结构可分为安息香酸类、苯甲醛类、肉桂酸类和肉桂醛类等；或源于酵母菌自溶物，如对羟苯基乙醇；或源于橡木桶，如橡木桶本身的鞣质可降解成鞣花酸，木质素降解后产生酚酸和醛等低分子物质；而苯甲醛等化合物则与上述三个来源都有关[48]。这些酚类物质赋予葡萄酒颜色和风味特征。不同葡萄品种间酚类物质含量及类别差异很大，相同品种葡萄和葡萄酒中酚类的构成和含量也受地域、气候、栽培条件、成熟度和酿造工艺等因素影响[49-56]。

工艺对葡萄酒影响较大。刘沫茵和汪政富[57]研究发现，延长浸渍时间，总酚含量呈上升趋势，但随温度和压力的上升先增加后降低。周淑珍等[58]研究发现，葡萄酒贮藏期间，减少氧化可以保持葡萄酒中较高的总酚含量。对于不同年份的葡萄酒来说，葡萄酒的自身状态对总酚含量影响最大。白葡萄酒总酚含量远远低于红葡萄酒，主要是由于白葡萄皮总酚含量极少，白葡萄酒的抗氧化能力低于红葡萄酒。在相同氧化条件下，白葡萄酒比红葡萄酒更易出现醋酸病害，表明酚类物质在一定程度上能够抑制醋酸菌活动，增强葡萄酒微生物稳定性。屈慧鸽等[59]研究表明，皂土对葡萄酒的澄清效果最明显，但使口感变淡，颜色变浅，生产上应慎用；明胶的澄清效果较好，颜色变化较小，但易下胶过量，应与单宁一起使用。

中国已连续十多年为世界鲜食葡萄产量第一，但是中国的鲜食葡萄加工业相对落后，在国际贸易中的竞争优势并不突出。目前国内对鲜食葡萄的研究主要集中在鲜食、制汁和制干上，对酿酒上的研究较少，主要是考虑到鲜食葡萄出汁率低，果肉脆硬、色素含量低和口味淡等问题，因此，研究我国鲜食葡萄的多用途对于延伸鲜食葡萄产业链的未来发展具有重要意义。巨峰、户太 8 号是目前主栽的特色优良品种，栽培面积大、产量高，备受消费者喜爱。因此，深度研究开发它们的潜力，有利于品种区域化发展；研究其酿酒特性有利于填补葡萄酒发展过程中品种和酒种的空白，有利于进一步开发、提升其市场价值、延长其货架期，有利于本土特色葡萄与葡萄酒的发展。

尽管葡萄酒的推广应用已经取得了突破性进展，但作为葡萄酒重要方面的鲜食葡萄酒的研究十分缺乏，尤其是红提和户太 8 号这两种葡萄的酿酒特性的研究非常缺乏。总酚、花色苷、单体酚是葡萄酒中重要的三类物质，对葡萄酒的口感、风味和抗性有非常重要的影响。为此，我们以红提和户太 8 号葡萄为试材，以酿酒葡萄的研究理论和方法为基础，初步研究不同酿造工艺对红提和户太 8 号葡萄所酿葡萄酒总酚、花色苷和单体酚含量的变化情况，为鲜食葡萄向葡萄酒方向发展提供科学的理论依据，进一步丰富葡萄酒学的内容，为鲜食葡萄酒的推广和发展提供科学理论依据和技术参数，丰富葡萄酒的酒种多样性。

第二节　酒精发酵与总酚

酚类物质含有酚官能团，具有抗氧化活性，与葡萄酒骨架、味道、结构和颜色等的形成有关。酚类物质及其相关化合物也影响葡萄酒的外观、滋味、口感、香气以及微生物稳定性。因此，总酚含量成为评价抗氧化活性的一个重要指标[60]。

一、材料与方法

（一）材料及地点

本实验采用的葡萄品种为红提和户太8号，取自陕西合阳东奥现代葡萄产业园区，为2004年定植的扦插苗，单篱架，单干双臂整形，株行距1.0×2.5 m，采用常规的生产园管理。2011年9月采摘。红提和户太8号单品种桃红葡萄酒的酿酒工艺按照西北农林科技大学葡萄酒学院的葡萄酒小容器酿造工艺[61]酿造。工艺流程如图4-1，为两个不同的酿造工艺（浸渍发酵四天后除渣继续发酵①和发酵完全②）。

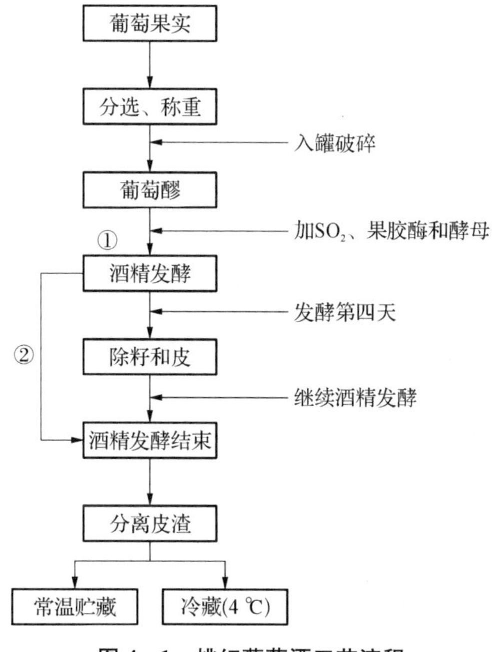

图4-1　桃红葡萄酒工艺流程

加 SO_2、果胶酶和酵母：在葡萄汁入罐后，加入 5 mL 6%亚磷酸溶液，摇匀，静止 2 h 后，加入 200 mg/L 的果胶酶，摇匀，静止 6～8 h 后，加入 20 mg/L 的活化酵母，开始发酵。

发酵结束后葡萄酒的贮藏实验设计如表 4－1。

表 4－1　发酵结束后红提和户太 8 号葡萄酒的贮藏实验设计

贮藏温度	工艺条件	品种	重复次数
常温贮藏	F4C	红提	3
	FQC	户太 8 号	3
低温贮藏	F4L	红提	3
	FQL	户太 8 号	3
低温贮藏	F4L	红提	3

注：F4C：发酵 4 天后除皮渣至发酵结束后常温贮藏的酒样，简称发酵中止后常温贮藏；
FQC：发酵完全后除皮渣至常温贮藏的酒样，简称发酵完全后常温贮藏；
F4L：发酵 4 天后除皮渣至发酵结束后 4 ℃（低温）贮藏的酒样，简称发酵中止后 4 ℃（低温）贮藏；
FQL：发酵完全后除皮渣至 4 ℃（低温）贮藏的酒样，简称发酵完全后 4 ℃（低温）贮藏。
每个品种的葡萄酒都是先常温贮藏再低温贮藏。下同。

发酵结束后红提葡萄酒和户太 8 号葡萄酒的理化指标如表 4－2 和 4－3，其结果均符合国家葡萄酒产品标准（GB 15037—2006）。所有酒样均处于良好状态。

表 4－2　不同工艺的红提葡萄酒的理化指标

工艺	酒度（V/V）/%	残糖/(g/L)	总酸（以酒石酸计）/(g/L)	挥发酸（以醋酸计）/(g/L)	pH
F4C	10.45±0.35	1.78±0.07	5.34±0.12	0.46±0.23	3.45±0.01
FQC	11.7±0.25	1.56±0.02	5.56±0.93	0.48±0.13	3.32±0.17
F4L	10.45±0.35	1.63±0.01	5.46±0.23	0.38±0.15	3.34±0.06
FQL	11.7±0.25	1.64±0.03	5.13±0.04	0.46±0.18	3.38±0.06

表 4－3　不同工艺的户太 8 号葡萄酒的理化指标

工艺	酒度（V/V）/%	残糖/(g/L)	总酸（以酒石酸计）/(g/L)	挥发酸（以醋酸计）/(g/L)	pH
F4C	9.3±0.21	1.53±0.09	6.03±0.16	0.45±0.12	3.27±0.09
FQC	10.2±0.15	1.57±0.02	5.68±0.71	0.51±0.14	3.34±0.11
F4L	9.3±0.21	1.61±0.08	6.37±0.43	0.49±0.16	3.2±0.05
FQL	10.2±0.15	1.68±0.04	5.85±0.26	0.45±0.14	3.29±0.12

（二）仪器

UV－2401 PC 型紫外分光光度计。

超声波清洗仪（昆山市超声仪器有限公司 KQ－2508 型）。

恒温水浴锅(上海标隆仪器有限公司 HH－6A)。

(三) 试剂

没食子酸标准品，钨酸钠，磷钼酸，85%磷酸，Na_2CO_3，以上试剂均为分析纯。

1. 10% Na_2CO_3饱和溶液的配制

准确称取 50 g 碳酸钠溶于蒸馏水中，定容到 500 mL 容量瓶中。

碳酸钠晶种的结晶方法：取少量重蒸水，加入适量碳酸钠，不断搅拌和加入碳酸钠，直至有结晶析出，即为晶种。

上述配好的溶液中加入少量晶种，直至有结晶析出，过滤。第二天过滤，备用。

2. 福林-肖卡试剂(Folin-Ciocalteu，F-C)的配制

在 250 mL 的圆底烧瓶内加入 20 g 钨酸钠、5 g 钼酸钠、140 mL 蒸馏水，85%的浓磷酸 10 mL 及浓盐酸 20 mL，充分混匀，放入数粒玻璃珠，冷凝回流加热煮沸 10 h，再加入 3 g 硫酸锂及 15 mL 双氧水(数滴溴液)，开口继续煮沸 15 min，待双氧水完全挥发，呈亮黄色。冷却后移入 250 mL 容量瓶中，定容于棕色试剂瓶中，放入冰箱(4 ℃)中备用。用前稀释 2 倍(1∶1 体积水稀释)。

3. 0.1 mg/mL 没食子酸标准液的配制

准确称取 1.5 mg 没食子酸，定容到 15 mL，即 0.1 mg/mL 没食子酸标液(低温避光保存)。

4. 没食子酸标准曲线的制作

分别精确移取没食子酸标准溶液 0、50、100、150、200、250、300 μL 至 7 个 10 mL 棕色容量瓶(试管)中，依次编号为 0 号、1 号、2 号、3 号、4 号、5 号、6 号和 7 号，并对应补充蒸馏水 1 000、950、900、850、800、750 和 700 μL。再分别加入 5.00 mL 双蒸水，摇匀，再加 0.20 mL F-C 试剂，充分摇匀，2 min 后，加入 10%碳酸钠饱和溶液 2.00 mL，充分混匀，定容，避光显色反应 60 min，以 0 号为空白样品，于 760 nm 波长下比色，测定吸光度。每个样品平行测定 3 次，取其平均值。以标准样品浓度为横坐标，吸光度值为纵坐标绘制标准曲线。

5. 没食子酸标准曲线

通过相应的没食子酸标准品标准曲线，得到标准品的线性方程

$$A = a \times M + b$$

方程中各量含义分别为：A：测定标准品的吸光度；a：线性方程的斜率；M：标准品的浓度(mg/mL)；b：线性方程的截距。

6. 葡萄酒中总酚含量的测定

(1) 葡萄酒总酚提取

用 100 mL 容量瓶分别量取 100 mL 酒样和蒸馏水加入分液漏斗中，加入 80 mL 乙酸乙酯，混匀，静置，分层，打开旋钮，放出下层水相，再加 30 mL 乙酸乙酯，同上操作，反复萃取三次，将上层酯相倒入 250 mL 圆底烧瓶。旋转蒸发仪蒸干，甲醇定容到 5 mL，分装在 4 mL 和 1.5 mL 离心管中，4 ℃冰箱保存。

(2) 葡萄酒中总酚含量的测定

上述提取液 100 μL 和 0.9 mL 双蒸水依次加入 20 mL 的玻璃试管中，加入5.00 mL 双蒸水，摇匀，再加入 0.20 mL F-C 试剂，充分摇匀，2 min 后，加入 10%饱和Na_2CO_3溶液 2.00 mL，混匀，最后加入 0.90 mL 双蒸水，避光显色反应 60 min，于760 nm特征吸收波长下比色，测定吸光度。每处理重复 3 次，以没食子酸标准液为空白对照，结果以没食子酸等价值表示(mg/L)。

7. 测定方法的确定

(1) F-C 试剂用量的确定

取 5 个 20 mL 的玻璃试管，分别编号 1 号、2 号、3 号、4 号和 5 号。每个试管中分别依次加入 50 μL 没食子酸标准溶液，5.00 mL 双蒸水，再加入不同体积(0.10、0.15、0.20、0.25 和 0.30 mL)的 F-C 试剂，2.00 mL 10%饱和 Na_2CO_3溶液，混匀，最后加入 0.9 mL双蒸水，避光显色反应 60 min，在 760 nm 特征波长下测定吸光度 A 值，绘制F-C 试剂用量-A 曲线。

(2) 碳酸钠用量的确定

取 5 个 20 mL 的玻璃试管，分别编号 1 号、2 号、3 号、4 号和 5 号。每个试管中分别依次加入 50 μL 没食子酸标准溶液，5.00 mL 双蒸水，再加已选体积的 F-C 试剂，不同体积(0.50、1.00、2.00、3.00 和 4.00 mL)10%饱和 Na_2CO_3 溶液，混匀，最后加入 0.9 mL双蒸水，避光显色反应 60 min，在 760 nm 特征波长下测定吸光度 A 值，绘制碳酸钠用量-A 曲线。

(3) 总酚含量精密度的确定

分别精密吸取 0.5 mL 葡萄酒样 5 份到 50 mL 容量瓶中，依照标准曲线的制作方法操作，加空白对照，分别测定吸光值，根据下列公式计算测定结果的相对标准偏差，并计算 RSD，以评价最佳优化方法的精密度。

$$S=\sqrt{\frac{\sum_{i-1}^{n} C_i^2}{n-1}}$$

$$\mathrm{RSD}=\frac{S}{\bar{X}}\times 100\%$$

S：标准偏差；

RSD：相对标准偏差；

C_i：测定结果绝对偏差(测定结果平均值与测定结果差值的绝对值)；

$\bar{X}$:测定结果平均值;

n:实验次数。

(四) 统计分析

数据分析使用 Excel 2000 软件,并作图。

二、结果

(一) 测定方法的建立

Folin-Ciocalteu 试剂中的钨钼酸可以氧化多酚化合物,自身被还原($W^{6+} \rightarrow W^{5+}$)成蓝色化合物,颜色的深浅与多酚含量呈正相关,因此可以通过比色法来定量总酚含量。反应生成的络合物在特征波长处有最大吸收。

1. 标准曲线

没食子酸标准曲线如图 4-2,在 760 nm 处测定吸光度值,以没食子酸浓度为横坐标,以吸光度为纵坐标作标准曲线,得到相应回归方程:$y=99.019x+0.056\ 7$,$R^2=0.999\ 0$。结果表明,在线性范围 0~30 μg 内,没食子酸质量和吸光值呈较好的线性关系。

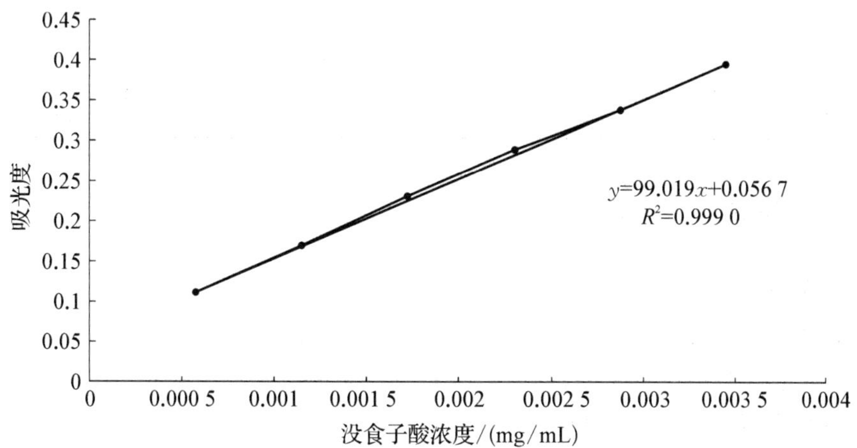

图 4-2 没食子酸标准曲线

2. F-C 试剂用量的确定

表 4-4 为不同 F-C 试剂用量下的实验结果,随着 F-C 试剂用量的增加,吸光度 A 值迅速增加,当 F-C 用量达到 0.20 mL 后,其吸光度 A 值达到最高,吸光度在 F-C 用量为 0.20、0.25 和 0.30 mL 时保持不变,说明 F-C 用量为 0.20 mL 时,显色剂能够满足 50 μL 没食子酸的反应需求量。故选用 0.20 mL 为 F-C 试剂适宜用量。

表 4-4　不同 F-C 用量对测定结果的影响

F-C 用量(mL)	A_1	A_2	A_3	$\bar{A}$
0.10	0.696±0.01	0.701±0.01	0.712±0.01	0.703±0.01
0.15	0.786±0.02	0.849±0.01	0.882±0.03	0.839±0.03
0.20	0.999±0.02	1.002±0.04	0.999±0.01	1.000±0.04
0.25	1.002±0.03	1.004±0.03	1.000±0.02	1.002±0.01
0.30	1.001±0.01	0.999±0.01	1.003±0.02	1.001±0.02

3. 碳酸钠用量的确定

表 4-5 为不同碳酸钠用量下的实验结果。随着碳酸钠用量的增加，吸光度 A 值迅速增加，当碳酸钠用量达到 2.00 mL 后，其吸光度 A 值达到最高，之后随着碳酸钠用量的增加，A 值逐渐下降，这主要与碳酸钠的用量过大导致产物的不稳定(如结晶析出等)或反应不稳定等因素有关，具体机理还有待进一步研究。故选用 2.00 mL 10%的碳酸钠。

表 4-5　不同碳酸钠用量对测定结果的影响

碳酸钠用量(mL)	A_1	A_2	A_3	$\bar{A}$
0.50	0.628±0.02	0.631±0.01	0.622±0.01	0.627±0.02
1.00	0.830±0.02	0.856±0.02	0.877±0.03	0.854±0.01
2.00	1.012±0.01	1.021±0.03	1.032±0.01	1.022±0.03
3.00	1.012±0.03	1.006±0.01	1.009±0.02	1.009±0.02
4.00	0.996±0.04	0.999±0.02	1.003±0.01	0.999±0.01

(二) 总酚优化方法的评价

1. 稳定性实验

取没食子酸标准品溶液(50 μL)，按照最佳组合方案进行实验，避光显色反应 60 min后吸光度 A 值的变化如表 4-6，吸光度在显色反应 60 min 后 10 min 内基本达到稳定，证明该优化方法以显色反应结束后 10 min 内测定的 A 值稳定性较好。超过 10 min，A 值逐渐下降。因此，为保证测定值的准确度，需在显色反应结束后 10 min 内测定 A 值。

表 4-6　显色反应后吸光度变化

时间/min	0	5	10	15	20	25	30	35	40	45	50	55
A	0.732±0.02	0.729±0.02	0.728±0.01	0.702±0.01	0.682±0.03	0.655±0.01	0.623±0.01	0.601±0.01	0.599±0.02	0.582±0.02	0.545±0.03	0.501±0.01

2. 精密度实验

精密吸取没食子酸标准溶液 0.5 mL 置 10 mL 容量瓶中，定容至刻度，摇匀，重复测定 5 次，结果见表 4-7。

表 4-7　没食子酸标准液精密度实验测定结果($n=5$)

实验号	1	2	3	4	5	平均值	RSD/%
吸光值	0.745±0.01	0.751±0.02	0.743±0.02	0.754±0.03	0.748±0.02	0.748 2	0.59

由表 4-7 可知，福林反应测定葡萄酒中总酚含量的平均吸光值为 0.748 2，RSD 为 0.59%<3%($n=5$)，表明该方法精密度高，重复性好，能够用于葡萄酒中总酚含量的测定。

3. 可靠性实验

分别取不同体积的没食子酸标准溶液，严格按实验方法进行实验，标准曲线绘制后如图 4-2。可见在实验浓度范围内，没食子酸浓度与吸光度具有良好的线性关系，相关系数(R^2)为 0.999 0，非常接近 1，表明该方法的可靠性好。

(三) 葡萄酒中的酚类

酚类物质是影响葡萄酒质量的主要因素之一，它不仅使葡萄酒增色，而且使葡萄酒拥有各种复杂的口感与味感特征[62]，决定了葡萄酒的口感、典型性、发酵工艺和陈酿条件等[63]。红葡萄酒颜色主要由花色苷和单宁两类物质决定[64]。本研究从鲜食葡萄酒苹果酸乳酸发酵结束开始，测定了不同陈酿条件下红提和户太 8 号葡萄酒中总酚的变化情况。结果表明，不同陈酿条件对葡萄酒的影响很明显。

国内外研究表明，大多数酚类物质在葡萄酒酿造过程中被保存下来，但有些在发酵和陈酿过程中相互发生聚合反应形成新的酚类物质[65]，导致酒体中多酚类物质的结构和含量发生很大变化[66]。

(四) 陈酿工艺对葡萄酒中总酚的影响

葡萄酒发酵后需要通过陈酿提升品质。在陈酿期间，葡萄酒中的酚类物质参与了一系列化学反应，使其苦涩味和酒体的粗糙感等得到最大程度改善，包括花色苷、黄烷-3-醇、黄酮醇和酚酸等对葡萄酒的品质和保健功能具有重要影响的酚类物质得到了提升[67]。在红葡萄酒陈酿期间，单宁的聚合反应是一类重要的反应[68]。酚类物质对红葡萄酒颜色十分重要，单体花色苷的含量非常低，有些甚至已经消失，主要呈色物质是花色苷与单宁的聚合物，这种多聚体可以稳定葡萄酒颜色，改善葡萄酒口感[69]。

除了酚类物质影响葡萄酒颜色外，pH 水平也会影响葡萄酒的颜色变化。葡萄酒红色会随着 pH 的升高而降低，逐渐向瓦红色转变。这与本实验中红提葡萄酒的结果一致，而与户太8号葡萄酒的结果相反，这表明，葡萄品种影响葡萄酒中酚类物质的变化。pH较低的葡萄酒，游离花色苷含量越少，聚合花色苷增多。这种聚合反应发生于直接聚合或者辅色素化的过程中[70]。

表4-8　不同品种葡萄酒总酚含量的变化

测定时间	贮藏方式	红提葡萄酒	上升比例/%	户太8号葡萄酒	下降比例/%
11月18日	常温贮藏	43.639 4±4.983 9		47.700 3±14.561 9	
	低温贮藏(4 ℃)	46.047 8±7.681 3	5.23	45.697 4±17.745 9	4.20
12月1日	低温贮藏(4 ℃)	48.013 6±12.256 4	10.02		

陈酿方式对葡萄酒较为重要[71]。高温陈酿会加速葡萄酒褐色，这在红提葡萄酒中得到了体现，但是在户太8号葡萄酒中得到了相反的结果(表4-8)。主要是户太8号葡萄酒中单宁含量高，与游离花色苷相比，花色苷和单宁的聚合体不容易分离，可以稳定葡萄酒颜色，这需要进一步研究。同时，在低pH环境下，花色苷和单宁聚合体含量更高，颜色更加稳定[72]。所以，红提葡萄酒适合低温陈酿，而户太8号葡萄酒适合常温陈酿。

在微氧作用下，葡萄酒中的酚类会发生一系列缓慢而连续的变化，使酒体变得柔和、圆润、醇厚和具有结构感[73]。另外，氧气将葡萄酒中的一小部分乙醇氧化成乙醛，作为键桥，促进花色苷与单宁的聚合[73]。Atanasova et al.[74]研究发现，延长陈酿时间和持续氧化，葡萄酒中聚合花色苷、桥接乙基的化合物和衍生色素的含量显著增加，这是红提葡萄酒中总酚含量增加的原因。随着温度升高，氧气在液体中的溶解度降低。所以，本实验中，低温贮藏的红提葡萄酒中较高的氧气含量促进了花色苷和单宁之间的聚合，其总酚含量高于常温贮藏的红提葡萄酒中的总酚含量，但是户太8号葡萄酒得到了相反的结果，主要是户太8号葡萄酒在低温贮藏期间花色苷损失较多，或发酵期间户太8号葡萄酒中形成的花色苷较少，随着贮藏期的延长，形成花色苷-单宁聚合体的花色苷含量不断减少造成的(表4-9)，这与品种有关，也主要是不同温度条件下葡萄酒中的微氧含量不同。不同的微氧条件可促使单宁形成不同的聚合产物，进而影响葡萄酒苦涩味[75-76]。同时，影响葡萄酒中花色苷-单宁聚合体的积累。红提葡萄酒在低温贮藏期间总酚含量呈上升趋势，主要是红提葡萄酒中含有较多的单宁，或者在低温贮藏期间微氧条件没有促使单宁形成较多的单宁聚合物，从而促进了单宁与花色苷在低温贮藏期间形成更多的花色苷-单宁聚合体；而在户太8号葡萄酒中呈现相反结果，主要是户太8号葡萄酒中含有较少的单宁，或者在低温贮藏期间微氧条件促使单宁形成较多的单宁聚合物，从而与花色苷结合的单宁减少导致低温贮藏期间形成的花色苷-单宁聚合体较少，具体原因需要进一步研究。

(五) 不同贮藏温度对葡萄酒总酚含量的影响

在一般情况下，陈酿方式必须与葡萄酒的种类，尤其是与其酚类物质的结构相适应。

实际生产中，葡萄酒的贮藏分为两种，常温贮藏和冷藏。通常，常温贮藏将葡萄酒贮藏在 20～25 ℃温度下。冷藏通常是在葡萄酒的冰点进行贮藏，主要是根据葡萄酒酒石的稳定状态对葡萄酒在此温度下进行一段时期的冷藏，其目的是稳定葡萄酒。冷藏时间一般 15～20 天，或者稍长一些。不同品种的葡萄酒，冰点不同，因此，冷藏温度也不同。同样，在相同的冷藏条件下，不同品种的葡萄酒冷藏效果也不同。本实验采用的是后一种贮藏方式。在本实验中，常温贮藏采用的是在常规环境温度下的避光贮藏，贮藏的环境温度随着季节的变化而变化。冷藏是在稳定的 4 ℃条件下进行的避光贮藏。本实验中，将发酵完后的红提和户太 8 号葡萄酒先后分别贮藏于两种不同的温度环境中，并且在 11 月 18 日和 12 月 1 日，分别对红提和户太 8 号两种不同品种的葡萄酒中进行了总酚含量的测定（表 4 - 8）。可以看到，低温贮藏（4 ℃）能够提高红提葡萄酒中的总酚含量（5.23%），并且随着低温贮藏时间的增加，葡萄酒总酚含量持续上升，表明在此期间有更多的总酚被积累出来；而在 12 月 1 日达到了 48.013 6 mg/L，上升了 10.02%，但是上升略显缓慢，主要是随着贮藏时间的延长，更多的酚类物质随着酒石结晶从葡萄酒中分离出来，表明在此时，红提葡萄酒中的总酚已基本达到最大值。低温贮藏却降低了户太 8 号葡萄酒中的总酚含量，在 11 月 18 日，低温贮藏葡萄酒的总酚含量（45.697 4 mg/L）比常温贮藏葡萄酒的总酚含量（47.700 3mg/L）下降了 4.20%。原因是在浸渍发酵中一些酚类物质发生聚合[77]，进而影响了贮藏期间酚类物质的含量。

因此，红提葡萄酒总酚含量的变化趋势为，低温贮藏（4 ℃）有利于总酚含量的积累，并且，延长低温贮藏时间，总酚不断积累；而户太 8 号的变化趋势却是相反，常温贮藏条件有利于户太 8 号葡萄酒中总酚含量的积累，这与品种所含的酚类物质种类有关。因此，总酚含量的积累与品种有关，应根据品种选择适宜的贮藏条件。

三、小结

总酚测定的优化方案：待测酒样提取液 100 μL 和 0.9 mL 双蒸水依次加入 20 mL 的玻璃试管中，加入 5.00 mL 双蒸水，摇匀，再加入 0.2 mL 福林肖卡试剂，充分摇匀，2 min后，加入 10%碳酸钠溶液 2.0 mL，混匀，最后加入 0.9 mL 双蒸水，避光显色反应 60 min，于 760 nm 特征吸收波长下比色，测定吸光度。每处理重复 3 次，结果以没食子酸等价值表示（mg/L）。以没食子酸标准液为空白对照。

本实验结果证明，不同工艺处理方法对葡萄酒中总酚含量的影响程度不同。低温贮藏显著提高了红提葡萄酒中的总酚含量，其中长时间的低温贮藏对红提葡萄酒的总酚含量影响更大，最大上升比率为 10.02%。相反的是，低温贮藏工艺显著降低了户太 8 号葡萄酒中的总酚含量，下降比率为 4.20%。因此，常温贮藏有利于户太 8 号葡萄酒中总酚含量的积累，而低温贮藏有利于红提葡萄酒中总酚含量的积累。在实际工艺操作中，应根据不同的葡萄品种选择降低葡萄酒中总酚损失的工艺方法，保证葡萄酒的稳定。

第三节　酒精发酵与花色苷

一、背景

花色苷存在于植物根、茎、花和果实中，是以黄酮核为基础的一类呈色糖苷。天然花色苷配糖体的基本结构为3,5,7-三羟基-2-苯基苯并吡喃。由于苯环中取代羟基和甲氧基位置数量的不同，花色苷配糖体衍生出6种配糖体化合物，分别为飞燕草色素DP(茄子和石榴)、天竺葵花素PG(草莓和萝卜皮)、芍药花色素PN(芒果和樱桃)、矢车菊花素CY(苹果皮和桑椹)、矮牵牛花素PT(葡萄皮)和锦葵花色素MV(葡萄皮)。配糖体上的羟基以糖苷键形式与糖结合形成花色苷。

目前，常用吸光度法定量花色苷含量，也有用不同浓度梯度的花色苷标准液制作标准曲线计算其含量，但花色苷标准品的不稳定性限制了它的使用，本章用pH示差法定量分析了葡萄酒中的花色苷含量。

pH示差法建立的基础是未酰化或者单酰化的花色苷在酸性条件下的结构转化理论[78]。分别用两种不同pH缓冲液稀释待测液，然后计算不同pH下花色苷溶液吸光度差值。花色苷在酸性条件下呈现无色和有色。二者之间的平衡位置依pH的不同而改变，而干扰物质特征光谱不随pH的改变而改变。pH为1.0时，花色苷以红色的2-苯基苯并吡喃形式存在，pH为4.5时，花色苷以无色的甲醇假碱形式存在。因此，pH示差法通常选用的pH为1.0和4.5。

根据朗伯-比尔定律，在两个不同的pH下，花色苷溶液吸光度的差值与花色苷的含量成比例，也即其呈色强度的变化与色素含量的多少成比例，据此可求出花色苷含量。大多数水果中不只含有一种花色苷，而且每种花色苷的吸光度都有微小差别，所以测定结果取决于所选用的标准。

二、材料与方法

(一) 实验材料及地点

同上一节。

（二）实验仪器设备

722 光栅分光光度计：上海第三分析仪器厂；

LG10 - 2.4A 离心机：北京医用离心机厂；

旋转蒸发器 RE - 52A：上海亚荣生化仪器厂；

SHB - 3 循环水多用真空泵：郑州杜甫仪器厂；

电子天平（JA5003）；上海精称天平；

PHS - 3C 型精密 pH 计：上海雷磁仪器厂：

层析柱（Φ1.5×30 cm）：西安天星化玻仪器有限公司。

（三）缓冲液的配制

pH1.0 的氯化钾缓冲液：

准确称取 1.86 g KCl 溶解在 980 mL 去离子水中，盐酸（分析纯）调整 pH 至 1.0（±0.05），去离子水定容至 100 mL。

pH4.5 的醋酸钠缓冲液：

准确称取 54.43 g NaAc・$3H_2O$ 溶解在 980 mL 去离子水中，盐酸（分析纯）调整 pH 至 4.5（±0.05），去离子水定容至 100 mL。

（四）花色苷的测定

1. 待测样液的制备

参照 Timberlake[79]、Giusti and Wrolstad[80] 和 Wrolstad et al.[81] 方法，略作修改。

分别移取 10 mL 葡萄酒样液 2 份，分别用 pH1.0 和 pH4.5 的缓冲液定容至 100 mL（稀释 10 倍），混匀。分别用 0.45 μm 的超滤膜过滤后，4 ℃冰箱保存。

2. 平衡时间的确定

在溶液介质中，花色苷存在 4 种结构形式，即蓝色的醌式（脱水）碱（A）、红色的花徉正离子（AH^+）、无色的甲醇假碱（B）和查尔酮（C）。非酰化和单酰化的花色苷溶液在 pH 很低时，呈现最强的红色；随着 pH 的增大，花色苷的颜色将褪至无色，最后在高 pH 时变成紫色或蓝色。但是，具有两个或两个以上酰基的花色苷在整个 pH 范围内颜色稳定性相当好。另外，酰化部分的性质对花色苷的稳定性也有影响[72]。所以，这 4 种结构形式在某一 pH 下处于动态平衡，当 pH 改变时，动态平衡发生转移，总的趋势是 pH 降低时，平衡向红色的 2 -苯基苯并吡喃阳离子移动，pH 升高时，平衡向蓝色的醌式移动，一定时间后达到一个新的平衡[83]。因此，花色苷溶液经缓冲液稀释后，必须静置一段时间，等动态平衡稳定后，才能测定吸光度。本实验中，将 2 mL 制备好的红提葡萄酒平衡 0、5、10、15、20 和 25 min 后，用缓冲溶液作空白，分别在 510 nm 和 700 nm 处测定两种稀释液样品的吸光值 A。每个样品重复 3 次。

3. 稀释因子的确定

参照石光[84]的方法，略作改动。分别取 2 mL 制备好的葡萄酒样品，放入 A 和 B 两个比色管中。A 管加入氯化钾缓冲液（pH1.0）；B 管加入醋酸钠缓冲液（pH4.5）；分别稀释 0、2、4、6、8、10 和 15 倍，将稀释液平衡相应时间后，用缓冲溶液做空白，采用 pH 差示法[85]分别测定两种稀释液样品在 510 nm 和 700 nm 处的吸光值 A。每个样品重复 3 次。

4. 待测样液的测定

待测样液平衡后，分别在 510 nm 和 700 nm 下测定吸光值。用缓冲溶液作空白，每样品重复三次。并按下式计算稀释样品中花色苷的吸光度（A）：

$$A=(A_{510}-A_{700})_{\mathrm{pH1.0}}-(A_{510}-A_{700})_{\mathrm{pH4.5}}$$

花色苷（由二甲花翠素-3-O-葡萄糖苷，malvidin-3-O-glucoside 表示）含量由下式决定：

$$\text{花色素含量(mg/L)}=\frac{A\times MW\times DF\times 1\,000}{\varepsilon\times L}$$

其中，A 同上，为花色苷溶液在 pH1.0 和 pH4.5 之间的吸光度之差；

MW=449.2（分子量）[86]；

DF=稀释倍数；

ε=26 900 L/(cm·mg)（消光系数，摩尔吸光度）；

L=1 cm，比色皿光程（直径）；

(五) 统计分析

数据分析使用 Excel 2000 软件。

三、结果

(一) pH 示差法中 pH 的确定

为使 pH 示差法有较好的灵敏度及准确性，pH 的选定对花色苷的定量分析具有重要意义，在选定 pH 时应考虑以下因素：在这两个 pH 处测定的花色苷的吸光值差异应最显著；单一 pH 的轻微变动对花色苷吸光值的影响极小；花色苷在所处的两个 pH 下应相当稳定。采用 pH 示差法测定花色苷含量[87]，确定两个对花色苷吸光度差别最大但使花色苷稳定的 pH，因花色苷在 pH1.0 和 pH4.5 处的吸光值差极大[88]，故选定 pH1.0 和 pH4.5 两个 pH 测定葡萄酒中花色苷的吸光值。

(二) 平衡时间的确定

由于花色苷存在4种结构形式的转化，所以测定时用缓冲溶液调pH后，应当平衡一段时间再测定[89]。

由表4－9可知，在pH1.0的缓冲液中，红提葡萄酒中花色苷的吸光值随时间延长而增大，10 min以后保持0.160不变，因此，平衡时间为10 min；在pH4.5的缓冲液中，样液的吸光值随时间延长而增大，10 min以后保持0.155不变，因此，平衡时间为10 min。所以，本实验红提葡萄酒的平衡时间为10 min。

表4－9　平衡时间的确定

	时间/min	0	5	10	15	20	25
红提	pH1.0	0.149±0.01	0.159±0.01	0.160±0.01	0.160±0.02	0.160±0.01	0.160±0.01
	pH4.5	0.143±0.01	0.149±0.01	0.155±0.01	0.155±0.02	0.155±0.01	0.155±0.02
户太8号	pH1.0	0.287±0.02	0.296±0.02	0.302±0.02	0.302±0.03	0.302±0.01	0.302±0.02
	pH4.5	0.266±0.01	0.273±0.03	0.286±0.02	0.286±0.01	0.286±0.01	0.286±0.01

同样，在pH1.0的缓冲液中，户太8号葡萄酒中花色苷的吸光值随时间的延长而增大，10 min以后保持0.302不变，因此，平衡时间为10 min；在pH4.5的缓冲液中，样液的吸光值随时间的延长而增大，10 min以后保持0.286不变，因此，平衡时间为10 min。所以，本实验户太8号葡萄酒的平衡时间也为10 min。

(三) 花青素含量的测定

表4－10中的数据为红提和户太8号葡萄酒中花青素的含量。

表4－10　不同品种葡萄酒中总花色苷含量的变化

测定时间	贮藏方式	红提	上升比例/%	户太8号	下降比例/%
11月18日	常温贮藏	0.012 5±0.008 5		0.170 1±0.227 7	
	低温贮藏	0.016 7±0.002 5	25.15	0.014 2±0.015 0	91.65
12月1日	低温贮藏	0.036 5±0.014 3	65.75		

大量研究表明，葡萄酒中花色苷的含量与工艺措施密切相关。另外，前人大量的研究集中在发酵工艺对花色苷含量的影响，关于陈酿期间工艺措施对花色苷影响的研究很少。

从上表可见，红提葡萄酒中总花色苷含量的变化趋势为：低温贮藏(4 ℃)有利于总花色苷含量的积累(0.012 5/0.016 7)，并且延长低温贮藏时间，总花色苷不断积累(0.016 7/0.036 5)，并且积累加速，由25.15%上升至65.75%；而户太8号葡萄酒中总花色苷的变化趋势恰恰相反，由0.170 1 mg/L下降至0.014 2 mg/L，下降了91.65%，常温贮藏能够保留户太8号葡萄酒中更多的总花色苷含量。因此,总花色苷含量的积累也与葡萄品种有关。

(四)葡萄与葡萄酒中的花色苷

葡萄酒的感官质量很大程度上取决于葡萄果实中的酚类物质含量[90]。葡萄酒中的酚类物质来源于葡萄果实、发酵期间酵母代谢和葡萄酒的橡木陈酿。它们赋予葡萄酒颜色和特殊的苦涩味,增进葡萄酒的感官质量,有利于葡萄酒的长期保存[91]。葡萄酒中的酚类化合物主要是花色苷、缩合单宁、黄酮类及如肉桂酸和苯甲酸等酚酸类化合物。花色苷是红葡萄酒中的主要呈色物质,它决定红葡萄酒品质和感官质量,新红葡萄酒中的花色苷含量为200～500 mg/L。葡萄酒中的花色苷主要以游离态、结合态和聚合态3种类型存在。游离花色苷在葡萄酒前几年的成熟过程中很快消失,而结合态和聚合态花色苷比较稳定。

红葡萄酒中的花色苷源于酿造红葡萄酒的原料——黑色(或红色)葡萄。黑色欧亚种葡萄中的花色苷主要是二甲花翠素、花翠素、甲基花青素、3-甲基花翠素、花青素的3-糖苷类物质,它们来源于葡萄皮。红葡萄中所含花色苷类化合物的类型与品种有关。欧洲葡萄的主要呈色物质是二甲花翠素单葡萄糖苷,而某些美洲种及其杂交种中主要是二甲花翠素双葡萄糖苷,据此可以区别欧洲种葡萄与美洲种及杂交种葡萄。反过来,通过葡萄的种与品种,可以判断其中所含的呈色物质是二甲花翠素单葡萄糖苷或二甲花翠素双葡萄糖苷。本实验中,红提葡萄是欧亚种葡萄,其所含花色苷是二甲花翠素单葡萄糖苷;户太8号葡萄属于欧美杂交种葡萄,因此其所含花色苷是二甲花翠素双葡萄糖苷。中国野生种葡萄均含有花色素双糖苷,种和株系间的花色素双糖苷含量差异较大[92]。Mazza[93]认为,红葡萄酒中的花色苷含量和组成与葡萄的种、品种、地理位置、成熟度、生长季节和产量等有关,即使同一个种内不同品种间花色苷的组成与分布也很复杂。Meder et al.[94]认为,不同年份和不同地区的同一品种葡萄的花色苷组成完全相同,利用花色苷的这一特性可将葡萄品种进行分类。本实验据此在鲜食葡萄所酿葡萄酒中得到了相同的结果。红提葡萄或户太8号葡萄在合阳产区的花色苷组成与在其他产区分别相同,所以,可以通过花色苷的组成将它们区分出来。

(五)影响红葡萄酒颜色的因素

红葡萄果实中花色苷的含量决定红葡萄酒颜色的深浅,花色苷的浓度影响着红葡萄酒的品质。葡萄果实中花色苷的积累与糖的积累一样均始于转熟期。

1. 花色苷的变化

红葡萄皮中的花色苷和色素类物质在发酵前期和(或)发酵过程中经过浸提进入葡萄酒中。在发酵和陈酿期间,葡萄酒色度和成分等均发生酶学和化学反应。通常,新葡萄酒颜色主要由单体花色苷决定，而陈酿葡萄酒的颜色绝大多数由寡聚体和多聚体构成。Ribéreau-Gayon[95]认为，新红葡萄酒的颜色主要由花色苷浓度、SO_2浓度、pH 和辅色素等因素决定。发酵期间，只有约 20%的红葡萄皮花色苷类物质浸渍到葡萄酒中。发酵结束后，又会损失一部分。其损失率与酿酒工艺有关。酵母菌和葡萄酒中的 TSS 固定花色苷，使葡萄酒褪色；酒精破坏花色苷辅色素；花色苷和单宁聚合成无色聚合物，以及发酵和陈酿期间 pH 的变化改变了花色苷的平衡等均引起红葡萄酒颜色的变化。本实验得到了相似的结论。一些研究还表明，陈酿期间，红葡萄酒颜色的变浅是单体花色苷不断聚合而减少的结果。颜色的稳定性与花色苷的种类有关，花色苷衍生物可以大大提高花色苷的稳定性；乙烯苯基花色苷-3-葡萄糖苷复合物的颜色稳定性比花色苷-3-葡萄糖苷的好，而 pH 对花色苷衍生物的影响很小[96]。

2. 发酵条件对颜色的影响

乙醇可以明显地加深红葡萄酒颜色[97]。酒精发酵期间，葡萄皮中的酚类物质浸渍到葡萄汁中，影响着葡萄酒的颜色质量和色度[98]。葡萄皮/葡萄汁比率、发酵温度和浸渍时间都会影响花色苷及其他酚类物质在葡萄酒中的分配。种子中酚类物质的含量很高[99-100]，因此，带籽发酵对红葡萄酒的颜色和风味起很大作用，有利于稳定红葡萄酒颜色。

浸渍温度影响花色苷含量和葡萄酒颜色。低温浸渍发酵的葡萄酒易于贮藏，色泽鲜艳、香气浓郁、口感丰富醇厚，优于传统工艺酿造的葡萄酒[10]。低温浸渍发酵后，用聚乙烯吡咯烷酮澄清的葡萄酒颜色很好[101]。发酵结束后，升温和延长浸渍时间都能够增加花色苷前体的浓度，并且发酵后再升温能提高辅色素含量[102]。本实验贮藏期间户太 8 号葡萄酒的结果与之相似。Gómez-Plaza et al.[103]对分别浸渍 4 天、5 天和 10 天的葡萄酒贮存一年后发现，延长浸渍时间能充分浸提出果皮中的酚类物质，加深红葡萄酒颜色；浸渍 10 天的葡萄酒色度好，花色苷和多聚体含量高，葡萄酒的感官质量最好[103]。本实验中，红提葡萄酒得到了相似的结果。Bakker et al.[104]将带皮发酵至含糖量 5.5°B 去皮后，继续发酵 2.5 天酿成的干红葡萄酒，与用 8 次、每次 10 min 回流的葡萄汁带皮发酵 5 天后酿成的干红葡萄酒比较发现，后者的总花色苷、全酚和有机酸含量都高于前者。Sipiora et al.[105]的实验也证明了延长浸渍时间严重影响红葡萄酒的颜色，延长浸渍时间比果实转色前后的水分调节对葡萄酒中总花色苷和总酚含量的影响更大。转色后延长停止灌水的果实的浸渍时间(浸渍 30 天)，可降低单体花色苷浓度，增加葡萄酒中的总酚含量和颜色的稳定性[105]。尽管一些研究认为，长时间浸渍对葡萄酒中最终花色苷含量无直接影响，一些花色苷主要被沉淀或形成无色物质，但它毕竟能够提高葡萄酒花色苷的浓度。Sims[106]认为，长时间浸渍有利于陈酿前期葡萄酒的色素聚合和颜色稳定，当然这一点与葡萄的种和品种有关。但是长时间浸渍会加重葡萄酒的酸涩感，这在本实验中得到了验证。

浸渍和温度等发酵工艺条件影响葡萄酒中花色苷的构成和浓度，进而影响葡萄酒颜色[105]。研究表明，30 ℃发酵的黑比诺葡萄酒颜色和风味都优于 20 ℃发酵的葡萄酒的颜色和风味，而且花色苷含量也有所增加[104]。所以，本实验是在接近 30 ℃条件下进行的浸渍发酵。果皮中花色苷的组成和含量（与品种和成熟期有关）与浸渍工艺均影响葡萄酒颜色。带皮发酵期间，花色苷浸提的同时，单宁和其他多聚酚含量也得到提高。单宁的增加有利于花色苷和红葡萄酒颜色的稳定，但是过量的单宁会使葡萄酒酸涩。因此，应通过调整浸渍时间得到缓解。

3. 陈酿与贮存对红葡萄酒颜色的影响

随着陈酿时间的延长，橡木桶陈酿的红葡萄酒颜色下降，并氧化出现黄色素，而蓝色辅色素类物质趋于稳定[75]。色素分子间的聚合明显地影响着葡萄果实和葡萄酒的颜色[107]。颜色的稳定性与花色苷类物质和其他酚类物质的聚合度有关。陈酿期间，红葡萄酒颜色的稳定性与色素多聚体-花色苷前体（缩合单宁或单宁类物质）的形成有关。贮藏条件影响葡萄酒中花色苷的组成和浓度，进而影响葡萄酒颜色。本实验得到了相似结论。温度、光照和氧气对葡萄酒颜色影响很大[108]。Cartagena et al.[109]研究表明，葡萄酒贮藏温度较低（20 ℃）时，入射光对葡萄酒颜色稳定性的影响大于氧气浓度对葡萄酒颜色的影响；温度较高（45 ℃）时，贮酒容器内上部空间氧气的含量和光照对葡萄酒颜色的影响同等重要。通气能够加强色素氧化而使酒色变浅。在酿酒期间，葡萄酒与空气接触使酚类物质氧化损失 20%[110]。在较低温度下贮存红葡萄酒有利于提高红葡萄酒的颜色质量[101]。pH 与温度的相互作用影响颜色的稳定性，高温贮存的高 pH 葡萄酒很容易褐化褪色。Sims and Morris[111]也认为，较高的 pH 会导致葡萄酒褐化，降低红葡萄酒颜色[100]。本实验在红提葡萄酒中得到了相似的结论，但是在户太 8 号葡萄酒中得到了相反的结果，这与种和品种有关。贮酒容器上部空间越大，褐化越严重。李培环等[112]研究表明，高酸和高酒度有利于葡萄酒中花色苷的溶解；而酸度和酒度对葡萄酒中的单宁含量影响较小，这是在同一种葡萄酒中的表现。不同种葡萄酒在不同贮藏温度条件下，表现也不一样。本实验中，在常温贮藏条件下，红提葡萄酒的酒度高，花色苷含量反而低；户太 8 号葡萄酒酒度低，花色苷含量反而高，所以，常温贮藏有利于酒度低的户太 8 号葡萄酒的贮藏。但是在低温贮藏条件下，红提葡萄酒的酒度高，花色苷含量也高；户太 8 号葡萄酒酒度低，花色苷含量也低。所以，低温贮藏有利于酒度高的红提葡萄酒的贮藏。事实上，陈酿期间，红葡萄酒颜色质量的变化远大于数量的变化[113]。而贮藏 15 年后，赤霞珠葡萄酒中的色素含量只有新酒的一半，对贮藏后葡萄酒的颜色贡献很小（大约 5%），贡献大的是聚合态色素物质（70%～90%）[114]。对橡木桶陈酿 12 个月、装瓶后存放 6 个月的红葡萄酒的研究表明，陈酿时间直接影响葡萄酒中酚类物质的成分，少数聚合多酚受橡木桶的产地与材质影响[75]。本实验在户太 8 号葡萄酒中得到了相似的结论，但是红提葡萄酒得到了相反的结果。表明陈酿期间，葡萄酒中花色苷的含量除了与葡萄品种和陈酿时间有关外，还与陈酿期间的温度有关，是几个因素的共同作用。

总之，葡萄酒的颜色与多种因素有关。主要因素是当地气候条件、葡萄品种、成熟度、栽培措施、发酵温度、葡萄酒 pH 以及酿酒工艺和陈酿条件等[115]。

通常，冷浸渍是指酒精发酵开始前在低于 10 ℃条件下对葡萄醪进行浸渍提取的工艺措施，不同的冷浸渍温度和时间影响着葡萄酒的冷浸渍效果[116]，不同种类的酚类物质的提取需要相应的浸渍温度[117-118]。升温发酵前低温浸渍能够浸渍出小分子非花色苷类物质，并且发酵前使葡萄皮渣全部浸渍在葡萄汁中，比传统工艺延长有效浸渍时间 3～5 天，能够提高非花色苷类物质的浸出量[117-121]。因此，与传统工艺相比，冷浸渍工艺可以改善葡萄酒中非花色苷类物质的组成结构，提高葡萄酒中非花色苷类物质含量，增加其丰满性。而在本实验的红提葡萄酒中得到了相似的结果。不同的是，本实验的结果反映的是贮藏期间的结果，这表明冷浸渍工艺不仅仅存在于发酵期间，还存在于陈酿期间，与陈酿的环境温度密切相关。不同的是，发酵期间的冷浸渍发生在发酵前期或与发酵工艺同时进行，陈酿期间的冷浸渍发生在发酵后贮藏期间，与葡萄酒的成熟有关；发酵期间的冷浸渍发生在葡萄汁与葡萄皮之间，而陈酿期间的冷浸渍发生在葡萄酒内部；发酵期间的冷浸渍是物理过程与化学过程的结合，包括葡萄皮中的花色苷类及其前体浸渍入葡萄汁中的过程和花色苷类及其前体之间的化学转化过程，而陈酿期间的冷浸渍只与化学过程有关，只存在花色苷类及其前体之间的化学转化过程；发酵期间的冷浸渍温度控制在低于 10 ℃条件下，而陈酿期间的冷浸渍发生在葡萄酒的冰点，与葡萄品种有关，通常称为冷藏或冷稳贮藏。本实验在户太 8 号葡萄酒中得到了相反的结果。这两个结果表明，冷浸渍工艺与葡萄品种有关，冷浸渍工艺并不适合于所有的品种，这需要进一步研究。

花色苷是红葡萄酒中的主要呈色物质，它决定红葡萄酒品质和感官质量，本实验中不同工艺处理对花色苷的影响与总酚相同。贮藏期间的结果表明，冷浸渍工艺不仅仅存在于发酵期间，还存在于陈酿期间，与陈酿的环境温度密切相关。

第四节　酒精发酵与单体酚

葡萄酒中的单体酚主要包括类黄酮类和非类黄酮类，类黄酮类主要有黄酮醇、黄烷醇及花色素等，非类黄酮类包括羟基苯甲酸类和羟基肉桂酸类等[122]。在不同葡萄品种中酚类物质的含量及类型差异很大[123]，在相同葡萄品种中其构成及含量也会受气候条件[123]、地域[124]、栽培条件[125]、年份[126]、工艺[123,127]等因素影响，表现出明显差异[47,125]。葡萄酒中重要的组成成分单体酚主要来源于葡萄浆果、发酵和陈酿工艺，除了影响葡萄酒的色泽、收敛性和苦味等感官特性[128]外，还具有一定的医疗和保健作用[129-130]。

目前葡萄酒酚类物质提取和纯化方法主要有用乙醚和乙酸乙酯液液萃取和固相萃取两种[129,131]。高效液相色谱是一种广泛的分析和分离技术[132]。本实验通过对不同工艺处理的红提葡萄酒液液萃取后，利用高效液相色谱对其中的酚类物质进行定性和定量分析，初步探讨了浸渍时间和贮藏温度对鲜食葡萄红提酿造的葡萄酒中的单体酚含量的影响，为研究鲜食葡萄酒中单体酚的种类及含量变化和鲜食葡萄酒的开发提供参考。

一、材料与方法

（一）实验材料、工艺及理化指标

材料：红提（red globe grape）由陕西东奥现代农业发展公司提供，红提葡萄酒的酿造工艺流程如前。发酵结束的理化指标如前，其结果均符合中国国家葡萄酒标准（GB 15037—2006）。所有酒样均处于良好状态。8 个月陈酿后测定单体酚含量。

（二）仪器

高效液相色谱仪：SHIMADZU－LC－2010；

真空抽滤器：Autoscience AP－9901 S；

超声波脱气机：Autoscience AS3120B；

纯水机：Water Millipore；

恒温水浴锅：SENCO.W201；

薄膜旋转蒸发仪：上海中生科技有限公司。

（三）HPLC 分析

UV detector 紫外检测器；Auto sampler 自动进样器；CLAS S-VP 工作站；Agilent ZORBAX SB－C18 色谱柱（4.6 mm×250 mm，5 μm）；检测波长：280 nm；流速：1.0 mL/min；柱温：30 ℃。

梯度洗脱：流动相 A：水-冰醋酸（98：2，V/V）；流动相 B：乙腈。

洗脱程序：0～20 min，B 为 3%～5%；20～35 min，B 为 5%～15%；35～50 min，B 为 15%～30%；50～65 min，B 为 30%～30%；65～75 min，B 为 30%～0%。

（四）标样

没食子酸、儿茶素、安息香酸、山奈酚、桑色素、水杨酸、芦丁、表儿茶素、槲皮素、香草酸、绿原酸、丁香酸、咖啡酸、香豆酸、香豆素、阿魏酸、白藜芦醇和桔皮素。

（五）标准溶液的配制

分别称取没食子酸等 18 种单体酚 9～11 mg 至 10 mL 棕色容量瓶中，色谱甲醇定容，封口，作为混合标准母液，将此标准液稀释成不同浓度梯度，－30 ℃保存备用。

（六）葡萄酒中单体酚的提取分析

本实验参照韩国民等[133]的方法，且稍加修改。

用 30 mL 乙酸乙酯分别萃取 30 mL 葡萄酒样 3 次，用薄膜旋转蒸发仪（<40 ℃）浓缩有机相至干后，残渣用 3 mL 色谱甲醇溶解于 5 mL 具塞离心管中，－20 ℃避光保存，待液相分析。样品分析前经 0.45 μm 微孔过滤。

另外，为了检验萃取效果，萃取补充实验如下：

A：30 mL 酒样＋30 mL 乙酸乙酯（4 次），振荡强烈，分层时间长，且分层不明显，有大量乳浊状悬浮液，再加 10 mL 乙酸乙酯并轻摇，立刻分层，分离有机相（水相下部，有色溶液倒弃，下同）。

B：30 mL 酒样＋40 mL 乙酸乙酯（3 次），振荡强烈，分层时间长，且分层不明显，有大量乳浊状悬浮液，再加 10 mL 乙酸乙酯并轻摇，立刻分层，分离有机相。

C：30 mL 酒样＋35 mL 乙酸乙酯（3 次），振荡强烈，分层时间长，且分层不明显，有大量乳浊状悬浮液，再加 10 mL 乙酸乙酯并轻摇，立刻分层，分离有机相。

D：30 mL 酒样＋30 mL 乙酸乙酯（3 次），轻微转动，几乎无泡沫，分层时间短，且分层明显，无悬浮液，再加 10 mL 乙酸乙酯并轻摇，立刻分层，分离有机相。

为进一步验证萃取效果，将上述四个样品有机相分别倒回分液漏斗，静止 5 min，A、B 和 C 样品有机相均有不同程度的分层现象（上部为有机相，中部为悬浮液，下部为水相），D 样品有机相不分层。放弃 A、B 和 C 悬浮液和水相，再将四个样品萃取液分别通过真空旋转蒸发仪蒸馏后，蒸馏非常干净，没有任何有色液相。

(七) 统计分析

使用 Excel 2003。

二、结果

(一) 鲜食葡萄酒中单体酚的提取

图 4-3c 是进样前液相色谱仪没有清洗就直接进样的单体酚色谱图，而图 4-3a 和 4-3b 是进样前液相色谱仪经色谱甲醇清洗再进样的同一个样品单体酚色谱图。与图 4-3a 和 4-3b 相比，图 4-3c 的峰低但多且复杂，这源于图 4-3c 的样品为混合样品(进样前没有经色谱甲醇清洗系统)，仪器中的残留物混合本实验的样品，通过化学反应改变了单体酚的结构，降低了单体酚的峰高，两种样品中含有相同单体酚，连续再次进样时，排除了系统的干扰，纯化了仪器系统，所以提高了同种单体酚的峰高，31 的峰高最高。此外，图 4-3a 的高峰比图 4-3b 的高峰出现的时间晚，主要是图 4-3a 的样品为经过甲醇清洗后首次进入系统的样品。甲醇先于样品进入色谱柱，所以样品高峰后移，而图 4-3b 的样品是接着图 4-3a 进入的，系统中没有色谱甲醇，并且先后进入系统的样品是同一个样品，所以没有出现杂峰且高峰均提前出现。因此，为了获得精准的样品图谱，进样前须先用色谱甲醇清洗系统，再用待测样品清洗系统，将系统内杂质和色谱甲醇清洗干净，再测定。前两个图谱峰高和保留时间基本一致，恰恰是最好的证明。

如图 4-4，所有样品峰的保留时间基本一致，表明经过第一次重复进样或前次样品分析后，系统内的前置样品或色谱甲醇被清洗干净或完全被置换，整个系统中只有待测样品。图 4-4a 样品峰比图 4-4b 的高，或许是图 4-4b 样品萃取时无机相或非酚类物质没有被萃取干净，使得酚类物质的相对含量较低而形成的。进一步证实图 4-4a 的萃取效果比图 4-4b 的好。

所以，在利用高效液相色谱仪分析样品时，一定要先用色谱甲醇将系统清洗干净，再进样；同时，样品的前处理——萃取程序也很重要，样品在进样前既不能残留非酚类物质，也不能将样品中的酚类物质分离出去，无论哪种情况都会影响实验结果。鉴于此事实，最好在进样前对测定样品做重复实验，以减少非本样品带来的实验误差，提高实验的准确率。

(二) 不同工艺红提葡萄酒单体酚含量的变化

表 4-11 中数据为红提葡萄酒样品中测定出来的 18 种单体酚含量。桔皮素没有被检测出来。

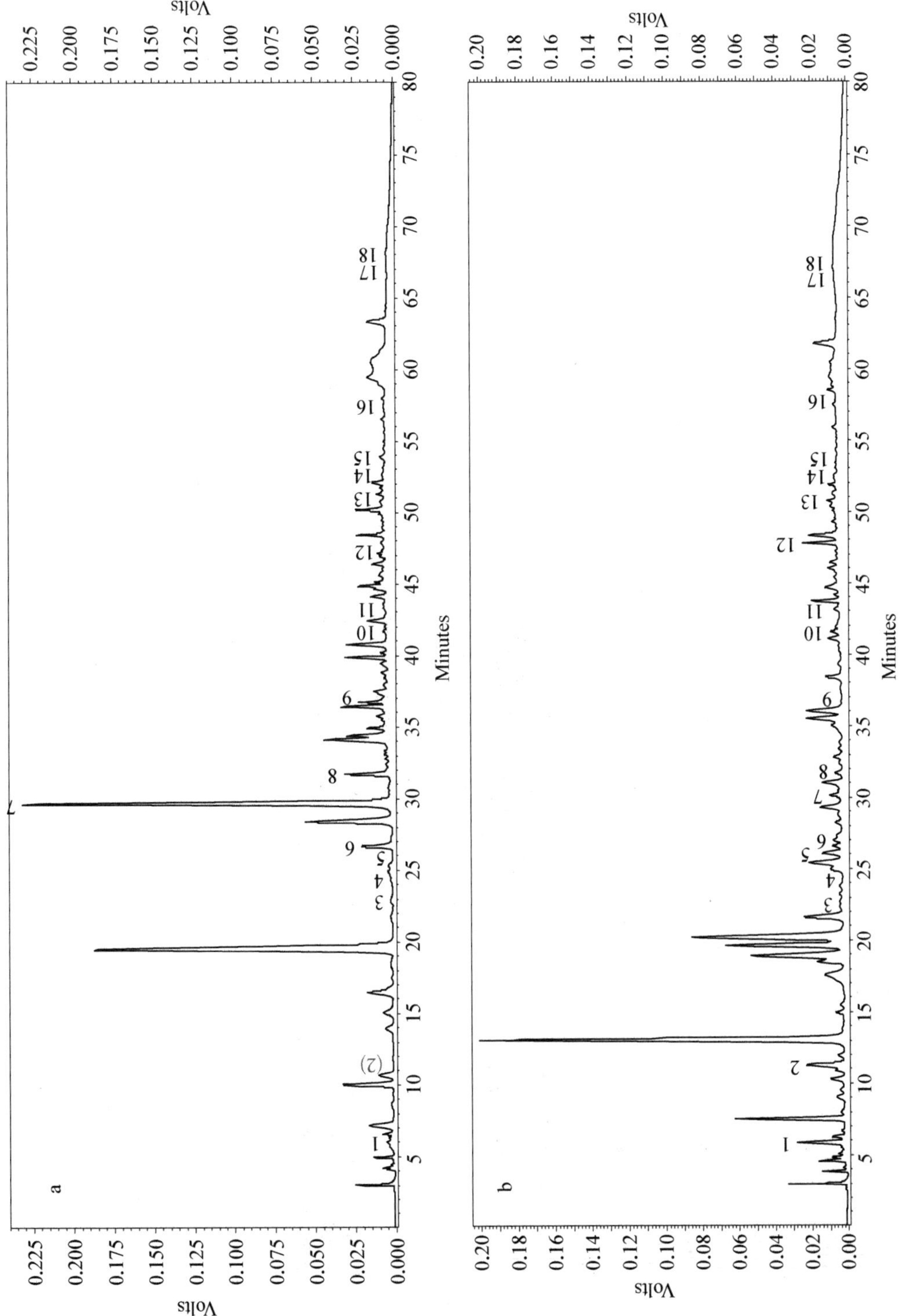
a
b
Volts
Minutes

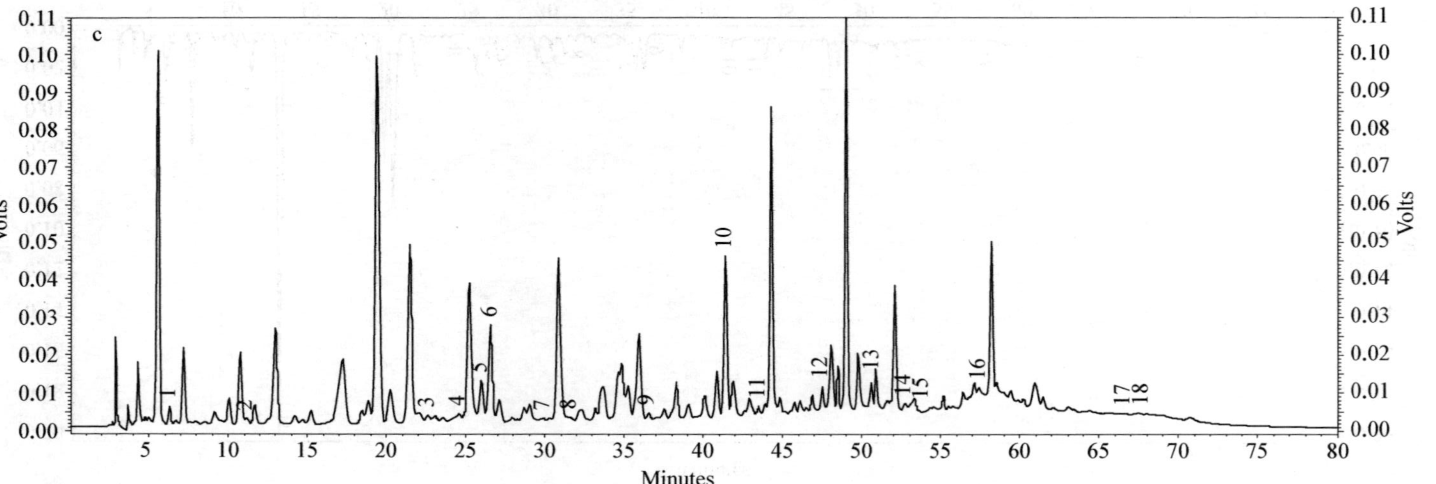

图 4-3　浸渍发酵四天后除渣继续发酵直至发酵结束的葡萄酒单体酚色谱图

注:图 4-3a 和图 4-3b 分别是同一个样品 6 月 21 日重复测定的色谱图;图 4-3c 是同一个样品 6 月 5 日测定的第一个色谱图。

1. 没食子酸;2. 安息香酸;3. 儿茶素;4. 绿原酸;5. 香草酸;6. 咖啡酸;7. 丁香酸;8. 表儿茶素;9. 香豆酸;10. 阿魏酸;11. 芦丁;12. 水杨酸;13. 香豆素;14. 白藜芦醇;15. 桑色素;16. 槲皮素;17. 山奈酚;18. 桔皮素。

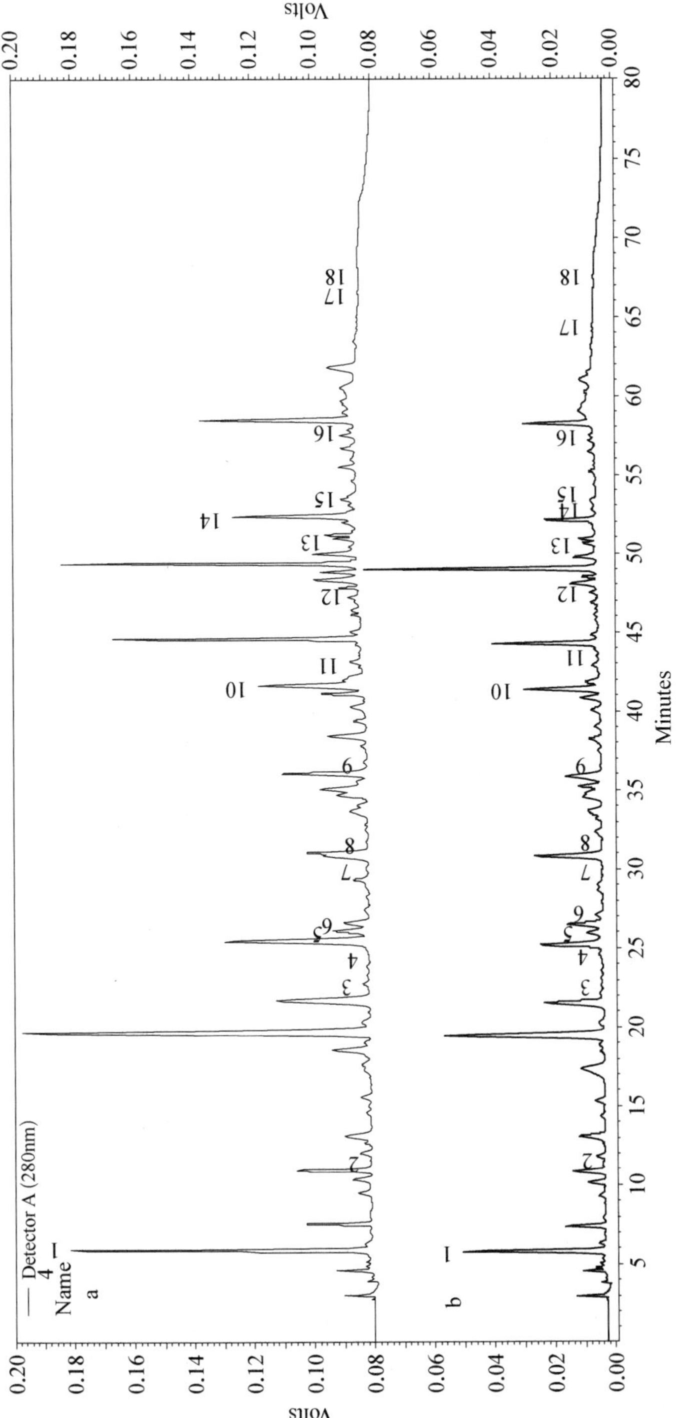

图 4-4　发酵完全结果后的葡萄酒单体酚色谱图

注:图 4-4a 是 6 月 21 日测定的第三个色谱图,图 4-4b 是 6 月 5 日的第二个色谱图。

表 4－11　红提桃红葡萄酒中单体酚种类及含量

序号	单体酚	F4C		FQC		F4L		FQL	
		浓度/(mg/L)	相对含量/%	浓度/mg/L	相对含量/%	浓度/mg/L	相对含量/%	浓度/(mg/L)	相对含量/%
1	没食子酸	6.65±0.13	7.31±0.02	16.67±0.02	20.9±0.03	13.96±0.06	11.45±0.03	24.91±0.03	22.68
2	安息香酸	6.21±0.02	6.83±0.03	1.21±0.02	1.52±0.02	4.56±0.01	3.74±0.03	1.6±0.02	1.46
3	儿茶素	7.93±0.03	8.73±0.01	6.65±0.03	8.34±0.02	9.01±0.02	7.39±0.02	7.38±0.02	6.72
4	绿原酸	3.32±0.01	3.65±0.01	1.68±0.01	2.11±0.01	4.21±0.03	3.45±0.02	3.49±0.02	3.17
5	香草酸	10.3±0.11	11.3±0.12	8.56±0.02	10.74±0.03	15.4±0.05	12.59±0.02	11.72±0.03	10.67
6	咖啡酸	5.6±0.02	6.16±0.01	2.42±0.02	3.03±0.03	6.96±0.02	5.71±0.01	7.76±0.02	7.07
7	丁香酸	1.91±0.03	2.1±0.01	1.09±0.01	1.37±0.01	1.68±0.01	1.38±0.02	1.02±0.01	0.93
8	表儿茶素	5.95±0.01	6.54±0.03	3.22±0.03	4.03±0.02	7.09±0.01	5.81±0.01	5.51±0.01	5.02
9	香豆酸	0.02±0.01	0.03±0.01	0.05±0.01	0.06±0.01	0.09±0.03	0.07±0.02	0.07±0.02	0.06
10	阿魏酸	3.63±0.02	3.99±0.05	3.22±0.01	4.03±0.02	7.63±0.02	6.26±0.02	5.51±0.03	5.02
11	芦丁	5.11±0.03	5.62±0.02	4.26±0.02	5.34±0.02	11.03±0.03	9.04±0.03	8.07±0.02	7.35
12	水杨酸	21.4±0.01	23.5±0.03	10.45±0.03	13.1±0.01	13.93±0.02	11.42±0.02	12.37±0.02	11.27
13	香豆素	1.89±0.02	2.08±0.01	1.58±0.01	1.98±0.02	2.18±0.02	1.79±0.02	2.33±0.02	2.12
14	白藜芦醇	0.95±0.01	1.05±0.03	3.91±0.02	4.9±0.01	9.36±0.01	7.68±0.02	4.79±0.03	4.36
15	桑色素	5.53±0.01	6.08±0.01	8.17±0.03	10.24±0.02	10.24±0.03	8.39±0.03	9.08±0.02	8.27
16	槲皮素	2.92±0.03	3.21±0.02	3.08±0.01	3.86±0.03	2.97±0.02	2.43±0.02	2.55±0.02	2.32
17	山奈酚	1.59±0.01	1.75±0.01	3.56±0.02	4.46±0.01	1.7±0.01	1.4±0.01	1.67±0.01	1.52
18	桔皮素	0	0	0	0	0	0	0	0

如表 4-11,在相同贮藏条件下,发酵完全的红提葡萄酒中大部分单体酚含量低于发酵中止的红提葡萄酒中的单体酚含量,只有少数几个单体酚,如没食子酸,低温贮藏的咖啡酸和香豆素,常温贮藏的香豆酸、白藜芦醇、桑色素、槲皮素和山奈酚等含量低于发酵中止的单体酚含量;而在相同的发酵工艺条件下,低温贮藏的红提葡萄酒中大部分单体酚含量高于常温贮藏的红提葡萄酒中单体酚含量,只有少数几个单体酚,如丁香酸,发酵中止的葡萄酒中的安息香酸、水杨酸含量和发酵完全的红提葡萄酒中的槲皮素、山奈酚含量低于常温贮藏的红提葡萄酒中单体酚含量。

此外,F4L 对 10 个单体酚(儿茶素、香草酸、绿原酸、表儿茶素、白藜芦醇、芦丁、咖啡酸、阿魏酸、香豆酸和桑色素)的保存效果排在首位,表明发酵中止后的低温贮藏有利于这 10 种单体酚的保存;其次是 FQL,其对这 10 个单体酚中的 7 个(绿原酸、香草酸、香豆酸、阿魏酸、芦丁、白藜芦醇和桑色素)的保存效果高,表明发酵完全后的低温贮藏对这 7 个单体酚的保存效果仅次于 F4L,FQC 对 10 个单体酚中的 7 个(儿茶素、咖啡酸、阿魏酸、香草酸、表儿茶素、绿原酸和芦丁)贡献最小,表明发酵完全后常温贮藏对这 7 个单体酚的保存效果最差,但是,F4C 对这些单体酚的贡献需要进一步研究。所以,工艺对这 10 个单体酚的作用由大到小为 F4L>FQL>F4C>FQC。

另外,F4C 对另 3 种单体酚(丁香酸、水杨酸和安息香酸)的贡献排在首位,而 F4L 对它们的贡献排第二,表明发酵中止能够保证这 3 种单体酚的含量,并且常温贮存比低温贮藏效果更好。同时发现,水杨酸和安息香酸均不适宜在发酵完全后常温下保存(FQL>FQC),而丁香酸不适宜在发酵完全后低温贮藏(FQC>FQL)。所以,工艺对这 3 个单体酚的作用由大到小为 F4C>F4L>FQL>FQC。

没食子酸、香豆素、槲皮素和山奈酚在发酵完全的葡萄酒中含量较高,并且没食子酸和香豆素适宜低温贮藏,而槲皮素和山奈酚适宜常温贮存。香豆素、槲皮素和山奈酚在发酵中止后低温贮藏效果排第二,没食子酸在发酵完全后常温贮藏效果也排第二。没食子酸和山奈酚在发酵中止的葡萄酒中含量最低,常温贮藏效果最差;香豆素在发酵完全后的常温贮藏效果最差,而槲皮素在发酵完全后的低温贮藏效果最差。

(三) 不同工艺对红提葡萄酒中单体酚含量的影响

酚类物质影响葡萄酒的口感、外观、结构感和营养价值,提高葡萄酒的陈酿和抗氧化能力[134]。葡萄酒抗氧化强弱首先取决于葡萄酒中酚类物质含量的高低。酚类物质主要分布在果皮、种子和果梗中,果皮中含量最高。这些酚类物质在葡萄酒酿造过程中被浸渍到葡萄酒中,增强了葡萄酒的抗氧化性能。Paixão et al.[135]和 Di Majo et al.[136]研究了红葡萄酒、桃红葡萄酒和白葡萄酒中酚类物质含量与抗氧化性的关系,认为葡萄酒中酚类物质含量高低和抗氧化性强弱成正比。Netzel et al.[137]对 2003 年西拉酒浸渍期间抗氧化性研究认为,酚类物质含量和葡萄酒的抗氧化性随着浸渍时间延长而递增。如表 4-11,4 种不同工艺的红提葡萄酒中除了均没有检出桔皮素外,F4C 样品中检出的 17 种单体酚中水杨酸含量最高,为 21.4 mg/L(54%),其次香草酸 10.3 mg/L

(25.99%),儿茶素 7.93 mg/L(20.01%);FQC 样品中检出的 17 种单体酚中没食子酸含量最高,为 16.67 mg/L(46.73%),其次水杨酸 10.45 mg/L(29.28%)和香草酸 8.56 mg/L(24%);F4L 检出的 17 种单体酚中香草酸含量最高,为 15.4 mg/L(35.5%),其次没食子酸 13.96 mg/L(32.28%),水杨酸 13.93 mg/L(32.22%);FQL 检出的 17 种单体酚中没食子酸含量最高,为 24.91 mg/L(50.83%),其次水杨酸 12.37 mg/L(25.25%),香草酸 11.72 mg/L(23.91%)。这主要与葡萄汁浸渍时间和葡萄酒贮藏环境因素有关。因此,通过优化葡萄酒工艺可以提高葡萄酒中相关酚类物质的含量,进而提高葡萄酒的抗氧化性[137]。

葡萄酒中的酚类物质包括羟基苯甲酸类和羟基肉桂酸类的衍生物两类。不同工艺的酚类物质占酚类物质总含量的比例也不同,羟基苯甲酸类占单体酚总含量的 37.99%~51.61%,羟基肉桂酸类占 8.94%~21.07%,羟基苯甲酸类占单体酚总含量的比例高于羟基肉桂酸类。没食子酸、香草酸、水杨酸、安息香酸和丁香酸属于羟基苯甲酸类衍生物,可与葡萄酒中的酒精和单宁结合;咖啡酸、香豆素、绿原酸、香豆酸和阿魏酸等属于羟基肉桂酸类衍生物,一般与糖、有机酸或者各种醇以酯化形式存在。研究发现,葡萄酒中羟基肉桂酸类衍生物的含量均低于阈值,所以对葡萄酒的苦味和收敛性没有影响[138]。然而,咖啡酸是葡萄酒中最主要的肉桂酸[139],能防止葡萄酒氧化和稳定葡萄酒颜色[140]。研究发现,起泡葡萄酒中的酚类物质(主要为肉桂酸类)氧化导致反式咖啡酸变成顺式咖啡酸,引起褐变。本实验中,咖啡酸含量较高,F4L 使葡萄酒中香豆酸、咖啡酸和阿魏酸含量显著高于其他工艺的葡萄酒;羟基肉桂酸类的总含量由高到低依次为 F4L>FQL>F4C>FQC,FQC 氧化最明显。Monagas et al.[141]认为,没食子酸是葡萄酒中主要的羟基苯甲酸类。FQL 葡萄酒中没食子酸含量最高,FQL 葡萄酒羟基苯甲酸类的总含量高于其他工艺的葡萄酒,由高到低依次为 FQL>F4L>F4C>FQC,说明低温贮藏可提高红提葡萄酒中主要单体酚的含量及其总量,提高其抗氧化活性。另外,咖啡酸和酒石酸结合形成酒石咖啡酸,香豆酸与酒石酸结合可形成酒石香豆酸[142],有利于改善葡萄酒感官质量。在葡萄酒中,酚酸还可与花色苷结合,降低酚酸含量。

除此之外,还有些类黄酮类,如黄烷醇(儿茶素和表儿茶素)、黄酮醇(芦丁、槲皮素、桑色素和山奈酚)和非黄酮类(芪类或芪三酚),如白藜芦醇。

葡萄酒中的黄烷醇是主要的类黄酮类化合物,其中,缩合单宁的前体儿茶素可以通过共价键聚合形成单宁,在酸性条件下稳定。研究认为,葡萄酒的抗氧化活性和颜色稳定性与类黄酮有关[108,143]。本实验中,常温贮藏和低温贮藏的两种酒样均发现,发酵中止比发酵完全的酒样中的儿茶素多,而葡萄酒的酸性条件有利于单宁稳定,因此发酵进程的合理控制能够获得较多的儿茶素,有利于稳定葡萄酒中单宁。四种酒样均证实,低温贮藏能够保存更多的儿茶素。简而言之,合理的控制发酵进程并保持低温贮藏,可以使葡萄酒保存更多的儿茶素,进而提高葡萄酒抗氧化活性和颜色稳定性。利用安息香酸、香草酸、表儿茶素、绿原酸、阿魏酸、芦丁、丁香酸、水杨酸和山奈酚得到了相同的结果，而没食子酸的结果相反。

白藜芦醇是红葡萄酒中最重要的保健成分，具有抗菌、抗脂质过氧化等作用[144]。葡萄酒中的白藜芦醇受生长环境、葡萄品种、酿酒工艺和陈酿条件等因素影响。白藜芦醇主要源于葡萄皮中，因此葡萄皮发酵时间长短是决定白藜芦醇含量的主要因素。本实验中，F4L 可保持最多的白藜芦醇含量，其次是 FQL，最低的是 F4C。所以，合理的控制发酵时间并结合低温贮藏条件可以获得较多的白藜芦醇。否则很难使白藜芦醇在贮藏期间的含量保持稳定。

酚类物质不仅赋予葡萄酒颜色，使葡萄酒呈现特殊苦涩味，而且决定了葡萄酒的发酵工艺和陈酿条件等[63]。葡萄酒中酚类物质的浸渍状况决定了浸渍时间的长短[145]。浸渍时间越长，酚类物质被发酵产生的乙醇萃取的越多，最终形成的单宁含量越高，这不仅使葡萄酒酸涩，而且会抑制酵母活力，延缓发酵，甚至终止发酵；反之，则使葡萄酒的口感变弱。然而，这只是对酚类物质总量而言，对于具体的各个单体酚含量，并非浸渍时间越长越好。本实验中的表儿茶素、安息香酸、芦丁、绿原酸、水杨酸、丁香酸、儿茶素、香草酸和阿魏酸，常温贮藏的咖啡酸和香豆素，低温贮藏的桑色素、香豆酸、槲皮素、白藜芦醇和山奈酚，其积累需要适宜的浸渍时间。所以，合理控制浸渍时间可以获得不同种类的单体酚，从而调节葡萄酒的风味和口感特征。

（四）葡萄酒陈酿过程中单体酚种类及其含量变化

李华等[122]认为，酚类物质在葡萄酒成熟过程中的变化首先决定于酚类物质的成分。酚类物质在陈酿期间发生以下转化：单宁的聚合，小分子单宁逐渐聚合成大分子聚合物；单宁与其他大分子缩合的比例逐渐上升；游离花色苷逐渐消失，其中一部分逐渐与单宁结合。

本研究中，葡萄酒的酿造参照小容器酿造工艺进行，酒精发酵结束后分别在 4 ℃下低温贮藏和常温贮藏，8 个月后取样并检测其单体酚含量。结果表明，发酵工艺和陈酿条件的差异导致了红葡萄酒中酚类物质的差异。新酒中含有低分子量至中分子量的酚类（花色素原 B_2、B_3和 B_4、表儿茶素、栎皮酮、白藜芦醇、儿茶素和没食子酸）[146]。在酚类物质中，超过味觉阈值的儿茶素类及其缩合单宁对红葡萄酒风味的影响最大，是葡萄酒涩味和苦味的主要来源[147]。本实验葡萄酒中儿茶素类化合物的含量明显降低，源于原始单体酚在发酵和陈酿期间相互反应形成新的高分子酚类化合物，如黄烷醇中的儿茶素和表儿茶素等在葡萄酒酿造过程中缩合成了大分子物质[148]。儿茶素类化合物（如黄烷-3-醇）是红葡萄酒中真正典型的黄烷醇[149]，它们使葡萄酒具有涩味，可与花色苷结合，从而稳定红葡萄酒颜色[150]。这些酚类物质不稳定，在陈酿过程中发生化学反应，结合大量的多聚酚类，使单体酚含量日趋减少。随着陈酿时间的延长，葡萄酒中酚类物质的平均聚合度增大，儿茶素等低分子酚聚合成的单宁含量增加[46]。在相同发酵工艺的葡萄酒陈酿过程中，儿茶素和表儿茶素等儿茶素类化合物含量的增加是由于在酸性条件下，原花色素 C—C 结合键开裂，产生了少量的儿茶素。这些化合物及其聚合形成的单宁和色素在葡萄及葡萄酒的风味品质及保健中起着重要作用[151-152]。本实验中，陈酿温度也影响着葡萄酒中多聚酚类与单体酚含量的分配。低温贮藏能够阻止某些单体酚聚合，保持葡萄酒中儿茶素类化合物等单体酚的含量，而 F4L 贮藏效果最明显，主要是单体酚在发酵过程中会发生聚合，而中止发酵降低了酚的平均聚合度，保证了儿茶素类化合物不被其他化合物聚合，然后通过低温贮藏进一步阻止了它们聚合，这需要进一步研究。

三、小结

研究表明，不同种类单体酚的稳定需要不同的发酵工艺条件（大部分需要发酵中止）及相应的贮藏条件，这两个条件缺一不可。F4L 贮藏更有利于多数单体酚类物质的形成和提高，这对鲜食葡萄酒的成熟、色泽与风味的平衡有重要作用。与 FQL 贮藏工艺相比，F4L 贮藏工艺有利于提高多数单体酚类物质含量，故其更能促进鲜食葡萄酒风味的形成。在本实验中，需要综合考虑各个单体酚的性质，选择适宜的浸渍时间和贮藏温度，才可提高葡萄酒中酚类物质的含量，从而提高葡萄酒的品质。

红提葡萄具有良好的酿造特性，配合优良的酿酒工艺，可酿制高品质的葡萄酒。传统观点认为，鲜食葡萄不适宜酿造优质葡萄酒，主要是由于鲜食葡萄果肉紧致、皮厚、出汁率低、糖含量低、色浅。但鲜食葡萄在我国葡萄种植中占大多数，将其用于酿酒，可以扩大葡萄酒的酒种范围。此外，鲜食葡萄酒的开发利用对于振兴地方经济和增加农民收入等也意义重大。因此，应该重视并进一步加大对鲜食葡萄及鲜食葡萄酒的研究。

新疆鲜食葡萄产业具有自然环境适宜、品质优良等优势，发展前景广阔，正面临前所未有的机遇。鲜食葡萄产业的发展重心应当逐步从注重产品质量、种植面积转型等传统模式向加大研发投入、果品深加工和开发新产品等方面转型，提高鲜食葡萄产业的整体效益，使鲜食葡萄成为新疆区域经济的支柱产业。

鲜食葡萄酒作为一种新兴的果酒，酿造工艺还不成熟，还需进一步完善酿造工艺，解决一些技术性难题。随着科学技术的持续发展和科研机构的深入研究，酿酒工业在采用新技术，开发新品种，在改进果酒生产工艺、提高产品质量等方面成果日新月异。

参考文献

[1] 崔艳. 不同酿造工艺对赤霞珠桃红葡萄酒品质特征的影响[J]. 酿酒科技，2007,3：38－40.

[2] 邵学东. 不同风格霞多丽葡萄酒酿造工艺的探索[J]. 中外葡萄与葡萄酒，2003,3：37－38.

[3] 陈长武，郑鸿雁. 爽口型(加气起泡)山葡萄酒的生产工艺研究[J]. 食品工业科技，2002，23(6)：47－49.

[4] 房玉林，王华，张莉，常微，薛飞，刘树文. 不同酿造工艺对毛葡萄酒香气的影响[J]. 农业工程学报，2007，23(9)：246－250.

[5] 李景明，倪元颖，蔡同一，梁学军. 发酵工艺条件对葡萄酒中白藜芦醇的影响[J]. 食品工业科技，2004，25(4)：113－115.

[6] 于英，李记明，姜文广，赵荣华. 酿酒工艺对葡萄酒中生物胺的影响[J]. 食品与发酵工业，2011，37(11)：66－70.

[7] 于英，李记明，沈志毅，姜文广. 葡萄酒中氨基甲酸乙酯的含量测定及酿造工艺对其含量的影响[J]. 食品与发酵工业，2012，38(1)：152－155.

[8] 张健. 浸渍工艺对干红葡萄酒中白藜芦醇含量的影响[J]. 食品研究与开发，2006，27(1)：21－23.

[9] 张莉，王华，李华. 发酵前热浸渍工艺对干红葡萄酒质量的影响[J]. 食品科学，2006，27(4)：134－137.

[10] 严斌，陈晓杰. 低温浸渍法干红葡萄酒酿造工艺初探[J]. 中国酿造，2006,8：31－33.

[11] 覃杨. 寒地特色酒庄葡萄酒生产工艺技术初探[J]. 黑龙江农业科学，2007,2：96－97.

[12] 赵晨霞，王辉. 酒精发酵工艺对干红葡萄酒色度的影响[J]. 食品与机械，2008,5：111－112.

[13] 徐金辉，刘树文，董新平，曹军，王染霖. 冷浸渍结合皮汁分离发酵工艺对赤霞珠干红葡萄酒香气的影响[J]. 中外葡萄与葡萄酒，2009,7：25－28.

[14] 宋于洋，塔依尔. MC 法酿造佳美葡萄酒工艺技术研究[J]. 食品工业科技，2005,12：140－143.

[15] 张军翔，周淑珍，王琨，韩慰. 稳定工艺对红葡萄酒总酚与色度的影响[J]. 酿酒，2007，34(3)：66－67.

[16] 李景明，梁学军，刘行之，毛攀锋. 红葡萄酒澄清工艺中白藜芦醇的变化[J]. 中外葡萄与葡萄酒，2004，25(1)：59－61.

[17] 刘晓梅. 硅皂土在葡萄酒生产工艺中的应用与研究[J]. 酿酒，2010，37(4)：60－61.

[18] 史铭儡，夏广丽，刘春生，张谦搏，邵丽. 优化橡木桶陈酿工艺在干红葡萄酒生产中的应用[J]. 中外葡萄与葡萄酒，2007,2：16－17.

[19] 邢文艳，苗小龙，王婷. 西安地区户太 8 号葡萄的发展优势及对策[J]. 现代农业科技，2011,1：391－393.

[20] 李红梅. 巨峰甜红葡萄酒的工艺研究[J]. 应用科技，2000，27 (5)：29－31.

[21] 甄会英，王颉，李长文，张伟，袁丽. 巨峰葡萄酒酿造过程中高级醇的研究[J]. 中外葡萄与葡萄酒，2005,10：52－54.

[22] 甄会英，王颉，李长文，张伟，袁丽. 巨峰葡萄酒酿造过程中高级醇生成的研究[J]. 酿酒科技，2005,10：65－67.

[23] 周广麒，张国福. 巨峰葡萄浓缩汁快速酿造葡萄酒工艺[J]. 酿酒科技，2008,3：26－28.

[24] 周广麒，韩政泉，王培忠. 响应面法提高巨峰葡萄榨汁率的研究[J]. 安徽农业科学，2011,1：250－251.

[25] 郭磊，刘云，姜磊，刘锷，杨薇. 巨峰葡萄酒酿造工艺[J]. 湖北农业科学，2011，50(19)：4036－4037.

[26] 黄江流，李杨瑞，白先进，邓国富，黄宏慧，周锡生. 广西一年两收巨峰葡萄酿酒特性研究[J]. 酿酒科技，2011,7：34－36.

[27] 李明亮，周广麒. 巨峰葡萄白兰地的研制[J]. 大连轻工业学院学报，2007，26(2)：132－135.

[28] Núñez V，Monagas M，Gomez-Cordovés M C，Bartolomé B. Vitis vinifera L. cv. Graciano grapes characterized by its anthocyanin profile[J]. *Postharvest Biology and Technology*，2004，31(1)：69－79.

[29] Darné G. Recherches sur la composition en anthocyanes des grappes et des feuilles de vigne[D]. Bordeaux 1，1991.

[30] Ribéreau-Gayon P. Recherche sur les anthocyannes des vegetaux：application au genre[J]. *Vitis*，1959，114.

[31] Ortega Meder M D Rivas Gonzalo J C，Santos Buelga C，Vicente J L. Diferenciacion de variedades de uvas tintas por su composicion antocianica[J]. *Revista Española de Ciencia y Tecnología de Alimentos*，1994，34.

[32] Antonacci D，La Notte E. Influenza esecitata dallaumento della produzione viticola sulla composiziones antocianica del vino e considerazioni tecnologiche[J]. *Riv. Vitic. Enol*，1993，3：3－21.

[33] Cacho J，Fernandez P. Ferreira V，Castells J E. Evolution of five anthocyanidin-3-glucosides in the skin of the Tempranillo，Moristel，and Garnacha grape varieties and influence of climatological variables[J]. *American Journal of Enology and Viticulture*，1992，43(3)：244－248.

[34] Bourzeix M，Weyland D，Heredia N. A study of catechins and procyanidins of grape clusters，of wine and other by-products of wine. 1. Physiological interest，chemical nature of catechins and procyanidins；2. Research works，[high performance liquid chromatography；grape jelly][J]. *Bulletin de l'OIV* (France)，1986,59.

[35] Wulf L W，Nagel C W. High-pressure liquid chromatographic separation of anthocyanins of Vitis vinifera[J]. *American Journal of Enology and Viticulture*，1978，29(1)：42－49.

[36] Ha kanson A E，Pardon K，Hayasaka Y，de Sa M，Herderich M. Structures and colour pmperties of new red wine pigments[J]. *Tetrahedron Letters*，2003，(44)：4887－4891.

[37] 邓军哲，屈慧鸽. 葡萄花色素的研究概况[J]. 葡萄栽培与酿酒，1996,2：25－27.

[38] Berente B，De la Calle García D，Reichenbächer M，Danzer，K. Method development for the determination of anthocyanins in red wines by high-performance liquid chromatography and classification of German red wines by means of multivariate statistical methods[J]. *Journal of*

Chromatography A, 2000, 871(1): 95 - 103.

[39] Somers T C, Evans M E. Wine quality: Correlations with colour density and anthocyanin equilibria in a group of young red wines[J]. *Journal of the Science of Food and Agriculture*, 1974, 25(11): 1369 - 1379.

[40] Nagel C W, Wulf L W. Changes in the anthocyanins, flavonoids and hydroxycinnamic acid esters during fermentation and aging of Merlot and Cabernet Sauvignon[J]. *American Journal of Enology and Viticulture*, 1979, 30(2): 111 - 116.

[41] Baranac J M, Petranovic N A, Dimitric-Markovic J M. Spectrophotometric study of anthocyan copigmentation reactions. 2. Malvin and the nonglycosidized flavone quercetin[J]. *Journal of Agricultural and Food Chemistry*, 1997, 45(5): 1694 - 1697.

[42] Merken H M, Beecher G R. Measurement of food flavonoids by high-performance liquid chromatography: a review[J]. *Journal of Agricultural and Food Chemistry*, 2000, 48(3): 577 - 599.

[43] García-Beneytez E, Revilla E, Cabello F. Anthocyanin pattern of several red grape cultivars and wines made from them[J]. *European Food Research and Technology*, 2002, 215(1): 32 - 37.

[44] Dimitrios B. Sources of natural phenolic antioxidants [J]. *Trends in Food Science & Technology*, 2006, 17(9): 505 - 512.

[45] Lu Y, Yeap Foo L. The polyphenol constituents of grape pomace[J]. *Food Chemistry*, 1999, 65 (1): 1 - 8.

[46] 石碧，狄莹. 植物多酚[M]. 北京:科学出版社，2000.

[47] 丁燕，赵新节. 酚类物质的结构与性质及其葡萄与葡萄酒的关系[J]. 中外葡萄与葡萄酒，2003，1: 13 - 17.

[48] 王美丽，吴鲁阳，张振文，张予林. HPLC 法测定不同葡萄品种成熟过程中单体酚的变化[J]. 西北农林科技大学学报: 自然科学版，2007，35(4): 134 - 138.

[49] Revilla E, Alonso E, Kovac V. The content of catechins and procyanidins in grapes and wines as affected by agroecological factors and technological practices[J]. American Chemical Society, 1997, 661: 69 - 80.

[50] 李华. 现代葡萄酒工艺学(第二版)[M]. 西安: 陕西人民出版社. 2000.

[51] Sun B, Spranger I, Roque-do-Vale F, Leandro C, Belchior P. Effect of different winemaking technologies on phenolic composition in Tinta Miúda red wines[J]. *Journal of Agricultural and Food Chemistry*, 2001, 49(12): 5809 - 5816.

[52] Kennedy J A, Matthews M A, Waterhouse A L. Effect of maturity and vine water status on grape skin and wine flavonoids[J]. *American Journal of Enology and Viticulture*, 2002, 53 (4): 268 - 274.

[53] Downey M O, Dokoozlian N K, Krstic M P. Cultural practice and environmental impacts on the flavonoid composition of grapes and wine: a review of recent research[J]. *American Journal of Enology and Viticulture*, 2006, 57(3): 257 - 268.

[54] Fang F, Li J M, Zhang P, Tang K, Wang W, Pan Q H, Huang W D. Effects of grape variety, harvest date, fermentation vessel and wine ageing on flavonoid concentration in red wines[J].

Food Research International, 2008, 41(1), 53－60.

[55] Cerpa-Calderón F K, Kennedy J A. Berry integrity and extraction of skin and seed proanthocyanidins during red wine fermentation[J]. *Journal of Agricultural and Food Chemistry*, 2008, 56(19): 9006－9014.

[56] Lorrain B, Chira K, Teissedre P L. Phenolic composition of Merlot and Cabernet-Sauvignon grapes from Bordeaux vineyard for the 2009-vintage: Comparison to 2006, 2007 and 2008 vintages[J]. *Food Chemistry*, 2011, 126(4): 1991－1999.

[57] 刘沫茵，汪政富. 二氧化碳浸渍条件对葡萄成分的影响[J]. 中国酿造，2011,10: 142－144.

[58] 周淑珍，张军翔，曹景丽. 不同氧化程度和年份葡萄酒总酚含量研究[J]. 中外葡萄与葡萄酒，2006,1: 49－51.

[59] 屈慧鸽，杜慧娟，张萍，刘进杰，张玉香. 下胶材料对低醇葡萄酒质量的影响[J]. 食品工业科技，2007, 27(11): 72－75.

[60] 刘丽香. Folin-Ciocalteu 比色法测定苦丁茶中多酚含量[J]. 茶叶科学，2008, 28(2): 101－106.

[61] 李华. 小容器酿造葡萄酒[J]. 酿酒科技，2002,4: 70－71.

[62] 樊玺，李记明. 不同种酿酒葡萄酚类物质特性研究[J]. 中外葡萄与葡萄酒，2000,4: 13－15.

[63] 李记明，魏冬梅. 葡萄酒化学[M]. 西安：西北农业大学葡萄酒学院，1996.

[64] Romero-Pérez A I, Ibern-Gómez M, Lamuela-Raventós R M, de la Torre-Boronat M C. Piceid, the major resveratrol derivative in grape juices[J]. *Journal of Agricultural and Food Chemistry*, 1999, 47(4): 1533536.

[65] 韩国民. 葡萄酒多酚 HPLC 指纹图谱的初步研究[D]. 咸阳：西北农林科技大学，2010, 4－9.

[66] 王秀君. 山葡萄果实与酒中酚类和香气物质的指纹图谱研究[D]. 哈尔滨：东北林业大学，2008, 1－3.

[67] 徐琳. 单宁对红葡萄酒颜色和花色苷的影响[D]. 北京：中国农业大学，2009, 1－6.

[68] Spillman P J. Oak wood contribution to wine aroma[D]. Adelaide: University of Adelaide, 1997.

[69] Auw J M, Blanco V, O'keefe S F, Sims C A. Effect of processing on the phenolics and color of Cabernet Sauvignon, Chambourcin, and Noble wines and juices[J]. *American Journal of Enology and Viticulture*, 1996, 47(3): 279－286.

[70] Schwarz M, Wabnitz T C, Winterhalter P. Pathway leading to the formation of anthocyanin-vinylphenol adducts and related pigments in red wines[J]. *Journal of Agricultural and Food Chemistry*, 2003, 51(12): 3682－3687.

[71] 康文怀. 微氧技术作用机理及其在干红葡萄酒工业化生产中的应用研究[D]. 咸阳：西北农林科技大学，2006: 1－4.

[72] Singleton VL. Tannins and the qualities of wines: InPlant Polyphenols: synthesis, properties, significance[M]. Boston, MA: Springer US, 1992:859－880.

[73] 陈海燕. 艾佐迈肥料和橡木桶陈酿对赤霞珠干红葡萄酒酚类物质的影响[D]. 北京：中国农业大学，2007, 1－6.

[74] Atanasova V, Fulcrand H, Cheynier V, Moutounet M. Effect of oxygenation on polyphenol changes occurring in the course of wine-making[J]. *Analytica Chimica Acta*, 2002, 458(1): 15－27.

[75] del Alamo M, Bernal J L, Gómez-Cordovés C. Behavior of monosaccharides, phenolic compounds, and color of red wines aged in used oak barrels and in the bottle[J]. *Journal of Agricultural and Food Chemistry*, 2000, 48(10): 4613 - 4618.

[76] Cerdán T G, Rodríguez Mozaz S, Ancín Azpilicueta C. Volatile composition of aged wine in used barrels of French oak and of American oak[J]. *Food Research International*, 2002, 35(7): 603 - 610.

[77] 李华. 葡萄酒化学[M]. 北京：科学出版社，2004.

[78] Mazza G, Brouillard R. Recent developments in the stabilization of anthocyanins in food products [J]. *Food Chemistry*, 1987, 25(3): 207 - 225.

[79] Timberlake C F. Metallic components of fruit juices. IV.—Oxidation and stability of ascorbic acid in blackcurrant juice[J]. Journal of the Science of Food and Agriculture, 1960, 11(5): 268 - 273.

[80] Giusti M M, Wrolstad R E. Characterization and measurement of anthocyanins by UV-visible spectroscopy[J]. *Current Protocols in Food Analytical Chemistry*, 2001,1:1 - 2.

[81] Wrolstad R E, Durst R W, Lee J. Tracking color and pigment changes in anthocyanin products [J]. *Trends in Food Science & Technology*, 2005, 16(9): 423 - 428.

[82] 任玉林，李华，邴贵德，金钦汉，逯家辉. 天然食用色素——花色苷[J]. 食品科学，1995, 16(7): 22 - 27.

[83] Wrolstad R E. Color and pigment analyses in fruit products[R]. *Corvallis*, *Or.*: Agricultural Experiment Station. Oregon State University., 1993:624.

[84] 石光. 蓝莓花色苷的提取、纯化、稳定性研究[D]. 大连：大连工业大学，2008.

[85] Rapisarda P, Fanella F, Maccarone E. Reliability of analytical methods for determining anthocyanins in blood orange juices[J]. *Journal of Agricultural and Food Chemistry*, 2000, 48(6): 2249 - 2252.

[86] Fuleki T, Francis F J. Quantitative methods for anthocyanins[J]. *Journal of Food Science*, 1968, 33(3): 266 - 274.

[87] 王萍，苗雨. 酶法提取黑加仑果渣花色苷的研究[J]. 林产化学与工业，2008, 28(1): 113 - 118.

[88] Fuleki T, Ricardo da Silva J M. Catechin and procyanidin composition of seeds from grape cultivars grown in Ontario[J]. *Journal of Agricultural and Food Chemistry*, 1997, 45(4): 1156 - 1160.

[89] 冯建光，谷文英. 葡萄皮红色素的示差法测定[J]. 食品工业科技，2002, 23(9): 85 - 86.

[90] Keller M, Hrazdina G. Interaction of nitrogen availability during bloom and light intensity during veraison. II. Effects on anthocyanin and phenolic development during grape ripening [J]. *American Journal of Enology and Viticulture*, 1998, 49(3): 341 - 349.

[91] Waterhouse A L. Wine phenolics[J]. *Annals of the New York Academy of Sciences*, 2002, 957(1): 21 - 36.

[92] 段长青，康靖全. 中国葡萄野生种花色素双糖苷的研究[J]. 西北农业大学学报，1997, 25(5): 23 - 28.

[93] Mazza G, Francis F J. Anthocyanins in grapes and grape products[J]. *Critical Reviews in Food Science & Nutrition*, 1995, 35(4): 341 - 371.

[94] Meder M O, Gonzalo J R, Vicente J L, Buelga C S. Differentiation of grapes according to the skin anthocyanin composition[J]. *Revista Española de Ciencia y Tecnología de Alimentos*, 1994, 34(4): 409 - 426.

[95] Ribéreau-Gayon P. The anthocyanins of grapes and wines[J]. *Academic Press: New York*, 1982, 6: 214 - 215.

[96] Sarni-Manchado P, Fulcrand H, Souquet J M, Cheynier V, Moutounet M. Stability and Color of Unreported Wine Anthocyanin-derived Pigments[J]. *Journal of Food Science*, 1996, 61 (5): 938 - 941.

[97] Hermosín Gutiérrez I. Influence of ethanol content on the extent of copigmentation in a Cencibel young red wine [J]. *Journal of Agricultural and Food Chemistry*, 2003, 51 (14): 4079 - 4083.

[98] 陈玉庆. 促进葡萄酒发展的建议[J]. 酿酒, 1998,2: 6 - 8.

[99] 叶强, 葛毅强. 采后不同品种葡萄中酚类物质的研究[J]. 中国果菜, 1999,1: 14 - 15.

[100] 唐传核, 彭志英. 葡萄多酚类化合物以及生理功能[J]. 中外葡萄与葡萄酒, 2000, 2(4): 12 - 15.

[101] Gómez-Plaza E, Gil-Muñoz R, López-Roca J M, Martínez A. Color and phenolic compounds of a young red wine. Influence of wine-making techniques, storage temperature, and length of storage time[J]. *Journal of Agricultural and Food Chemistry*, 2000, 48(3): 736 - 741.

[102] Zimman A, Joslin W S, Lyon M L, Meier J, Waterhouse A L. Maceration variables affecting phenolic composition in commercial-scale Cabernet Sauvignon winemaking trials[J]. *American Journal of Enology and Viticulture*, 2002, 53(2): 93 - 98.

[103] Gómez-Plaza E, Gil-Muñoz R, López-Roca J M, Martínez-Cutillas A, Fernández-Fernández J I. Phenolic compounds and color stability of red wines: Effect of skin maceration time[J]. *American Journal of Enology and Viticulture*, 2001, 52(3): 266 - 270.

[104] Bakker J, Bridle P, Bellworthy S J, Garcia-Viguera C, Reader H P, Watkins S J. Effect of sulphur dioxide and must extraction on colour, phenolic composition and sensory quality of red table wine[J]. *Journal of the Science of Food and Agriculture*, 1998, 78(3): 297 - 307.

[105] Sipiora M J, Granda M J G. Effects of pre-veraison irrigation cutoff and skin contact time on the composition, color, and phenolic content of young Cabernet Sauvignon wines in Spain[J]. *American Journal of Enology and Viticulture*, 1998, 49(2): 152 - 162.

[106] Sims C A, Morris J R. Effects of acetaldehyde and tannins on the color and chemical age of red muscadine (Vitis rotundifolia) wine[J]. *American Journal of Enology and Viticulture*, 1986, 37(2): 163 - 165.

[107] Eiro M J, Heinonen M. Anthocyanin color behavior and stability during storage: effect of intermolecular copigmentation[J]. *Journal of Agricultural and Food Chemistry*, 2002, 50 (25): 7461 - 7466.

[108] Alonso Gonzalez E, Torrado Agrasar A, Pastrana Castro L M, Orriols Fernandez I, Perez Guerra N. Production and characterization of distilled alcoholic beverages obtained by solid-state fermentation of black mulberry (Morus nigra L.) and black currant (Ribes nigrum L.)

[J]. *Journal of Agricultural and Food Chemistry*, 2010, 58(4): 2529 - 2535.

[109] Cartagena L G, Perez-Zuniga F J, Abad F B. Interactions of some environmental and chemical parameters affecting the color attributes of wine[J]. *American Journal of Enology and Viticulture*, 1994, 45(1): 43 - 48.

[110] Cheynier V, Arellano I H, Souquet J M, Moutounet M. Estimation of the oxidative changes in phenolic compounds of Carignane during winemaking[J]. *American Journal of Enology and Viticulture*, 1997, 48(2): 225 - 228.

[111] Sims C A, Morris J R. A comparison of the color components and color stability of red wine from Noble and Cabernet Sauvignon at various pH levels[J]. *American Journal of Enology and Viticulture*, 1985, 36(3): 181 - 184.

[112] 李培环，周爱芹，吕小凤. 影响红葡萄酒陈酿过程中颜色变浅因素探讨[J]. 葡萄栽培与酿酒，1988,3: 38 - 41.

[113] Boido E, Alcalde-Eon C, Carrau F, Dellacassa E, Rivas-Gonzalo J C. Aging effect on the pigment composition and color of Vitis vinifera L. cv. Tannat wines. Contribution of the main pigment families to wine color. [J] *Journal of Agricultural and Food Chemistry*, 2006, 54 (18): 6692 - 6704.

[114] Schwarz M, Quast P, von Baer D, Winterhalter P. Vitisin A content in Chilean wines from Vitis vinifera cv. Cabernet Sauvignon and contribution to the color of aged red wines[J]. *Journal of Agricultural and Food Chemistry*, 2003, 51(21): 6261 - 6267.

[115] Heredia F J, Troncoso A M, Guzmán-Chozas M. Multivariate characterization of aging status in red wines based on chromatic parameters[J]. *Food Chemistry*, 1997, 60(1): 103 - 108.

[116] Budić-Leto I, Gracin L, Lovrić T, & Vrhovšek U. Effects of maceration conditions on the polyphenolic composition of red wine 'Plavac mali'[J]. *Vitis*, 2008,47(4): 245 - 250.

[117] 高畅,李华,高树贤,沈忠勋.干红葡萄酒发酵中的固液浸取分析[J].农业工程学报.2004,20(s1):58 - 62.

[118] 严斌，陈晓杰. 低温浸渍法干红葡萄酒酿造工艺初探[J]. 中国酿造，2006,8: 31 - 33.

[119] Parenti A, Spugnoli P, Calamai L, Ferrari S, Gori C. Effects of cold maceration on red wine quality from Tuscan Sangiovese grape[J].*European Food Research and Technology*. 2004, 218 (4): 360 - 366.

[120] Reynolds A, Cliff M, Girard B, Kopp T G. Influence of fermentation temperature on composition and sensory properties of Semillon and Shiraz wines[J]. *American Journal of Enology and Viticulture*, 2001, 52(3): 235 - 240.

[121] 徐金辉. 红葡萄酒新工艺（发酵前冷浸渍；清汁部分分离发酵）的研究 [D]. 咸阳：西北农林科技大学，2009.

[122] 李华，王华，袁春龙. 葡萄酒化学[M]. 北京：科学出版社，2005，106 - 109.

[123] Fang F, Li J M, Zhang P, Tang K, Wang W, Pan Q H, Huang W D. Effects of grape variety, harvest date, fermentation vessel and wine ageing on flavonoid concentration in red wines[J]. *Food Research International*, 2008, 41(1): 53 - 60.

[124] Rastija V, Srečnik G, Marica M. Polyphenolic composition of Croatian wines with different

geographical origins [J]. *Food Chemistry*, 2009, 115(1): 54 - 60.

[125] Cantos E, Espin J C, Tomás-Barberán F A. Varietal differences among the polyphenol profiles of seven table grape cultivars studied by LC-DAD-MS-MS[J]. *Journal of Agricultural and Food Chemistry*, 2002, 50(20): 5691 - 5696.

[126] Gambelli L, Santaroni G P. Polyphenols content in some Italian red wines of different geographical origins [J]. *Journal of Food Composition and Analysis*, 2004, 17 (5): 613 - 618.

[127] Puértolas E, Saldaña G, Condón S, Álvarez I, Raso J. Evolution of polyphenolic compounds in red wine from Cabernet Sauvignon grapes processed by pulsed electric fields during aging in bottle[J]. *Food Chemistry*, 2010, 119(3): 1063 - 1070.

[128] Preys S, Mazerolles G, Courcoux P, Samson A, Fischer U, Hanafi M, Bertrand D, Cheynier V. Relationship between polyphenolic composition and some sensory properties in red wines using multiway analyses[J]. *Analytica chimica acta*. 2006, 563(1 - 2):126 - 36.

[129] Fernández-Pachón M S, Villano D, Garcıa-Parrilla M C, Troncoso A M. Antioxidant activity of wines and relation with their polyphenolic composition[J]. *Analytica Chimica Acta*, 2004, 513 (1): 113 - 118.

[130] Lo Presti R, Carollo C, Caimi G. Wine consumption and renal diseases: new perspectives[J]. *Nutrition*, 2007, 23(7): 598 - 602.

[131] Sladkovský R, Solich P, Urbánek M. High-performance liquid chromatography determination of phenolic components in wine using off-line isotachophoretic pretreatment[J]. *Journal of Chromatography* A, 2004, 1040(2): 179 - 184.

[132] Malovaná S, Garcıa Montelongo F J, Pérez J P, Rodrıguez-Delgado M A. Optimisation of sample preparation for the determination of trans-resveratrol and other polyphenolic compounds in wines by high performance liquid chromatography[J]. *Analytica Chimica Acta*, 2001, 428 (2): 245 - 253.

[133] 韩国民，陈锋，侯敏，王华. 葡萄酒中 14 种单体酚的高效液相色谱测定[J]. 食品科学，2011，32(002)：180 - 183.

[134] 程国利，于庆泉，张大鹏，段长青. 浸渍酶对蛇龙珠葡萄酒酿造过程中类黄酮化合物变化的影响[J]. 中国酿造，2007，26(10)：32 - 35.

[135] Paixão N, Perestrelo R, Marques J C, Câmara J S. Relationship between antioxidant capacity and total phenolic content of red, rosé and white wines[J]. *Food Chemistry*, 2007, 105(1): 204 - 214.

[136] Di Majo D, La Guardia M, Giammanco S, La Neve L, Giammanco M. The antioxidant capacity of red wine in relationship with its polyphenolic constituents[J]. *Food Chemistry*, 2008, 111 (1): 45 - 49.

[137] Netzel M, Strass G, Bitsch I, Könitz R, Christmann M, Bitsch R. Effect of grape processing on selected antioxidant phenolics in red wine[J]. *Journal of Food Engineering*, 2003, 56(2): 223 - 228.

[138] Okamura S, Watanabe M. Determination of phenolic cinnamates in white wine and their effect

on wine quality[J]. *Agricultural and Biological Chemistry*, 1981, 45(9): 2063 - 2070.

[139] Ong B Y, Nagel C W. Hydroxycinnamic acid-tartaric acid ester content in mature grapes and during the maturation of White Riesling grapes[J]. *American Journal of Enology and Viticulture*, 1978, 29(4): 277 - 281.

[140] 陈建业，温鹏飞，战吉成，李景明，潘秋红，孔维府，黄卫东. 葡萄酒中11种酚酸的反相高效液相色谱测定方法研究[J]. 中国食品学报，2007，6(6)：133 - 138.

[141] Monagas M, Gómez-Cordovés C, Bartolomé B, Laureano O, Ricardo da Silva J M. Monomeric, oligomeric, and polymeric flavan-3-ol composition of wines and grapes from Vitis vinifera L. Cv. Graciano, Tempranillo, and Cabernet Sauvignon[J]. *Journal of Agricultural and Food Chemistry*, 2003, 51(22): 6475 - 6481.

[142] 李华，王华. 葡萄酒化学(第1版)[M]. 北京：科学出版社，2005，110 - 112.

[143] Katalinić V, Milos M, Modun D, Musić I, Boban M. Antioxidant effectiveness of selected wines in comparison with (+)-catechin[J]. *Food Chemistry*, 2004, 86(4): 593 - 600.

[144] 薛洁. 山葡萄酒中白藜芦醇含量的测定[J]. 酿酒科技，2004 (5)：103 - 104.

[145] 李华. 葡萄酒的生物化学[A]. 葡萄与葡萄酒研究进展——葡萄酒学院年报[C]. 西安：陕西人民出版社，2000：1 - 11.

[146] 凌关庭. 红葡萄酒及其衍生制品的生理功能[J]. 江苏食品与发酵，2005,4：33 - 35.

[147] 杜金华，夏秀梅. 酚类物质在红葡萄酒中的作用[J]. 中外葡萄与葡萄酒，2001,2：48 - 50.

[148] 林亲录，单杨，秦丹，谭兴和. 葡萄酒中多酚类化合物研究进展[J]. 中国食物与营养，2001,1：30 - 32.

[149] 高爱红. 儿茶素和其他抗氧化剂的协作作用(译)[J]. 蚕桑茶叶通讯，2001,4：37 - 39.

[150] 陶永胜，李华. 葡萄酒中主要的黄酮类化合物及其分析方法[J]. 中外葡萄与葡萄酒，2001,4：14 - 17.

[151] Goldberg D M, Karumanchiri A, Tsang E, Soleas G J. Catechin and epicatechin concentrations of red wines: regional and cultivar-related differences[J]. *American Journal of Enology and Viticulture*, 1998, 49(1): 23 - 34.

[152] Harbertson J F, Kennedy J A, Adams D O. Tannin in skins and seeds of Cabernet Sauvignon, Syrah, and Pinot noir berries during ripening[J]. *American Journal of Enology and Viticulture*, 2002, 53(1): 54 - 59.

第五章　文化体验与酒窖空间设计

第一节　概述

为了使葡萄酒文化能够进一步推广，为葡萄酒的文化营销提供一定启示，本研究通过对基于文化体验功能的葡萄酒酒窖的相关因素进行整理分析，明确了研究对象、市场定位、消费群体和地理因素，在对酒窖的功能条件进行系统整理的同时，也对文化和体验活动对于空间设计的影响做出了全面的讨论，最后结合成都"方所"文化体验空间和北京"东方红"酒窖的空间分析，从空间形态、色彩搭配、材质运用、文化符号、灯光设计五个方面对酒窖空间的风格营造提出了一般性设计思路。

一瓶好的葡萄酒除了依托自身的风味特征和酿造工艺，还和储藏条件紧密相连[1]。适宜的储藏环境一方面可以保持葡萄酒的美妙风格，另一方面能够更好地让葡萄酒稳定成熟。酒窖一直被视为储存葡萄酒的最佳建筑空间，因为它不仅拥有充裕的内部空间用于贮藏和活动，还能依据自然条件或人为因素保持低温恒温恒湿的储藏条件，尽管酒窖整体上是个密闭式的空间，但仍满足空间通风的要求，能够防止自然光对葡萄酒的破坏，还能够避免震动和杂声对葡萄酒干扰影响。根据功能区分，酒窖可以用于酿酒和储酒，酿酒酒窖大多依附于品牌酒庄而存在，为品牌酒庄酒提供酒窖陈酿条件，而储酒酒窖为装瓶或未装瓶的葡萄酒提供稳定的成熟环境，服务对象也拓展到了个人收藏、酒店等商业化空间。随着葡萄酒消费市场的不断发展和体验经济的推动，酒窖除了给葡萄酒提供适宜的储存环境，也成为消费者体验葡萄酒文化的一种载体。

随着葡萄酒市场的不断发展，以葡萄酒鉴赏、文化体验感受为营销形式的葡萄酒体验店出现在大众的视野，尽管是为了产品的广泛动销，但也说明葡萄酒的发展趋势是依托于文化的。而传统意义上的酒窖作为品牌产业的附属品，也顺应发展被赋予了新的文化意义，起着培育葡萄酒市场、树立品牌可信度、推广葡萄酒文化的作用。作为葡萄酒文化的载体，具备文化体验功能的葡萄酒酒窖不仅给葡萄酒提供适宜的储存条件，还为消费者提供相应的文化体验，将葡萄酒文化、收藏、鉴赏与销售整合于一体，是现代经济社会的新型体验空间[2]。对于葡萄酒市场来说，讨论研究具有文化体验功能的葡萄酒酒窖的设计是体验经济推动下的发展趋势，一方面消费者对于葡萄酒的消费逐渐上升为精神文化层面的满足，另一方面大众审美的不断提升，对文化载体的空间设计也提出了新的要求，不仅要有自己的功能特色，也要符合市场需求。

国外的葡萄酒市场将销售生活态度和文化氛围、葡萄酒酒窖空间的设计与品牌酒庄的建筑风格紧紧联系在一起，葡萄酒文化被酒庄的历史文化所折射，独立品牌的特色企业文化，依托酒庄展现自我品牌的历史文化[3-6]。由于消费观和饮食习惯的双重作用，我国对于葡萄酒的研究起步晚于发达国家，酒窖设计方面的研究也局限于酒庄设计[7-8]。关于酒窖空间的设计，国内的研究方向集中于葡萄酒的储藏和储藏环境的基本功能设计等基础方面[9]。如今，体验经济的作用日趋显著，对于主题空间设计的研究逐渐引起国内研究者的重点关注，各类消费空间的设计，尤其是体验式餐饮空间的设计研究在国内迅速展开[10-15]。严建中[16]通过对国内外几大设计实力非凡且资料齐全的酒窖空间和会所进行归纳总结，运用图片，分析装潢元素，对酒窖设计做出了细致专业的文字解读。

本研究在对文化体验空间和酒窖空间案例分析的基础上，讨论基于文化体验的葡萄酒酒窖的市场定位及对其文化营造的设计方式。对葡萄酒文化空间氛围营造、室内外装饰进行研究的同时，也对酒窖储酒的功能性进行了系统、整体的研究。葡萄酒酒窖空间合理的发展可以更大程度地满足消费者个性化的精神需求，繁荣我国葡萄酒市场，从而推进葡萄酒在我国的不断发展。

第二节　基于文化体验功能的酒窖空间因素

一、市场定位分析

市场定位的真正目的是了解你能够为你所设定的消费者做些什么，很多经营者都会触犯的失误是过度调整自身的产品，去迎合群众。这是不恰当的，消费者的类型大相径庭，每一种经营所针对的消费者一定是一类群体，而不是全部群体，在思考自身的产品结构的时候，我们更应该考虑的是用什么样的经营方式能够使消费者区分自己的经营企业与其他企业，并选择本企业进行消费，让消费者对本企业产生一定的消费依赖。

基于文化体验功能的酒窖空间是在传统酒窖基础上结合社会发展趋势下应运而生的具有文化底蕴、能够提供一系列体验方式的新型商业化酒窖空间。在日趋激烈的市场竞争中，大多消费品牌门店选择用一些创新方式，从装修、活动以及品牌定位都进行新的包装整理，从而打动消费者，促进消费者的新型消费。具备文化体验的酒窖空间由于自身的商业性和营销性，从新生到现在都需要准确抓住市场定位，来推动自身的良性可持续发展。

本文讨论的酒窖空间尽管具备文化体验功能，但不同于目前市场上出现的文化体验公共空间，也与传统的酒窖有不同的定位方向。首先消费群体具有一定特殊性，从习惯爱好以及自身意愿到消费能力都有一定要求；其次酒窖空间会在满足储藏葡萄酒环境条件的基础上衍生出一系列的文化培训以及体验活动；最后酒窖空间虽然具备一定商业性质，在一定程度上会通过营销手段盈利，但这类空间从本质上还应该以文化体验为出发点，避免营利性过重，造成经营失衡，丢失潜在市场，做出错误的发展决定。总而言之，基于文化体验功能的葡萄酒酒窖空间应该符合以下认知，确保获得精准的目标市场定位：

(1) 在酒窖功能的基础上，以文化培训和体验活动为衍生附属品；

(2) 尽管具有一定商业性，但纯目的是以一种更为创新的方式推动葡萄酒市场的发展；

(3) 针对性进攻市场，确定特定消费者群体，了解市场潜力，战略性的长久经营。

二、消费人群分析

消费群体，简而言之就是存在一定消费行为、具有一定消费能力且有相同消费特性的群体。对消费人群进行合理有效的分析，能够结合市场定位为自己的产品规划出更好的发展方向。

中国产业信息网发布的《2016—2022年中国葡萄酒市场发展现状及未来趋势预测报告》中，对葡萄酒的消费群体进行了系统的分析与整理，中国的葡萄酒消费者根据消费习惯及对葡萄酒的消费态度被分为6大类[17]。其中社交新人消费葡萄酒的比例占到全部的23%，发展中的葡萄酒爱好者与传统名酒爱好者的比例相持平，而真正的爱好者的消费群体仅仅只有7%(图5-1)，这也变相说明葡萄酒在中国的发展仍然具有很大的可塑造性。

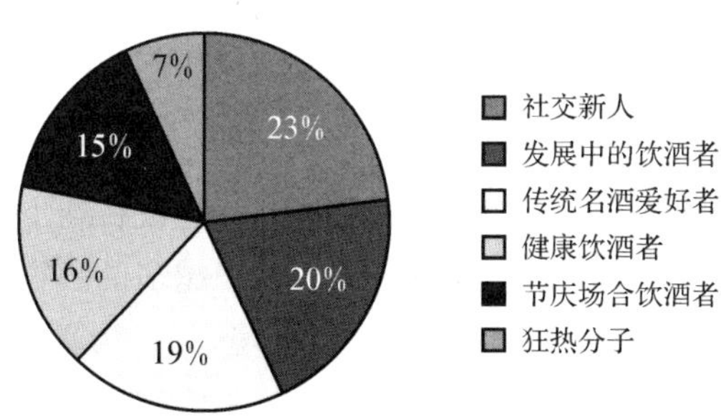

图5-1　2015年中国葡萄酒消费者群体比例分析

来源：中国产业信息网

威廉·杨格认为葡萄只是一种美丽纯洁的水果，但一经过压榨，便成为具有灵动的生命体，尽管威廉·杨格不是酿酒师，但他抓住了葡萄酒的灵魂。葡萄酒从入口时苦涩充溢口腔到余味芳香浓郁，这是一个变化的、迷人的品尝过程，由于葡萄酒自身口感的特点，热爱葡萄酒的人会忠诚地对葡萄酒产生更为浓厚的感情，这也决定了葡萄酒本身是一种依赖于个人喜好而存在的人间佳酿。

基于文化体验功能的酒窖由于本质上是葡萄酒的储存载体，其消费群体首先针对葡萄酒爱好者，其次是面向有意感受葡萄酒文化的特殊群体。由于消费和饮食习惯，中国人饮用葡萄酒的群体主要是社交群体和葡萄酒爱好者，葡萄酒对于绝大多数人来说并不是必需的消费品。尽管年轻人追逐生活的享受，渐渐对葡萄酒产生了兴趣，但仍然属于不稳定的消费人群。不同的葡萄酒消费群体对于葡萄酒文化体验也持有不同的态度，随着葡萄酒消费市场的不断发展与成熟，基于文化体验功能的葡萄酒酒窖空间主要针对具有以下几个特征的消费群体：

(1) 具有一定饮用需要的葡萄酒爱好者；

(2) 对葡萄酒文化有浓厚的兴趣，并愿意学习和接受；

(3) 愿意通过葡萄酒相关的体验活动感受葡萄酒的魅力；

(4) 由于工作需要和社交需要的社会人士作为潜在消费群体，有机会成为主力消费群体。

中国葡萄酒正处于一个朝阳式发展的阶段，在整个高端饮品消费中都占有绝对的市场消费比重，尽管消费群体较为小众，但随着人们的消费水平及文化知识水平的直线上升，葡萄酒文化的日益推广，会有越来越多的人欣赏葡萄酒的魅力，并逐渐将葡萄酒融入生活，从而推进商业化酒窖的进一步发展。

三、地理位置分析

传统酒窖常常附属于品牌酒庄存在，其设计效果和功能与酒庄的建筑设计相辅相成。从建筑角度出发，某一个建筑的设计到落地之前都需要经过一系列系统分析，确定是否具有可行性以及对建筑设计有一定实际意义和指导意义。建筑形态的形成受到多方面因素的影响，其中地理位置分析是决定因素之一，在系统分析中对建筑地理位置进行全方位的分析至关重要。

虽然基于酒窖空间所维持的环境的特殊性，酒窖建设在地下，能够自然维持葡萄酒所需要的各类储存条件要求，但酒窖的发展导致越来越多的酒窖走向地面，这类酒窖一方面可以依靠现代化的技术营造非自然的储存环境，另一方面也会通过对实际位置的选择来打造更合适的空间。基于文化体验功能的酒窖空间不局限于地下，因为市场的发展会促使多类空间逐渐发掘出更适应环境的经营趋势，建设在室内的酒窖应该面向西北方向，使太阳不会直接照射到酒窖建筑；酒窖空间不应该直接在屋顶之下，物体与外界的接触会导致夏热冬凉过于明显，对控制温度和保持室内恒温有很大影响；另外，对于高度分层的建筑，以下层为酒窖空间会比上层的环境更合适。

由于文化体验功能与酒窖储藏两者之间功能的差异，应在整体的地理位置上划分出两者的功能区，达到整体统一。从地理空间角度考虑，酒窖空间和文化体验功能区存在一定相关性，视觉和空间整体相互融合，缺一不可，但两种功能空间之间不能互相影响，因此在建筑过程中应该在各方面寻求和谐的发展。例如，酒窖不适宜过分嘈杂和震动感太强烈的环境，那么文化体验功能区中设计这部分的空间就不能够与酒窖紧密相连。

为结合文化体验功能的酒窖空间做出正确选址，犹如“好的开头是成功的一半”，因此除了酒窖空间本身，对于整体建筑的地理位置选址应该有明确的方向和要求，力求保证酒窖空间的完美储藏环境和文化体验空间设计的创新性。

第三节　酒窖基本功能设计

对葡萄酒进行正确的储藏是决定葡萄酒质量的重要因素，储藏恰当，葡萄酒会更加成熟，使味觉体验达到最佳，但如果储藏不当，会对口感、色泽和风味造成一定影响，不仅会加速葡萄酒老化，也会破坏酒体的味道结构。基于以上因素，酒窖作为储藏葡萄酒的环境空间，在满足葡萄酒特定储藏要求的同时，对自身的功能设计也形成了一定规定。

一、位置

除了少数环境拥有天然的储藏优势，传统酒窖大多数建造在地下。一方面地下环境能够稳定保持恒温恒湿，达到葡萄酒的储藏条件并且降低建造成本，另一方面地下环境安静、避光，可以使葡萄酒的成熟过程不被打扰。尽管随着葡萄酒消费市场的不断发展和体验经济的推动，顺应时代的现代酒窖应运而生[4]。为了满足消费市场和消费群体的商业化，城市中心也成了建造现代化酒窖的选择之一，现代化的酒窖没有天然的储藏优势，但为了提供适宜的储藏条件，也会通过现代化技术打造出完善的环境，相应的成本也会增加。与此同时，建造在城市中的酒窖具有更多的商业性，可以通过更多的商业方式获取一定的利润。

二、温度

葡萄酒作为可饮用的艺术品，方方面面都体现着它的艺术性。温度对于葡萄酒来说是一个至关重要的因素，就如同美味的菜肴离不开火候的控制，一方面葡萄酒需要合适的饮用温度来保证在饮用时能够品尝到每一瓶葡萄酒最独特的风味和口感，另一方面葡萄酒对自身装瓶后的储藏温度也有明确的规定，因为温度会影响到葡萄酒的品质，而葡萄酒也能够灵敏感知外界温度的变化。由于品种差异和酿造工艺的不同，不同葡萄酒对于储藏所需要的理想温度范围也有所区别（表 5 - 1）。为了给葡萄酒营造合适的储藏环境，酒窖理想的温度范围控制在 10 ℃～18 ℃，过低会延长葡萄酒的成熟期，过高会造成葡萄酒氧化变质，从而损害葡萄酒细腻的口感。除了控制适当的温度范围，还应该保持温度的稳定，温度不断变化会使成熟过程难以控制，进而影响葡萄酒的口感。

表 5-1 不同的葡萄酒贮藏温度

葡萄酒种类	贮藏温度范围/℉	理想贮藏温度/℉
酒体轻盈的红葡萄酒	50～55	53
酒体丰满到适中的红葡萄酒	55～65	60
干白和桃红葡萄酒	44～54	48
起泡酒	41～47	44
甜葡萄酒(非加强型)	41～47	44
加强酒	61～64	62

三、湿度

酒窖的湿度对于储藏葡萄酒来说也是重要的因素之一。葡萄酒贮藏最适宜的湿度是70%,过高的湿度会使软木塞和酒标软化甚至发霉,从而破坏葡萄酒的酒体甚至污染葡萄酒,过低的湿度会造成软木塞失去弹性,瓶内葡萄酒与空气发生接触,而被氧化。

四、光线

在葡萄酒陈年过程中,光线的影响是负面的。陈年过程中的葡萄酒接触到光线后容易发生还原反应,使酒变质,改变酒的颜色,失去原有味道,甚至会产生不愉快的气味。在贴存过程中需要特别注意香槟、白葡萄酒和盛装在无色酒瓶中的葡萄酒,它们对光线的感知十分敏感,建议存放在酒架的最底层或者光源较弱的地方。如果考虑到设计效果,使用玻璃酒柜或酒架,也建议使用防紫外线的玻璃。建在地下的酒窖由于地理位置,需要考虑酒窖入口与光线的适当设计以及灯光所营造的光线对葡萄酒的影响。

五、通风

葡萄酒的风味特征一方面由葡萄品种特征、葡萄酒酿造工艺以及发酵过程的化学反应决定,另一方面陈年过程中的化学反应使得葡萄酒更加成熟。在这个成熟过程中,尽管有橡木塞封住瓶口,但葡萄酒仍会将空气中的部分气味吸收,因此储藏葡萄酒的环境最好能够适当通风,避免异味与葡萄酒接触,破坏葡萄酒香气。

六、震动

震动对葡萄酒来说属于干扰因素,如同人在激烈运动过后需要休养一段时间才能够恢复正常的身体机能,葡萄酒在经过运输颠簸后都需要一段时间才能够还原到原来的风格。因此在葡萄酒陈年过程中应当尽量避免多次移动,也不能在时常发生震动的地方存放葡萄酒。

七、摆放方式

葡萄酒的摆放方式是影响葡萄酒品质的人为因素之一。一般情况下，使用软木塞封瓶的葡萄酒需要保持软木塞湿润，起到隔绝空气的作用，防止空气进入与葡萄酒产生反应；而由于香槟和起泡酒酒体中含有二氧化碳，需要直立放置保存；大部分蒸馏酒存放时需要直立放置，有助于挥发酒液，降低酒精含量，改善酒体口感。

八、酒窖建设

（一）空间大小

葡萄酒种类决定了酒窖的环境条件，葡萄酒数量则控制着酒窖的空间规模。酒窖空间划分合理一方面能够使酒的成熟过程获得更好的保障，另一方面有利于通风换气，人员流动，如果酒窖空间过小，会使藏酒的种类和数量受到限制。另外，储藏在酒窖中的葡萄酒还应该根据储存的时间分开保存，保证酒的陈年效果达到最好。

（二）酒架建设

酒架是在合理利用空间的基础上，为葡萄酒更好的储存而建，起到美观和分类的作用。由于葡萄酒存储过程的独特性，酒架的定制也根据这一特性满足一定的规范要求。首先应该根据葡萄酒的储藏数量和酒瓶规格确定酒架的材质、规格和形式，建议酒架的材质风格和形式风格应该与酒窖整体的建筑风格保持一致；其次对于酒架的斜度应该严格把控，由于葡萄酒对摆放方式具有一定要求，因此酒架的斜度应该保证当酒横放至酒架上时，酒液可以刚好与橡木塞接触到三分之一，以保证隔绝空气和维持橡木塞的湿润性；最后酒架的制作应当确保其质量强度、安全性和实用性。

（三）基础建设

由于葡萄酒陈年时对周围环境有特定的要求，因此为了满足葡萄酒的储藏环境，酒窖也在基础建设和设备上有一些特定规定。首先应该针对酒窖墙壁和特定地区地板的保温功能进行预处理，比如融合一定规格的木板骨架；为了使酒窖具有一定隔热保温的功能，在建造过程中也会对酒窖墙壁喷涂保温涂料，这样做能够维持空间内部的温度恒定，湿度也能够得到很好控制。其次，酒窖的门作为与外界沟通的通道，应该安装框架和一定数量的排气孔，当然有时考虑到空间的美观，也会对门进行特别的功能处理。最后针对空间的湿度，酒窖空间内部的墙面和天花板应该采用具有防潮功能的原料，例如选用木材，同时为了保证葡萄酒质量，应该选择没有味道的木材。

第四节　文化体验与酒窖空间设计

一、文化因素对于酒窖空间设计的影响

文化是人类社会历史实践过程中所产生的精神和物质财富总和，映射着人类的历史与劳动创造，作为一种历史成果，每一个发展阶段都会有适应这个阶段的文化产生，并不断孕育发展；从社会角度来说，文化与社会和经济息息相关，三者之间相互作用，影响甚深；不难发现，文化除了历史创造，还和民族紧紧关联，例如新疆、云南这类多民族聚居地，民族的文化传统也在发展过程中与区域文化融合为一体；文化更像是一种语言，能够使人感受到其中的故事和历史发展，在一定程度上，象征着人类社会的发展进步。

自古以来，建筑与文化的关系就是相互的。建筑是文化的表现，文化是建筑的灵魂，文化指导建筑，建筑就成了文化的实体表现，文化思想通过建筑物得以体现，而建筑文化具有强烈的地域色彩，有着传承、转化和发展的特点。

对文化对于酒窖空间设计的影响的研究可以从中西方的历史文化入手，尽管得到世界广泛认可的葡萄酒文化是在西方孕育成形的，但中国可追溯的葡萄酒历史发展也有 9 000 多年，因此葡萄酒酒窖空间的设计在满足基本的环境条件后所运用的文化元素除了葡萄酒自身的文化，大多是西方的历史文化或者是现代化的元素。就个人观点而言，中华文化博大精深，葡萄酒的文化历史发展在中国历史长河中也有据可循，对于未来的酒窖空间设计来说，文化因素必不可少，但相信合理结合中西方文化，尊重葡萄酒自身文化，能带给酒窖空间设计全新的方向与融合八方的创新。中西方的文化差异无可厚非，因为文化的差异对建筑的设计，包括材料、色彩、空间布局和造型都有影响。因此无论是将中西方文化，还是葡萄酒文化运营到酒窖空间的设计中，都需要讲究合理的融合。酒窖是葡萄酒储藏的载体，它的设计无不体现着葡萄酒的艺术性和独特性，因此葡萄酒文化是酒窖设计的本质，也是需要遵循的根本理念。

文化具有区域性，建筑作为文化的载体，也具有明显的区域色彩。由于受到地理气候影响，南北文化的差异使建筑文化也具有显著的差别，比如南方的堂屋和北方的窑洞等；民族发展也对不同区域的建筑有多样化的影响，比如蒙古族可移动的蒙古包，云南傣族的竹楼，苗族、土家族的吊脚楼等。随着市场经济的繁荣发展，葡萄酒市场逐步扩张，新疆、河北、宁夏、云南等地成了中国具有代表性的葡萄酒优质产区，酒庄酒厂的建

设也屡见不鲜，优质葡萄酒比比皆是，酒窖空间的设计可以结合区域文化，与地域色彩融为一体，成就具有中国代表性的现代化酒窖文化。

文化因素能够渗透到建筑的方方面面，实现从一种语言到一种象征的转变，酒窖空间不同于市场上的餐饮空间，其内在的特殊性要求对酒窖空间的设计尽可能地实现与文化的交流性和沟通性，体现自身功能的建筑风格，这一点不仅体现在对具有地域性的文化的运用，也体现在对多样化的文化因素的结合。

文化对葡萄酒酒窖空间的设计的影响是深远的，极具指导意义，合理在酒窖设计中将文化元素发挥到极致，不仅能够给人以绝对特征化的视觉美感与享受，也能够通过运用文化因素将酒窖空间的存在意义以及传承通过一种具有辨识感的方式展示给大众。文化因素影响到酒窖空间的外表设计，其次是内在装修装饰，最后它所代表的深层次含义，它们也将成为酒窖立足市场和社会的名片，通过文化宣传，推动酒窖空间的市场优势发展。

二、体验活动对于酒窖空间设计的影响

体验活动是指在一定空间范围内，通过一系列的感官刺激使消费者得到身体上和精神上的满足和享受，从而与空间或环境发生一定互动，由于感觉、动作和情绪的多重作用，吸引消费者对空间产生好感，并激发其与空间发生更多交流的欲望，是现代空间设计中逐渐受到营业者关注的一个因素。

葡萄酒体验店的推行，一方面说明了国民大众对于葡萄酒的喜爱呈上升趋势，另一方面也说明了越来越多的人开始不满足于仅仅用味觉感知葡萄酒，更愿意深层次地通过深度了解葡萄酒的历史以及对葡萄酒的鉴赏体验，甚至是参与酿造过程和掌握影响风味的因素来获得有关葡萄酒文化的一切，这表明了葡萄酒的市场趋势一定是以酒和文化作为基本载体的。葡萄酒体验店尽管最后的目的是葡萄酒动销，但过程中的一系列体验活动值得借鉴和学习，抓住市场趋势，便有了进步和上升的方向。这类体验店能通过对酒与相关葡萄酒文化的历史、传承、产区介绍、葡萄酒相关的设备器具等的讲解和展示，给消费者一种体验式的参与感，通过各类相关的葡萄酒体验活动将消费者的精神体验刺激到极致。

将体验活动融入商业经营中已经屡见不鲜，例如重庆大队长火锅的革命情景体验，将情景化应用到餐饮行业，把消费者的心理与情境感受巧妙融合于一体。体验活动不仅在经营模式上影响着现代消费空间，还对空间的设计有显著影响。酒窖空间的设计按照传统方式来看更偏向功能性，当结合体验活动因素时，需要考虑的更多是功能空间与人的一种交互性。结合文化体验功能的酒窖空间是一种集物质产品和精神文化产品、动态体验于一体的现代新型空间，顺应市场发展，能够较大程度满足市场需求，提升自身竞争力和发展的动力需要，增强自身的文化吸引力。考虑到体验活动的类型与开展方式，对于色彩和材料的选择讲究形与物的契合度，对空间造型上也会有针对性的设

计，很大程度上，具有个性的空间设计、恰到好处的室内氛围和精彩体验活动本身三者发挥完美才能够真正展现体验活动的设置意义，达到预期的经营效果。

下面，利用火锅文化来深度剖析体验活动对于商业经营的改变和对空间设计的创新，火锅文化是一种大众文化，上至老妪，下至孩提，无人不对火锅存在一种特殊的情感。但消费者水平和要求的提高，对以热闹打天下的火锅文化无意造成了一定冲击，人们会在斟酌后选择更有情怀的地方特色菜馆，或者在西方文化冲击下选择高档西餐厅就餐，在这种情形下，促使火锅文化做出一定创新转型。如前文中提到的大队长火锅，无论从就餐服务、产品味道、革命情景体验和贴合体验的装修风格，大至装修，小至餐饮用具，种种细节都显示出不得不承认的文化转型上的成功。从门口的红色装修风格到进门后，清一色的年代着装的服务生热情的欢迎语“欢迎领导下乡”，浓浓的红色气息体现在菜单、围裙和餐盘用具等细节中，装修风格也遵循着设定的情景，以红色为主色调，以革命年代为基本背景，给消费者提供身临其境的餐饮体验，强烈刺激消费者的心理与感受。

结合体验活动的背景和开展方式对空间设计装修上做出相应人性化、个性化的设计，充分利用人与物的交互性产生精神上的共鸣，从而充分利用建筑空间的功能，装修设计的物质平行转变，也能够极大发挥体验活动的商业经营作用。将葡萄酒与酿造、品鉴、文化体验活动和酒窖空间融入在一起，对酒窖空间的设计起到一定指导作用，在契合各个功能区的基础上，延伸出独具特色和文化风格的设计方案，使酒窖空间的设计能够结合体验活动的背景，亦能够烘托出体验活动的内涵性。

第五节　文化体验空间案例分析

一、以成都“方所”书店为例

也许是传达的思想一致，“方所”的玻璃橱窗上映射着诗人梁秉钧唤醒人们阅读记忆的诗句，作为一个创新书店，这句话象征着“方所”的初心——“方所与你颂读，一座伟大城市的智慧与浪漫”。

毛继鸿一直坚持用创作文化的方式区别人与其他生命，这是“例外”服装的诞生，为了满足人们日益挑剔的审美，毛继鸿又创造了“方所”公共文化空间，他希望在城市里还有一个地方能够让人们真诚地交流、邂逅，目前“方所”空间已经扩张到了广州、成都和重庆。

成都“方所”空间的设计师是来自台湾的朱志康先生，他认为“设计没有风格”[18]，在他眼里，设计的最终目的是满足人的需求，在这个过程中帮助他人发现真相、解决问题、设计方案，而特别之处仅仅在于特殊角度的手法运用。

二、环境的交互性

成都“方所”书店位于太古里商业区地下一层，靠近繁华的春熙路步行街与著名大慈寺。“方所”的存在是为了给懂得文化缔造生活的人提供一个具有归属感的地方，它并不是普通的连锁经营，而是根据地域的特点，打造多元化的文化世界，因此朱志康的设计团队经过大量资料调查，发现了大慈寺和唐玄奘的关系，由此将“藏经阁”的概念融入空间的设计理念中，朱志康认为藏经阁的文化内涵真正存在于中国人内心，这样的元素理念不仅满足消费者对于文化的消费需要，也充实了人们对阅读升华、心灵净化、沉淀自我的欲望。

“方所”的空间设计和周边的环境产生了完美的交互性，一方面太古里通过现代诠释传统、传统融合现代的建筑风格营造出一片开放自由的城市空间，而“方所”的设计不仅融入了“藏经阁”的概念，也将四川人的生活态度作为设计参考因素，四川人享受生活，待人和善，热爱交流，这种结合人文历史和文化沉淀的设计与太古里的风格有着一定渗透性，大慈寺与“藏经阁”的文化碰撞互通，尽管“方所”的定位不仅仅是一家书店，但书作为空间的文化寄托，象征着智慧，而“藏经阁”这种庄重的空间形象，也与大慈寺交相呼应；另一方面春熙路作为著名的商业步行街，“方所”如果仅仅作为一家传统书店立足于热闹的商业区，它的存在无疑是脆弱的，但“方所”不仅是书店，它是一种态度、一个主张、一个将美学在生活中放大化的尝试。在整体的设计中，“方所”都呈现出包容的属性，例如木、石、瓷、纸、竹和布等多元化的元素。在方所的设计中融合了书店设计、传统文墨、家饰织品、瓷器服装、咖啡烘焙、植物手作等一系列具有现代特征的美学艺术，从这一层面来说，不仅提高了市场竞争力，也与商业市场的设计达到了一定契合度。

三、形式的统一性

在成都“方所”的空间设计上，除了以“藏金阁”作为整体设计的基调，朱志康为了强调人与空间的互动感受，使置身于空间中的人利用五官体验自然、惜物、手感、细节之美，另外，为了体现知识海洋的浩瀚性，利用星球运行图、星座的元素来增加广泛的宇宙视野，从而形成沧海一粟的对比，例如“方所”的入口以陨石为造型塑造了“方舟”雕塑，采用空间环境压迫后释放环境的设计手法，使人感受到进入空间的仪式感，是一种对入口的强调。而空间内部的整体设计语言是天然材质与工艺的美学奏鸣，37 根立柱的独特造型让人停留驻足，地面行星轨迹与空间主题元素折合统一，在书店功能区，100 多米长的书架以廊桥为造型，利用木、钢、铁和混凝土给予整体的建筑形式朴实简单的风格感觉，整体风格的统一，文化的独特立意使“方所”的空间充满着无垠的想象力。

四、空间的合理性

“方所”的存在是为了追求真，感受美，在建筑面积超过 5 000 m^2，拥有近 8 m 高，呈东西向分布的成都“方所”空间里采用了众多实践性的设计手法，表达回归初心的理念愿望。在“方所”的空间布局中，功能区的划分十分显著，从例外服装区、书店区、冥想咖啡区、美学区以及专门为儿童打造的小方所区域等(图 5-2)，这些功能区的分布吸引着拥有不同消费需求的消费者，但方所空间设计的引导感使人流走向不同的区域，并因此对人群产生一定的包裹感，让人不自觉停留，这是方所空间的合理性和设计性。另外空间布局上的层次感和灯光元素在不同功能区的运用，在提升消费者的美感享受的同时也使整体的艺术氛围得到了提升，将“方所”空间具有新知意义、不同腔调、情感享受的别致风格发挥到了极致。

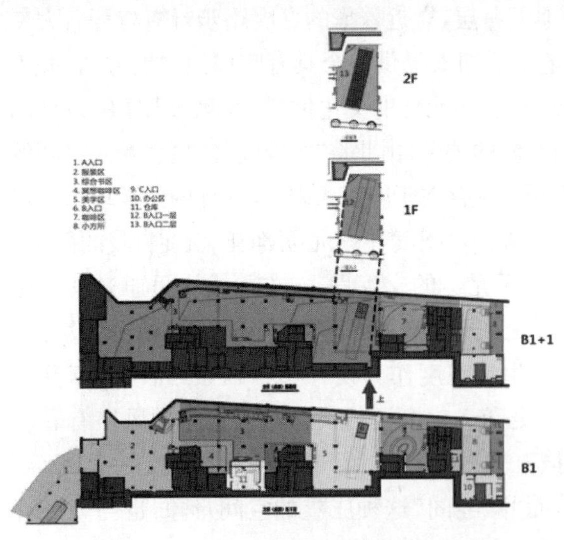

图 5-2　成都“方所”空间平面功能图

图片来源：新疆大学 14 级建筑学杨禄山绘制

第六节　酒窖空间案例分析

一、以北京 East“东方红”酒窖为例

位于北京市朝阳区的 East“东方红”酒窖，是融合红酒文化、美食品鉴、时尚艺术于一体的葡萄酒主题会所。董事长杨东先生不仅将葡萄酒作为自己的挚爱，还将红酒事业作为自己后半生的主导方向，在 2009 年有了 East“东方红”酒窖的建设雏形，这个占地 3 000 余平方米的尊享空间与各类高档餐饮休闲区域紧紧相连，东临核心商业圈和地铁站，北近古老而质朴的晋商博物馆，地理位置优越，具备一种闹中取静独风雅的气质(图 5 - 3)。

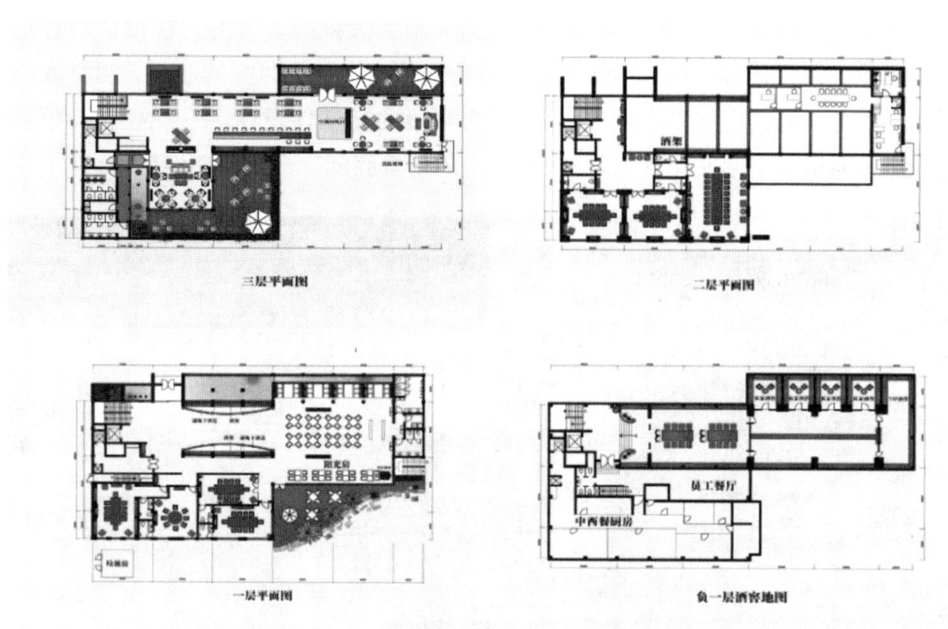

图 5 - 3　East“东方红”酒窖平面功能图

图片来源：http://www.idzoom.com/portal.php? aid=5618&mod=view

虽然整个酒窖内部针对特定的消费群体完善了设施，但为了满足不同消费需求的顾客，酒窖在经营功能上开设了 VIP 包房、正餐厅、酒廊酒吧、雪茄吧、户外露台以及顶

级酒庄水准的私人专属酒窖，整体的纯欧洲古典设计风格兼顾不同需要的使用功能，是葡萄酒爱好者的圣地。

常海涛和王笑作为 East“东方红”酒窖的设计师，在空间设计风格上保持着纯欧式的古典风格，经过两年将空间的哥特式风格展现得淋漓尽致，从廊桥、挑高穹顶、彩绘玻璃、酒窖，每一处设计都能够看出设计师的用心，更能够在细枝末节中凸显出葡萄酒的文化特色[19]。酒窖在保持奢华的设计风格的同时也全面兼顾了具体的功能，正餐厅彰显绝美、酒廊尽显瑰丽、雪茄吧充盈尊享、酒窖展现神秘、露台极具灵动，以及 VIP 房给予最尊贵的享受。整个空间都被赋予葡萄酒的灵魂，能够使消费者感受到葡萄酒的生命与魅力。

二、建筑风格的中式融合

如图 5－4，East“东方红”酒窖的整体风格呈现出欧洲的古典风格，尽管给人以奢华尊享的气势，但却在细节中将东西方文化做了巧妙融合，这里称之为中式融合。将中国的传统文化植入不同的古典建筑风格中，但仍然秉承设计师的最初设计理念——奢侈雅致，这样的设计本身就存在一定严苛性，两种风格的融合本就讲究协调和谐，不能用力过度也不能过分单一，对于设计师来说也是一项巨大挑战。常海涛在设计雪茄吧时清晰阐述他的理念，坚持自我，他认为他设计的雪茄吧结合中西方的欧式。酒窖入口融合了北京四合院的传统元素设计，这也是结合环境的交互性设计，中式的屋檐、角檐风格引入能够对国人引起文化共鸣，是一种中式的场景腔调。在众多功能区中，除了显著

图 5－4　East“东方红”酒窖空间风格欣赏

的西方设计风格，中式风格的巧妙才是整体设计的精妙之处，在中国人心中，金、木、水、火、土象征万物之始，作为万物的变化，中国人强调阴阳平衡，物极必反，只有遵循自然天道，万物才能齐平如衡。设计师以红色、绿色、白色、黑色作为设计主色调，再结合正餐厅的木色调代表五行，利用独具国际特色的设计风格传承中国文化，不仅将东方哲学和欧式古典的设计巧妙融合，也在推崇现代自由生活方式的同时，让建筑实体成为生活和文化历史的缩影。

三、空间功能的多样性

空间环境在具备一定功能使用价值的同时，还应该满足一定功能需要。为了使设计更具有审美性，历史人文影响、建筑风格营造、环境气氛烘托也应该作为设计的考虑因素融于设计之中。East“东方红”酒窖空间除了在设计上极具特色地融合了中西方文化，也在功能上做出了多样化区分，从餐厅酒吧到酒窖，无一不满足着具有不同消费需要的群体，尽管功能划分较多，但“东方红”酒窖的市场定位十分确定，即为喜爱葡萄酒的有志之士打造一片绝佳之地，为高档社交提供最适宜的场地，为有品质的生活享受创造条件，因此空间的功能性并不来自“东方红”的营业性混杂，相反地，对自身市场具有明确定位，才能为志同道合的消费群体细分出更具体的功能服务。

第七节　突出文化体验功能的酒窖空间设计方法

一、空间形态

空间形态受到地理位置、设计风格以及周围环境等多方面因素的影响，外部的空间形态往往从视觉感官上让消费者产生第一印象，造型迥异或者具有一定故事发展线的空间形态往往能够刺激消费者的欲望，从而促进空间的人流交换，内部的空间形态是在外部空间形态作用下的后续作用，决定是否能够持续让顾客产生刺激欲望。内外部的空间形态在一定程度上属于互通的，二者的建筑风格往往相得益彰，与整体建筑的设计相呼应。

大多酒窖空间根据功能划分出储酒区、品酒区和观赏区等区域，满足消费者的需要，结合文化体验功能的酒窖空间，在功能区上应该增设一定的体验区和文化区，根据不同的体验内容划分出合适空间完善功能，而文化区设置应该以文化感受为主，在形态意义上类似于博物馆的陈列展览，对于文化体验功能的呈现，根据不同设计师的设计理念以及相关品牌的主题故事，会有层出不穷的设计创意。但对于一般功能性酒窖的空间形态应该注意在追求空间形态创新性的同时，也要满足空间形态整体的和谐搭配。以波尔多白马酒庄的空间形态设计为例，最初它的设计是为了追求卓越，追求极具突破的酒庄建筑设计，并在一定程度上与自然形成一定融合，此外，设计对其品牌历史的体现也必不可少，建成之后的酒庄建筑从视觉体验上给人设计的自由感，极具美感的线条和肃穆的白色使人遐想，建筑整体科技感十足，如同漂浮在宇宙的飞船，强烈刺激着人们的感官，促使人们不自觉地接近。尽管风格独特，但它对酒窖功能的设计也保持着严苛的态度，无论是材料选择、能源的管理利用、温度湿度的恒定保持、感官体验的舒适度都是上等标准。整体空间外也达到了与自然环境的融合，成了酒庄空间的全新设计标杆。

结合文化体验功能的酒窖空间在设计过程中，应该注意活动空间和储酒空间的各自独立和相互联系，除了整体风格的和谐统一，还应该结合功能需要提出新的设计设想，在选择空间形态的呈现方式时，也需要注意结构创新和主题统一。例如可以将下沉式空间应用于比较私密的包间，来满足人们的生活需要，同时界限明确的空间能够增添空间的神秘感和独立性；回廊可赋予酒窖空间鉴赏功能，通过强调入口，能够增强建筑信息并赋予空间多样的层次感；地台式的空间是将一定的区域突出，从而使其变得醒目，这类空间可用于强调葡萄酒文化的实体陈列展示，而酒窖的储酒空间也可以利用地台式的空间进行气流的流通交换，对酒窖内部环境做出一些改变，鉴赏区也可以应用地台式的设计，来满足消费者对外界景观的沟通互动性；体验空间具有很大的活动性和流动性，具有轻松活泼的主基调，空间形态的选择在满足体验功能的基础上可以尽可能多样化，最好使处于空间中的人能够对空间环境产生一定互动和交流，让人不自觉地融入空间主体，比如凹凸空间的合理结合使用对体验活动的开展也具有一定的潜在影响。

图 5－5　白马酒庄内外部空间形态

图 5－6　青海西城酒窖内部空间形态

二、色彩搭配

色彩具有强调空间主题的作用，不仅可以诠释文化，还可以烘托气氛。基于文化体验功能的葡萄酒酒窖立足于发展葡萄酒文化，通过体验活动满足消费者的精神需求，色彩搭配的重要性不言而喻。作为风格的主要呈现，人们对于一个建筑空间的第一感官多半与色彩的运用具有很大相关性。由于色彩对情绪有一定影响，因此不同色彩的运用也会使人的感官体验存在很大不同，例如曾经有研究提出从菲里埃大桥跳水的人数过高与黑色的桥身有关联，在更换颜色后，跳水的人数明显减少。

表 5－2　色彩与情绪的对应作用

色调分类	色彩代表	情绪感受
暖色调	红色、黄色、橙色	温暖、热情、愉悦
冷色调	绿色、蓝色、紫色	安静、沉稳、踏实
中间色	灰色、黑色、白色	严肃、安静、沉重

对酒窖空间的色彩搭配进行选择时，应该结合功能使用与人的感官感受运用适当色彩进行空间装饰，从而最大化地发挥空间效果。储酒空间考虑到环境的特殊性，色彩应该与灯光相作用，避免人造光源与色彩的不协调，从而对葡萄酒造成一定破坏，为了增加储酒空间空旷感，可以选用冷色调在视觉上拓宽视野，而酒架等空间内部设备应该在整体上与空间色彩保持统一，营造和谐沉稳的环境氛围，不能过分追求另类，使空间的设计杂乱无章，没有生气。为了在对活动空间营造互动的气氛，应该选用暖色调增加空间的活跃气氛；品鉴空间所需要的环境与光线密不可分，在色彩选择时应该注意与光线的协调，虽然品鉴环节是严肃具有仪式感的环节，但应该避免过分使用明亮的色彩，给人压抑感；文化感受的空间色彩可以呈现更多样化的表现，根据实际风格走向或者主题营造，设计出独特的文化感受区域。

图 5－7　酩汇酒庄空间色彩的搭配运用

图 5-8　天瑞酒窖空间色彩的搭配运用

三、材质运用

在建筑设计过程中，材质属于基础因素，同时也具有多样的选择性。材料的运用可以直观影响建筑的第一视角，相应地也会与空间造型、色彩、灯光以及文化符号发生感官反应，使空间形成不同的风格环境。另外在维持酒窖功能层面，材质也发挥着至关重要的作用，这是由葡萄酒储藏需要的特殊环境决定的，因此对于结合文化体验功能的酒窖空间，在材质选择上应当在保证酒窖功能的基础上，将环境氛围烘托到极致。

图 5-9　酒窖空间不同材质运用实例 1

图 5－10　酒窖空间不同材质运用实例 2

考虑到材料具有不同的视觉和触觉的特征，可以依靠材质的自身特点和在空间中呈现的感官特征来营造整体空间氛围。例如为了保证酒窖的温度湿度条件，可以采用具有质感和隔热效果好的石头赋予酒窖空间的沧桑感和历史感，相应的结合文化体验功能就应该与酒窖相对呼应，不能头重脚轻，产生不适宜的材质搭配，对于石头装饰的酒窖空间，应该用具有一定纹理的材质，与酒窖空间相呼应，形成一种原始、朴实的风格氛围；如果为了增加酒窖的奢华富丽质感，可以选用比较细致的材料烘托理想的氛围，传统材料中木材、玻璃和陶瓷都可以作为选择。在材质选择中，应该先确定空间的整体风格趋势，再结合文化体验功能所需要的氛围，选用合适材质。

四、文化符号

作为高雅艺术的附属品，葡萄酒具有深厚的文化底蕴，葡萄酒文化涉及配餐搭配、宴席礼仪和各国不同的风俗文化。葡萄酒文化发展至今，已不只包括香气、酒体和单宁等品鉴要素，更融入了丰富多彩的社会生活信息，文化结构十分多元。酒窖作为酒庄的灵魂，葡萄酒文化的传播媒介，在空间设计上也无处不体现着葡萄酒文化，酒窖设计应该具有地域特征、文化含义和时代内涵，不仅需要融合空间所在的环境，还要考虑各方面的影响因素，因此从文化符号层面讨论酒窖的空间和有关文化体验空间的设计是有必要的。

图 5-11　酒窖空间中关于葡萄酒文化的元素体现

就功能而言，酒窖空间是为了葡萄酒更好陈年而存在的，就内涵而言，文化和体验要素对于葡萄酒文化推广的影响不可或缺。以更好更具有内涵的推广方式促进葡萄酒动销必定是未来的葡萄酒发展趋势，因此对于结合文化体验功能的葡萄酒酒窖空间的设计。文化符号必不可少的。根据目前的研究，绝大多数的酒窖空间完美融入了葡萄酒的历史和文化，将葡萄酒高雅的气质发挥到了极致，但缺乏地域性的表现融入。就葡萄酒在中国的发展历史过程和众多传统文化而言，具有中国特色的酒窖空间也有实力立足于市场。葡萄酒未来一定是世界性的，对于文化符号的运用，在尊重葡萄酒文化的同时，还应选择具有地域特色的元素，例如中国的传统文化敦煌壁画、传统剪纸、脸谱、陶瓷、汉代服饰等等，也是顺应市场和消费者爱好的。但需要强调的是"度"的重要性，只有和谐的融合才能够创造美。

图 5-12　文君酒庄空间关于中华文化的元素运用

五、灯光设计

随着设计美学的不断发展，灯光的功能不仅仅表现在基础照明上，更能够为营造环境氛围提供多样化的作用。在商业场所，灯光的作用不容小视，通过灯光不同的变化模式，能够对区域进行明确划分，也能够通过灯光的运用对中心或者重点区域做出强调，甚至也可以通过对灯光的设计营造出感官上的错觉体验等丰富的效果。

图 5－13　君顶酒庄内部空间灯光运用

空间设计并不是单一的，它秉承着空间作用设计师的理念，往往呈现出不同风格，其中的影响因素有很多。以人类的社会活动为基础，不论是环境的交互性，还是与人产生的空间互动，在一定程度上设计就是为人服务的。灯光和色彩一样，能够刺激人的感官，再加上葡萄酒储藏过程对光源有着特殊要求，因此灯光对于结合文化体验功能的酒窖空间的运用是必不可少的。在储酒空间内部储藏着大量的葡萄酒供消费者体验和购买，因此必须确保葡萄酒存放环境的有效性，而自然光源对葡萄酒来说属于不利因素，这也是传统酒窖建在地下的原因之一，因此储酒空间应该采用人造光源，将对葡萄酒的危害降到最低；相反对于文化、体验两部分功能区的灯光运用，就可以结合实际的活动内容对灯光做出最有效的利用，体验区域的灯光应该给人强烈的亲切感与愉悦感，进而融入空间，文化区域具有一定历史性，可考虑和色彩运用搭配，营造出一定的严肃感，使人能够感受到葡萄酒文化的庄重感，也可以创新设计，对文化区域进行另类灯光设计，营造出具有一定主题性的环境，使人对文化产生共鸣。

六、小结

随着葡萄酒市场不断成熟发展，一方面文化作为葡萄酒的依托在未来的经营模式中一定是主流方向，另一方面消费者在追求物质享受的同时，也希望对精神上的刺激享受以及感官上的独特体验得到一定满足，独特的个性审美和品味理念才能够对市场起到一定导向作用，酒窖空间作为葡萄酒文化的浓缩载体，对葡萄酒市场发展的影响是潜移默化的，而文化营销才是葡萄酒的核心，可通过体验活动的开展，与参与者的感官体验进行刺激交流，从而推动葡萄酒行业的创新发展。

结合文化体验功能的葡萄酒酒窖空间独立于品牌之外，立足于文化发展，以文化培训和体验活动为衍生附属品，针对特定的消费群体，进行战略性可持续发展。因此在设计过程中要认识到葡萄酒文化对酒窖空间的重要性和基础性，不能够片面追求其中某一功能呈现而忽略整体空间的统一发展，针对这一空间设计，创始人或者设计师应该对葡萄酒文化有更为深刻的理解和分析，能够考虑融合文化历史、时代特征和大众的审美趋势，不能够单方面赋予建筑文化意义，更不可以将他人的设计成果据为己有。整体的设计方向和风格确定以后，再将空间形态、色彩搭配、材质运用、文化符号、灯光设计进行协调分析，从而能够透过部分来表现整体的氛围设计。本文对“方所”文化体验空间和“东方红”酒窖进行了分析，从中能够发现建筑空间与环境、形式和空间的呈现有一定相关性，整体设计也应该融合文化进行全面功能设置，二者的设计手法值得借鉴，但市场定位的不同对于设计风格的体现也有明显差异。基于文化体验功能的酒窖空间应该达成本质的储酒功能，继而通过设计手法和元素运用，结合体验活动的感官刺激满足消费者需求的同时，也展现出文化的内在深意。

就目前市场而言，葡萄酒酒窖的设计发展属于新生的待更新事物，特别是具备文化体验功能的酒窖空间，尽管具有一定商业性，但纯目的是以一种更为创新的方式推动葡萄酒市场的发展，讨论这类酒窖空间的设计思路和文化营销能够在一定程度上促进葡萄酒行业的发展和创新研究的推动。因此，为了酒窖空间在市场中的持续性发展，设计者应该合理运用文化元素，适当进行文化思想融合，在不破坏储酒环境的基础上，努力创新空间设计。在整体设计中，应该以“人”为中心，不论是空间与人的互动性，还是人在空间中的活动感受，以及人的情绪感官体验都应该成为设计过程中的关注因素。

本文以资料理论作为基础，通过案例分析归纳整理后从酒窖基本设计、空间形态、色彩搭配、材质运用、文化符号、灯光设计六个方面对基于文化体验功能的葡萄酒酒窖空间的设计展开讨论。由于水平有限，对于酒窖空间设计的研究还存在不成熟和不完善的地方，但仍然希望通过对酒窖空间设计的研究能够得出有关设计手法的具体性、实践性意见，并期望在此基础上对葡萄酒文化的推广和营销起到一定引导作用。

参考文献

[1] 孙小童.葡萄酒的储藏[J].中国果菜,2014,11:90.

[2] 文志宏,张荣琪.葡萄酒:文化体验是根本[J].销售与市场·管理版,2012:64－66.

[3] Fowlow Loraine, Stanwick Sean. Wine by Design[M]. Hoboken: John Wiley & Sons Inc,2010, 23－26.

[4] Dwima kamm, Donnelly von loewen. Bordeaux class chateau 1855[M]. Flammarion: Groupe Flammarion, 2005,46－48.

[5] Kevin Zraly. Complete Wine Course[M]. Sterling: Sterling Epicure,2012,64－66.

[6] Wineries.[J].Central Penn Business Journal.2014, 30(28):21.

[7] 崔颖.葡萄酒酒庄建筑的发展趋势及其设计研究[D].大连:大连理工大学,2014.

[8] 张萍,王爱红.体验式葡萄酒旅游产品开发研究[J].酿酒科技,2009,9:131－133.

[9] 孙作军,张璇,索晓光.建设葡萄酒酒窖应注意的几个问题[J].酿酒,2012,5:78－80.

[10] 李娜.情景体验式餐饮空间设计手法研究——以杭州外婆家为例[D].杭州:浙江工业大学, 2015.

[11] 任向金.体验经济下餐饮品牌的空间设计研究[D].长沙:湖南师范大学,2016.

[12] 戴成玉.消费市场细分下的餐饮空间设计研究——都市中产阶级休闲餐饮空间设计[D].苏州:苏州大学,2009.

[13] 陈俊君.基于体验的餐饮空间情景化设计研究[D].哈尔滨:哈尔滨商业大学,2017.

[14] 孔祥骏.从营销角度探析主题性餐饮文化空间室内设计[D].济南:山东工艺美术学院, 2012.

[15] 张祺.基于体验的餐饮空间情景化设计研究[D].成都:西南交通大学,2016.

[16] 严建中.醇香空间——酒窖、酒会所[M].南京:江苏凤凰科学技术出版社,2014:18－21.

[17] 中商产业研究院.2017—2022年中国葡萄酒行业分析及市场前景预测报告[R].中商情报网, 2017.

[18] 朱志康.传奇,成都方所书店[J].室内设计与装修,2015,5:28－33.

[19] EAST东方红酒窖[J].酒世界,2012,1:70－71.

[20] 李晶. 浅谈建筑色彩对建筑设计的影响[J].建筑设计,2016,8:3.

[21] 张炎.材料应用对设计表达的影响[J].山东工业技术,2014,12:242.

[22] 桑卫安. 浅析建筑设计和文化的关系[J].教育教学论坛,2010,33:140.

[23] 孙轶.浅谈灯光对于室内设计的作用及影响[J].黑龙江科技信息,2009,11:247.

[24] 刘爽.建筑空间形态与情感体验的研究[D]. 天津:天津大学,2012.

[25] 王均光,杨立英,王照科,王咏梅.葡萄酒休闲酒窖的规划与设计[J].中外葡萄与葡萄酒,2008,4:54－56.

[26] 罗梅.酒窖设计之必备手册——为葡萄酒打造最舒适的家:酒窖文化,葡萄酒推广之摇篮[J].中国葡萄酒,2011,9:20－23.

第六章　葡萄酒的电商运营

网络传播背景下，互联网＋葡萄酒电商的模式是充满朝气的产业，各大酒企创新葡萄酒的营销手段，积极探索葡萄酒电商的运营。江苏省淮安市一家经营葡萄酒销售的苏糖商贸有限公司(文中 ST 公司)，也积极探索葡萄酒电商运营模式，但在具体实践过程中，盲目搬运其他公司的运营模式，葡萄酒电商运营团队的能力不足，导致运营效果并不理想。本文基于 ST 公司葡萄酒电商运营的现状，利用 SWOT 方法分析 ST 公司葡萄酒在电商领域的发展情况，并结合典型的葡萄酒企业的电商运营案例，分析其经验与方法，以及研究目前行业具有创新性的直播电商的运营模式，综合分析提出适合 ST 公司葡萄酒电商发展的运营模式。ST 公司可通过 O2O 的葡萄酒电商运营模式、“两微一抖一端”社交平台的销售渠道和专业的电商运营团队的构建等方面探索葡萄酒电商运营模式。新模式的探索有利于确保 ST 公司的市场份额，保证 ST 公司葡萄酒产业可持续发展。

第一节　背景、意义、国内外研究现状

一、背景

对葡萄酒行业来说，网络时代下葡萄酒电商运营像一个风口，既是一种机会，更是一种挑战。葡萄酒电商平台的快速崛起，改变了葡萄酒产品传统的营销模式，加速了葡萄酒的实体经营模式转型进程，形成了网络传播下线上与线下协同发展的葡萄酒电商运营模式[1]。因此，如何把握网络传播下葡萄酒电商机遇是迫切需要我们解决的难题。

后疫情时代，葡萄酒电商直播模式让消费者体会到网络时代葡萄酒电商的方便与快捷，加快对葡萄酒品牌的传播。网络时代可以根据大数据算法对受众的爱好进行精确画像，确定葡萄酒企业电商运营模式的规划与选择，进一步确定个性化的葡萄酒销售策略，快速建立用户对于葡萄酒电商运营传播效果的认知，以提高葡萄酒企业的知名度和葡萄酒销售量，推动葡萄酒产业的健康可持续发展，对于葡萄酒产业的转型发展具有一定借鉴意义。

ST 公司(江苏省淮安市苏糖商贸有限公司)葡萄酒电商运营模式代表的不仅是葡萄酒营销策略的一种转变,也是网络传播与葡萄酒产业完美融合的典型代表。值得一提的是,网络传播背景下,区块链技术加持,酒水零售打破传统的销售障碍,创新葡萄酒电商线上运营模式,让用户对传统线上销售模式下葡萄酒产品质量的信任有所提高。此外,产品溯源技术被引入葡萄酒电商运营中,通过葡萄酒产品的防伪溯源系统,保证了线下门店葡萄酒产品质量,从而使葡萄酒电商运营能够有效提高葡萄酒线下门店的消费体验。网络传播背景下,与此类似的技术还有葡萄酒的电子价签、产品二维码等,这些技术都可以保证葡萄酒产品的真伪,成功为葡萄酒电商运营进行客户引流,推动葡萄酒电商运营模式的顺利转型,打造葡萄酒产品线上线下多渠道发展的新模式。

二、意义

后疫情时代,贸易战加剧,葡萄酒进出口的关税政策发生了巨大变化,中国葡萄酒电商市场陷入"寒窗期"[2]。"十四五"时期,国家强调要促进"互联网+"和实体经济融合发展,盘活网络经济空间。因此,网络传播"互联网+电商"的时代,给葡萄酒电商带来了新的数字红利[3]。但是,由于葡萄酒产品包装的特殊性、易碎性等特点,物流运输成本高,葡萄酒电商的发展受到了限制,网络传播下葡萄酒电商运营模式转型问题的重要性日益凸显。当前以张裕、长城、Dynasty 王朝为龙头的葡萄酒企业具有一定的运营基础,另外通化、威龙酒类、尼雅酒类、香格里拉酒类、云南红和富邑葡萄酒等葡萄酒电商运营模式也取得快速发展。张裕进入电商运营较早[4],有一定的电商经验,但是,还不具备一定规模。网络传播背景下,抖音、微博和微信等社交媒体的出现,不仅降低了葡萄酒电商运营门槛,而且提升了葡萄酒营销效率。网络传播加持下互联网具有开放性、低时延的特点[5],葡萄酒企业开始积极探索在网络平台上进行葡萄酒产品的销售活动。

本文的研究对象为 ST 公司。在网络传播背景下,本研究从葡萄酒电商运营发展现状出发,对 ST 公司葡萄酒电商运营模式用 SWOT 法,进行全面系统的分析,找出问题,并作出分析,为 ST 公司葡萄酒电商运营提供有利可行的运行模式管理建议,降低葡萄酒电商在网络传播中的损失。提出适合 ST 公司发展的葡萄酒电商运营模式以及后期保障措施,以期为江苏省淮安市葡萄酒产品的电商发展提供一定的理论参考,并促进葡萄酒电商运营平台的健康可持续发展。

三、发展现状

(一) 国内研究现状

国家统计局数据显示:截至 2020 年 10 月,中国葡萄酒产量为 37 000 千升,同比增长 15.6%[6],中国葡萄酒产量累计达到 320 000 千升[6],实现增长 4.6%。线上零售市场，如图 6－1 所示：

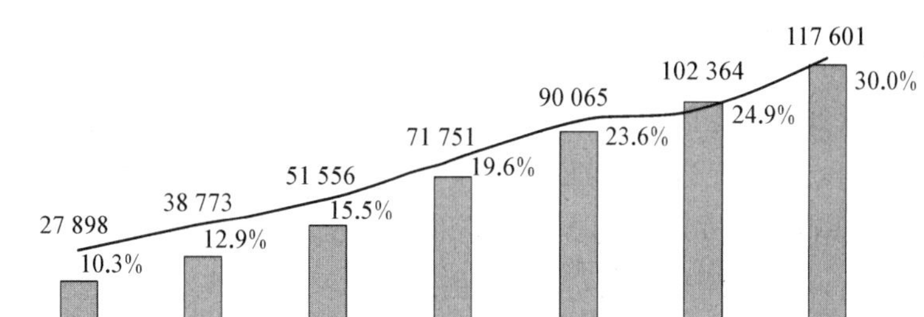

图 6－1　2014—2020 年中国网络零售额规模及在社会消费品零售总额中占比

数据来源：国家统计局、艾媒数据中心(data.iimedia.cn)

通过 iiMedia Research(艾媒咨询)市场分析可见，2020 年线上酒类新用户的数量大约是 4.6 亿人，2021 年达到 5.4 亿人[7]。2020 年酒类电商市场规模约为1 167.5亿元，2021 年市场规模达 1 363.1 亿元[8]。

从葡萄酒行业的电子商务发展情况来看，葡萄酒电商运营模式可以分为四类：(1) 酒企的自营门店，可以直售五粮液、洋河等品牌酒类；(2) 葡萄酒类的垂直电商[9]，运营较好的有 1919 网、酒直达、酒便利等；(3) 服务 B 端的葡萄酒电商平台的代表挖酒网；(4) 中小企业的批发商、自营酒店、餐饮、KTV、便利店[10]等。网络传播背景下中国酒企的酒类零售产业链，如图 6－2 所示：

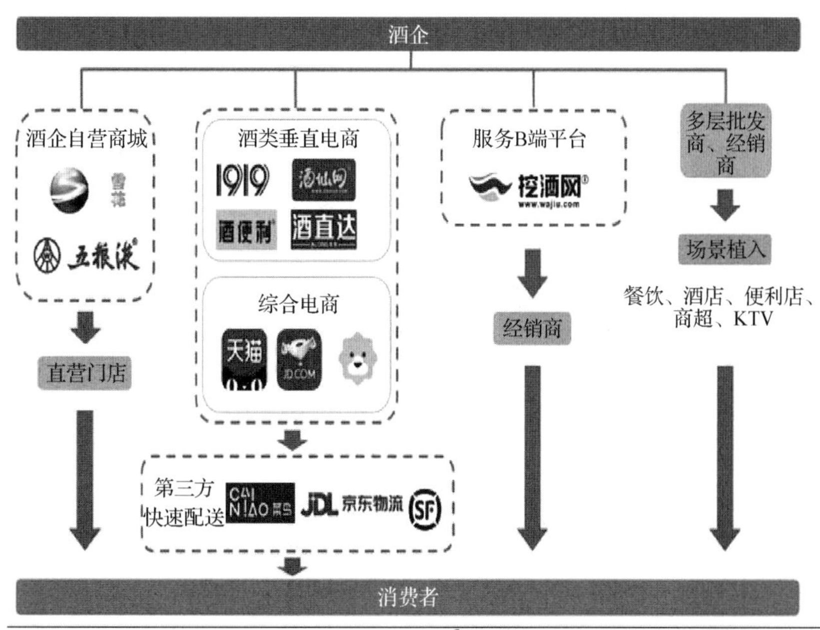

图 6－2　中国酒企的酒类零售产业链

后疫情时代,网络传播背景下,国人对电商的认可度提高,电商运营是充满朝气的产业。

(二) 国外研究现状

美国硅谷银行(SVB)最新发布葡萄酒行业年度报告[11]显示,葡萄酒的在线销售总额从 2019 年的约 6 亿美元,增长到 2020 年的 20 亿美元左右。美国的葡萄酒电商总额从 2019 年的 1%增长到 2020 年的 3%。McMillan[12]表示,葡萄酒产品电商直播增速惊人,在疫情之前,线上销售约占酒企总销售的 2%。截至 2020 年 11 月,平均销售额占总营业额的 10%。到 2030 年,该比重将增加到 20%。

第二节　相关理论概述

一、电子商务的基本模式

1. 电子商务概念

目前，电子商务的概念界定有广义和狭义之分[14]。狭义的电子商务（Electronic Commerce，EC）也称电子交易，指用户在WEB提供技术支持下，通过互联网信息技术[15]进行网上交易的商务活动需要遵循的规则。广义的电子商务（Electronic Business，EB），指利用互联网技术进行企业内部和外部的活动。

2. O2O电子商务模式的概念

电子商务即O2O，解释为Online线上网店，Offline线下消费[16]，顾客通过线上选购葡萄酒，也可以线下反馈消费感受。葡萄酒商家通过网络传播，全方位、立体化传播展示产品，满足用户差异化需求，葡萄酒企业可以通过线上平台收集的用户需求，打通线下销售渠道，满足用户个性化需求。O2O电子商务模式最大的优点是覆盖范围广、企业数量大、地域性强，可以满足商家和用户双方的需求[17]。

二、SWOT分析概念

SWOT分析法由美国金山大学管理学教授Andrews[18]（1971）提出，SWOT法可以科学系统地分析某企业的目前状况和自身特点。内部因素："S"，Strength代表"优势"；"W"，Weakness代表"劣势"；外部因素："O"，Opportunity代表"机会"；"T"，Threat代表"威胁"[19]。本文用SWOT分析方法对ST公司葡萄酒电商运营模式进行综合分析，结合ST公司葡萄酒产业自身特点，构建适合ST公司葡萄酒电商运营的模式，分析总结其优势、劣势、机会、威胁。

第三节　ST公司葡萄酒电商运营模式

一、基本情况

江苏省淮安市ST公司成立于2009年9月，是一家主营食品的批发与零售以及营销策划等活动的中小型公司，其葡萄酒电商营销方式采用传统的线下门店销售和线上综合电商平台销售两种方式。在江苏省葡萄酒产业链中，ST公司业务处于战略地位，主要涉及葡萄酒产业链下游，包括葡萄酒品牌塑造与市场营销的各个环节。

二、ST公司葡萄酒产品电商运营SWOT分析

（一）优势

1. 地区优势，综合效益高

ST公司的葡萄酒电商运营地选择在江苏省淮安市，其凭借独特的地区优势成为苏北电商发展的战略城市。目前，淮安市进行了广泛的试点运营，初步具备产业规模，随着全国葡萄酒电商产业的迅速发展和淮安市地方葡萄酒电商企业努力，葡萄酒电商会成为重要产业支柱。当地对葡萄酒电商产业的支持和推广，不仅丰富了当地电子商务产业类型，而且还能实现“1＋1＞2”的双赢效益。

2. 交通便利，运输成本低

ST公司的葡萄酒电商运营范围辐射淮安市及周边其他地级市。ST公司优越的地理位置为葡萄酒电商运营和产品销售物流提供了便利条件，降低了运输成本。优越的地理优势和发达的交通条件，不仅为物流运输提供便利条件，而且为ST公司葡萄酒产品外销提供市场空间。

（二）劣势

1. 产品同质化严重、运营模式缺乏创新力

葡萄酒企业盲目跟风，造成了各个企业电商运营模式千篇一律，导致企业对产品选择没有创新性，以至于产品严重同质化。目前的市场现状也是ST公司面临的难题，如

何丰富单一的葡萄酒品牌结构、提高葡萄酒电商运营的知名度以及创新葡萄酒电商运营模式，都是ST公司急需解决的现实难题。

2. 营销平台闭塞，产品知名度低

ST公司没有专门的电商平台，但是，设有葡萄酒产品销售官方公众号，其葡萄酒产品电商运营通过与知名度高的第三方电商平台合作进行。依托第三方平台运营模式，对消费者了解ST公司及其产品有较大局限性，也不利于ST公司的品牌宣传。

3. 电商运营模式固化，专业能力不足

ST公司葡萄酒线上运营平台现状：葡萄酒产品品牌知名度低、品牌影响力、电商平台传播力不够广泛；更重要的是ST公司葡萄酒产品电商运营模式僵化、专业运营能力不足。随着电商运营模式的规范化，ST公司建立的葡萄酒电商运营团队，需要具备专业化理论知识和创新能力，但就现状看，ST公司电商运营团队构建不合理，专业人才缺失，部门分工不明确，未达到电商团队的专业化管理、运营的标准。

（三）机会

1. 技术创新带来产品内需旺盛，市场格局重新调整

中国的电商技术体系发展成熟，ST公司凭借技术、资源、人才等方面的优势，并借鉴其他企业先进的电子商务技术，可以发展“直播＋电商”的葡萄酒运营模式，同时在物流配送方面依托德邦、雨润、顺丰、苏宁等大型物流平台，与其展开商务合作，可以刺激用户对葡萄酒需求的增加，还能控制成本。

2. 江苏省顶层设计出台相关政策支持

“互联网＋”创新了经济发展模式，江苏省发布了《江苏省电子信息产业“十四五”发展规划》[20]来推动电子商务在内的24个重点工程建设。通过完善物流服务和配送机制，提高快递配送效率，逐渐建成能够辐射全国的智能化物流网络体系[13]。

（四）威胁

1. 网络传播基础建设薄弱，中小企业对电子商务认识匮乏

大多数中小型葡萄酒企业管理者对电子商务的认识比较匮乏，缺乏借助网络传播快速完成葡萄酒电商运营模式的转型意识。对于ST公司来说，也是亟待解决的问题，急需通过系统培训和指导，运用电子商务平台增加销售量。

2. 电商运营无法满足用户购买葡萄酒的服务体验

首先，葡萄酒电商不能带来真实的质量感受，不能品尝其味道是否符合消费者口味。而消费者线上购买产品时，存在怀疑产品质量的现象，加之线上销售图片有时进行了过度美化，等收到产品时消费者会有心理落差，造成客户流失；其次，电商服务体验效果不良，导致消费者购买力下降。

第四节　ST 公司葡萄酒电商运营模式体系构建

一、线上线下一体化平台建设

线上平台运营、线下门店营销、线上线下一体化发展，葡萄酒电商运营的数字化、信息化转型变成企业的努力方向，需要葡萄酒电商运营管理者积极思考和面对。这也是ST 公司葡萄酒线上和线下平台一体化发展的关键。

(一) 线上平台的建设

目前，淮安市 ST 公司已经建立了企业视频号、葡萄酒产品公众号等网络平台[13]，但平时葡萄酒消费者的关注度低，平台的宣传手段照搬现有模式，导致葡萄酒品牌的传播效果并不显著，所以，ST 公司主要在社交电商平台进行产品销售，要转变电商运营模式。

一方面，ST 公司线上销售葡萄酒电商平台的建设和葡萄酒电商运营模式的优化，不仅要能迎合“互联网＋葡萄酒电商”环境下葡萄酒用户的时代需求，还要建立网络传播背景下，具有创新实践意义的葡萄酒电商运营体系。ST 公司在发展葡萄酒电商运营模式过程中，要以利用网络传播优势提高企业葡萄酒产品知名度、品牌影响力为经营目标，积极开拓国内外葡萄酒电商销售市场。

另一方面，ST 公司线上葡萄酒平台的建立，不仅是为了让消费者更加深入了解公司葡萄酒产品，而且应能让葡萄酒消费者体验到网络传播背景下，更加个性化、定制化的线上购买葡萄酒产品的体验。由于葡萄酒电商平台的大数据系统的实时算法支持，葡萄酒电商平台上信息会根据葡萄酒用户个性浏览习惯监测其兴趣趋向，从而进一步根据葡萄酒用户爱好精准实时推送，为葡萄酒用户节约线上浏览相关产品的时间。ST 公司在网络传播背景下借势发展葡萄酒电商，实质上是促进 ST 公司开拓葡萄酒产品的销售方式、提高葡萄酒产品的品质保障、激发葡萄酒电商运营模式的创新驱动力、促进葡萄酒电商运营的专业化人才培养、提升 ST 公司葡萄酒品牌影响力和知名度。

(二) 线下平台的推广

ST 公司的业务范围覆盖江苏省 15 个县市，聚焦南京、苏州、淮安、宿迁、连云港五大核心市场。首先,超市为传统的酒类线下营销模式提供销售渠道,其次,葡萄酒电商可设立线下门店。葡萄酒产品的线下销售渠道主要通过以下平台(图6-3)。

图6-3　ST公司线下销售葡萄酒的平台

ST公司线下平台推广方式主要为以下几种:

1. 在公共场所广告牌上进行葡萄酒产品的广告投放。

2. 积极开展有益的线下娱乐活动,既有利于推广ST公司葡萄酒产品,又能提升公司本地影响力。

3. 通过在社交媒体平台上公放ST公司葡萄酒产品的宣传片,增加ST公司葡萄酒产品的曝光量,以吸引葡萄酒消费者的关注度。在宣传片中插入ST公司葡萄酒电商运营平台的网址,提高平台上葡萄酒产品的浏览量和成交量。除此之外,还可以采用以下方式:

(1) 举行综合性的葡萄酒展会、葡萄酒品鉴会、酒企公司联谊会等,推动ST公司葡萄酒品牌发展。

(2) ST公司在2020年举办助力公益活动,并接受江苏电视台采访,打响ST公司口碑。

4. 通过跨界合作塑造品牌形象。

(1) 树立品牌形象,ST公司积极参加企业交流会、品牌座谈会等活动。

(2) 客户联谊会,如与蓝色洋河经典联合举办高端品鉴会。

二、"O2O+直播带货"融合发展的电商运营体系

(一) O2O模式多样化,订单个性化销售提升品牌知名度

葡萄酒电商O2O模式经营共分为5个环节(如图6-4所示):

图 6-4　O2O 运营流程示意图

1. 引流

ST 公司要通过线上电商平台对有潜在消费的葡萄酒客户进行引流，激发客户在线下购买葡萄酒产品的动机。比如，利用社交 APP 和大众点评等[13]，以用户好评的方式宣传葡萄酒产品，也可以通过 ST 公司葡萄酒电商微信公众号进行葡萄酒电商销售，比如，定期推送关于葡萄酒文化、葡萄酒理论知识和葡萄酒电商运营中防骗小常识等文章[13]，这样可以增加线上电商用户对葡萄酒产品的关注度。还可以与美团、口碑、饿了么等外卖平台进行合作，通过 ST 公司葡萄酒产品的线上运营、社区零售、线下团购等方式，让更多用户分享线上电商购物的消费体验，从而带动更多的消费群体加入葡萄酒电商消费的集体中，对葡萄酒电商模式更加感兴趣，带动 ST 公司葡萄酒产品的销量。

2. 转化

ST 公司葡萄酒电商运营通过线上平台的广告、网页进行葡萄酒产品宣传，在网络传播渲染下，ST 公司要积极带动葡萄酒线下门店的消费能力。葡萄酒电商平台用户可以通过线上互动方式，了解 ST 公司葡萄酒产品的相关信息，电商用户可以对比不同平台葡萄酒产品的相关信息、品牌、用户评价等，帮助葡萄酒消费者最终选择消费的葡萄酒品牌。

3. 消费

ST 公司线上发布葡萄酒产品的销售信息，为葡萄酒电商用户在线下门店购买同款产品提供一定的指导作用，让葡萄酒用户能在线下门店买到线上平台宣传的同款葡萄酒产品。

4. 反馈

ST 公司可以邀请专业葡萄酒品鉴师，将其品尝后的感官品评以短视频方式反馈在葡萄酒线上平台，为葡萄酒爱好者购买同款产品时提供一定的参考。

5. 维系

ST 公司主动维系葡萄酒客户的平台关系，建立完善的葡萄酒电商线上互动平台，并通过电商平台与葡萄酒消费者进行日常沟通和互动，维持良好平台消费关系。

ST 公司可以通过网络平台搜集关于葡萄酒消费者在线上和线下购买葡萄酒产品真实体验的相关信息，把握公司电商平台葡萄酒产品的销售情况，建立 ST 公司葡萄酒电商平台的产品大数据库，完善公司葡萄酒电商平台的信息化建设，使葡萄酒客户有更好的电商线上平台使用体验，从而更好开展推广 ST 公司葡萄酒品牌的工作，当前葡萄酒企业电商的品牌宣传竞争非常激烈。ST 公司葡萄酒产品选择 O2O 模式运营，其主要目的是融合线上线下平台优势，更好拓宽葡萄酒销售渠道，在电商领域保证葡萄酒产品品质和做好产品的售后服务工作。在网络传播媒介的个性化推送机制下，可以保证持续消费力的增长，并提升品牌知名度，使消费者感受定制化的消费体验。

(二) 直播营销互动化，媒介差异化提升用户体验

近几年，直播电商爆炸式发展[22]。以罗永浩等[23]网络红人为代表的主播，在抖音、淘宝、微博等平台线上直播，并销售各类商品，电商直播成为受众线上购物方式的首选。然而，ST 公司参与葡萄酒类商品电商直播时，表现并不理想，是因为 ST 公司对于葡萄酒电商平台的认识不到位，没有抓住葡萄酒电商线上平台的核心卖点，没有明确的葡萄酒产品定位，不能锁定大量的固定顾客。其次，葡萄酒在中国市场不仅是单纯饮品，社交属性功能占比较大，用户在购买葡萄酒时会比较犹豫。如何让葡萄酒消费者在观看葡萄酒电商直播的同时产生想要购买公司产品的欲望，提升公司葡萄酒销售量，是 ST 公司值得思考的问题。比如，近期在某平台举行的葡萄酒电商直播活动“环球酒评道”，创立了同类葡萄酒产品直播流量的历史新高；再如，葡萄酒电商直播的观看量，远高于同类葡萄酒产品的直播，平均观看时长为 120 秒，超高的播放平均时长超过了 700 秒，葡萄酒消费者在线观看的粉丝浏览时长超过了 1 000 秒，单日的葡萄酒产品成交单价高达 1 888 元。

这次成功的电商直播，将值得 ST 公司学习的经验总结如表 6－1：

表 6－1　直播电商运营的成功经验

成功经验	措施
淘宝平台加持，拓宽资源优势	淘宝直播平台酒水类垂直领域的官方直播平台，专注酒水类产品直播，经验丰富，调动了粉丝参与直播。
播前充分预热，渲染直播效果	直播前举行线下品鉴会，邀请多位在微博、抖音和小红书等平台的著名网红大 V、KOL，共同预热宣传。
秉持内容为王，激发用户消费	葡萄酒行业权威参与直播，寓教于乐，让用户感受到参与感，在买到产品的同时，也得到了额外收获。

由此可见，直播电商的运营该模式互动性更强，在网络传播过程中媒介平台的差异性和多样性可以提升用户体验，增强用户粘性。ST 公司利用好葡萄酒电商直播模式的运营方式可以吸引消费者消费、助力品牌宣传，更好向新型葡萄酒电商运营模式转变，实现公司利润最大化。

第五节　ST 公司葡萄酒电商运营保障策略

一、精准产品定位，制定符合本公司发展的运营战略

在网络传播视野下，葡萄酒的市场需求是多元的，不同的消费者对葡萄酒有不同的需求和爱好。所以，ST 公司在营销过程中要考虑到更多客户的需求，公司的选品涉及各个层次的消费人群。葡萄酒是一款展示个性的产品，在多元化的网络传播下，对葡萄酒的需求也日益剧增。建议 ST 公司借鉴张裕公司葡萄酒产品的营销组合，如表 6 - 2。

表 6 - 2　ST 公司的产品定位调整营销组合

系列	产品占比	适合人群	选品要求	备注
低端系列	75%	年轻人、部分中年人	原装进口、大公司、品质好、品牌大众	自主营销品牌
精品系列	20%	少部分年轻人	原装进口、品质精品	自主营销品牌
高端系列	5%	商务人士	原装进口、优质年份、著名品牌	市面大众品牌

所以多元化的产品是必须的，ST 公司的产品应该注重产品定位策略，迎合不同的客户需求。多元产品组合能够提供给用户更多的选择方向。在葡萄酒市场上推出精准定位后的产品，主打符合 ST 公司低端系列为主、精品和高端为辅的运营战略。

二、建立“两微一抖一端”的营销渠道，提升品牌影响，实现企业盈利

Patrick 等[24]通过互联网平台对 750 个葡萄酒电商用户进行调查研究分析，得出消费者对产品的购买力取决于对品牌信任度的结论。基于此，ST 公司需要借助网络传播和广告宣传加强葡萄酒品牌的建立。在网络传播矩阵下：

首先，ST 公司应该注重葡萄酒品牌战略，建立社交媒体的销售渠道，在各大社交平台创建自己的新媒体账号。

其次，在抖音、微信、微博和葡萄酒客户端的“两微一抖一端”的平台。ST 公司微信公众号持续输出与葡萄与葡萄酒理论相关的创意性短视频，打造葡萄酒销售与文化传播一体化的社交平台。

最后，抖音直播可以让消费者更加直观地了解 ST 公司产品的源头、储存环境和葡

萄酒电商运营现状。ST 公司通过微信、抖音和微博等平台直播可以拓宽葡萄酒产品销售渠道、拓展公司业务、增加用户粘性、提升葡萄酒产品的影响力和实现企业高额盈利的战略目标。

三、垂直类运营模式的建立与管理，完善的物流方案及客户体验

国内运营良好的也买酒、红酒世界网上商城、酒仙网等都属于葡萄酒类产品的垂直电商。因为，也买酒有 6 000 多款不同的酒，均选自产品质量不错的香港免税酒（名庄），价格合适，北上广等城市可以实现次日到达。建议 ST 公司把也买酒（http://www.yesmywine.com）的电商运营模式作为葡萄酒产品电商运营的蓝图。

ST 公司想要借力也买酒的电商运营模式，还需从以下几个方面努力：

首先，ST 公司应拓宽葡萄酒产品销售渠道覆盖范围，保证新旧世界各子产区的产品类型；

其次，注重自营产品的质量，并作出保障消费者权益的声明；

再次，公司内建议配备专业的采购团队，并派遣其参加国内外各种知名酒展，提高团队的专业知识水平和葡萄酒品鉴的相关知识，从而保证在选品过程中能把握葡萄酒的整体品质；

最后，ST 公司的网站分类尽可能细化，可以按产区、国家、酒的类型、品牌等进行分类，这样可以为消费者节约选购商品的时间。

在物流配送方面，目前 ST 公司葡萄酒电商运营的物流配送服务主要与第三方物流企业合作，把配送环节承包给物流配送公司，比建立自己的物流配送部门更加节约成本[25]。所以，ST 公司的电商运营过程需要从各个方面严格筛选合作的第三方物流公司，尤其是在物流公司的配送速度和快递员的服务态度方面，都要严格考核，这样才能保证产品以最快速度、最低成本配送到消费者手中。

四、建设具有创新思维的电商人才队伍，建立标准化运营体系

目前，国内电商运营模式渐趋成熟，培养优秀的电商运营团队专业人才问题日益凸显，但是，专业从事葡萄酒电商运营的研究人员稀缺。ST 公司运营团队的构建模式可以参照以下电商运营团队结构示意图（图 6－5）。

ST 公司电商运营组织结构中，总经理负责 ST 公司事务的审批和决策；生产部带领采购组和品质组负责葡萄酒产品的选购及其质量把控；技术部聘用专业的技术人才负责葡萄酒电商运营过程中日常程序维护，监测用户数据，并将用户行为的数据分析递交给生产部和市场部；市场部负责开拓葡萄酒市场，定位消费群体，以及负责葡萄酒产品价格调整、广告宣传、电商营销方式等；综合部管理后勤和行政方面的事务，后勤管理包括葡萄酒产品的库存整理，制定 ST 公司葡萄酒电商运营制度，并将电商制度的执行

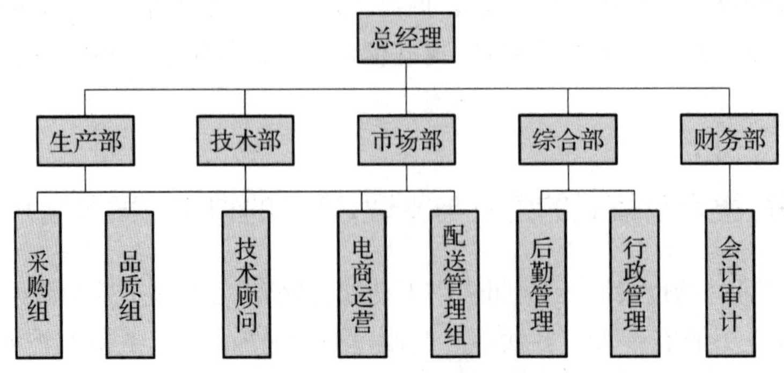

图 6－5　运营团队示意图

情况上报给总经理。行政管理部门负责 ST 公司的会议安排，相关法律文件的起草和印发，审批 ST 公司葡萄酒电商运营的市场调研并确定采购方案，并负责 ST 公司的人事管理和奖励机制的建立；财务部负责 ST 公司葡萄酒电商运营过程中资金的审核、结算工作。

综上所述，ST 公司葡萄酒电商运营团队的建设需要公司各个部门通力合作，才能建设具有创新思维的电商人才队伍，建立标准化运营体系。

五、小结

本章运用 SWOT 模型分析网络传播背景下 ST 公司葡萄酒电商运营中产生的问题，针对公司实际情况，分析研究，提出适合 ST 公司发展的葡萄酒电商运营模式，得出以下结论：

"互联网＋电商"的大趋势下，各类商品的电商运营竞争日益激烈，但在葡萄酒行业中，电商运营总体趋势向好。

ST 公司应该从两方面认识葡萄酒电子商务，一方面发扬自身优势，比如，把握公司的地区优势，完善物流体系，提升葡萄酒电商的综合效益。把握网络传播带来的数字红利，使用户享受到葡萄酒电商运营的个性化便利，并根据国家政策，调整葡萄酒电商运营的市场格局。另一方面克服自身不足，比如，利用区块链技术、电子价签、防伪溯源等，严格把控葡萄酒产品质量，创新葡萄酒电商运营模式，积极构建葡萄酒电商直播平台，提高 ST 公司产品知名度。

在网络传播背景下，坚持线上线下一体化的发展模式，线上层面，重点发展网络背景下，具象化的 O2O 和直播带货模式，挖掘用户对葡萄酒的潜在需求，为其提供优质的线上消费体验。线下层面，持续深耕葡萄酒品牌，通过地推、广告投放、公益活动、公司联谊等推广 ST 公司葡萄酒产品的知名度。

ST 公司构建"两微一抖一端"的现象和葡萄酒电商运营体系，直播前举行线下品鉴会，邀请多位在微博、抖音和小红书等平台的著名网红大 V、KOL，共同预热宣传。

ST公司完善葡萄酒电商运营团队建设，引进高端技术人才，建立完善的公司奖励机制，提高人才福利待遇，建立标准化公司运营体系。

关于ST公司葡萄酒产品电商运营模式的研究结论，适用于类似ST公司的中小型企业，来制定适合自身发展的葡萄酒电商运营模式。由于时间有限，涉及因素众多，并且在研究过程中会不断出现新问题，对于电子商务、市场营销、网络传播等相关理论的理解与运用不够专业，同时在数据筛选与处理过程中存在一定偏差、查阅资料和文献版本的不同等因素，研究的可行性有待考究，在今后的运用中需要及时作出适当调整，对ST公司葡萄酒电商运营模式的建议，若有不当之处，还请批评与指正。

参考文献

[1] 杨治国.电子商务背景下外贸企业营销发展对策探究[J].中国市场,2021(10):124-125.

[2] 刘世松.新冠肺炎疫情对中国葡萄酒行业的影响及对策建议[J].中外葡萄与葡萄酒, 2020(02): 68-71.

[3] 范玲玲.网络化时代葡萄酒营销策略研究[D].南京:南京邮电大学,2019.

[4] 李慧,盖宇姮,张玉玲,徐静,刘昊.基于体验营销的烟台葡萄酒庄园旅游开发策略研究——以张裕卡斯特酒庄为例[J].酿酒科技,2020,7:104-109.

[5] Yang C Y, Ling Y, Li X. Research on Information Encryption Algorithm under the Power Networko Communication Security Model [J]. *Journal of Physics: Conference Series*, 2021, 1852(3).

[6] 唐文龙.中国葡萄酒行业回眸与展望[J].中国食品工业,2009,2:29-30+76-77.

[7] 林然.高端白酒动销强劲"新零售"酒类流通平台快速崛起[J].股市动态分析,2021,5:50.

[8] 筱鹂.2021年酒类零售市场规模将达1363.1亿元[J].酿酒科技,2021,3:24.

[9] 吕婷玉.国内葡萄酒电商模式浅析[J].市场周刊(理论研究),2017,1:53-54.

[10] 张可欣,殷超,刘潍嘉,等.网购葡萄酒满意度影响因素分析——基于山东省4个地区的数据[J].酿酒科技,2020,7:114-118+123.

[11] 黄国妍,唐瑶琦.美国硅谷的科技金融生态圈[N].中国社会科学报,2019(004).

[12] Cathey B, Stancari G, Valishev A, Zolkin T. Calculations of detuning with amplitude for the McMillan electron lens in the Fermilab Integrable Optics Test Accelerator (IOTA)[J]. *Journal of Instrumentation*. 2021,16(03):03041.

[13] 陈荣.内蒙古YJ公司藜麦产品电商运营模式研究[D].呼和浩特:内蒙古大学,2018.

[14] Ma D Q, Hu J S, Wang W H. Differential game of product-service supply chain considering consumers' reference effect and supply chain members' reciprocity altruism in the online-to-offline mode [J]. *Annals of Operations Research*, 2021,304(1-2):263-297.

[15] 王飞跃. 结合CI设计理念针对服装企业电子商务平台品牌推广进行优化的研究[D].长春:吉林大学, 2013.

[16] 沈黎,徐治文,翟访平.被神化了的O2O[J].中国制衣,2014,2:48-51.

[17] 杨琳琳.O2O电子商务模式分类及问题[J].大众投资指南,2019,12:65.

[18] 王宇楠.哈大高铁对沿线区域旅游的影响及旅游空间结构的优化[D].哈尔滨:哈尔滨师范大学,2017.

[19] 郭传才.成都市基层社区体育公共服务购买方式研究[D].成都:成都体育学院,2019.

[20] 水家耀.江苏省电子信息产业"十二五"发展规划思路[J].中国信息界,2011,10:18-22.

[21] 喜崇彬.数字革命与疫情影响下零售物流新变化——2021全国电商与零售物流发展论坛侧记[J]. 物流技术与应用,2021,26(05):64-70.

[22] 李贤,崔博俊.国内经济大循环视角下的"电商直播"[J].思想战线,2020,46(06):56-63.

[23] 魏宛辰.直播“带货”现象与女性身份认同——以“口红一哥”李佳琦为例[J].视听，2021,5：143-145.

[24] Patrick D P, Wim J, Ellen S, et al. Consumer preferences for the marketing of ethically labelled coffee [J]. *International Marketing Review*, 2005, 22(5): 512-530.

[25] 李艳欣,马春辉.电子商务背景下冠县生鲜农产品冷链物流配送研究[J].中国市场，2021,11：152-153.